Henri Vallot

L'arpenteur du Mont-Blanc

(1853-1922)

Biographies

Dernières parutions

Delanoue (Lydie), *Noël Ballay, l'Africain, Avec et sans Brazza*, 2016.
Ferault (Christian), *Le Frère Eugene-Marie, Un grand agronome picard du XIXe siècle*, 2015.
Fischer (Didier), *Louis Bascan ou la République au cœur (1868-1944)*, 2014.
Sarrazin (Jean-Pierre), *Gabriel Julien Ouvrard. Grandeur et misère d'un financier de génie sous l'Empire*, 2013.
Marquis (Yvon), *Arthur Verdier, Une ambition africaine (1835 - 1898)*, 2013.
Leclerc (Christophe), *Gustave Doré, le rêveur éveillé*, 2012.

Annie Lagarde-Fouquet

Henri Vallot

L'arpenteur du Mont-Blanc

(1853-1922)

Même auteure

Edouard Charton et le combat contre l'ignorance.
(en collaboration avec Christian Lagarde), Collection Carnot, Presses Universitaires de Rennes, 2006, 248 pages.
ISBN 2-7535-0291-9
Grand Prix de la Fondation Jean-des-Vignes-Rouges de l'Académie des Sciences Morales, des Lettres et des Arts de Versailles et d'Ile de France (2008).

Ida Pfeiffer, première femme exploratrice.
L'Harmattan, Paris, 2009, 336 pages
ISBN 978-2-296-09310-2

Contribution à des ouvrages collectifs.

Sur les routes d'Europe et d'Asie. Ecrivains, marchands, missionnaires, récits de voyages XVIème XIXème siècle.
ISBN 2-9510242-7-4

Séjour à l'île de Maurice (1860-1861) par M. Alfred Erny.
ISBN 99903-36-25-3

Héros et héroïnes de la Révolution française.
ISBN 978-2-7355-0760-3

Les expositions universelles en France au XIXe siècle.
Techniques Publics Patrimoine
ISSN 978-2-271-07338-9

© L'HARMATTAN, 2016
5-7, rue de l'École-Polytechnique, 75005 Paris

http://www.harmattan.fr
diffusion.harmattan@wanadoo.fr

ISBN : 978-2-343-09776-3
EAN : 9782343097763

Avant-propos
Un Vallot peut en masquer un autre…

Henri Vallot, né le 14 mai 1853 à Auteuil (actuel seizième arrondissement de Paris), ingénieur centralien, promotion 1876 a consacré, pendant plus de trente ans, tout son temps libre à la topographie et à la cartographie du massif du Mont-Blanc. L'importance de ses travaux et leur diffusion auprès des alpinistes topographes amateurs justifiait qu'il prit place dans la galerie de portraits d'ingénieurs de *l'École centrale des arts et manufactures* du dix-neuvième siècle, que je publie régulièrement dans la revue *Centraliens*. Au terme de mes recherches, menées à Chamonix et à Paris, je dus me rendre à l'évidence, il fallait pour témoigner de la vie et de l'œuvre de cet ingénieur bien plus que les quatre pages d'un article, et pourquoi pas lui consacrer un livre !

Henri Vallot appartient au cercle familial d'un personnage bien connu à Chamonix ; il est le cousin de Joseph Vallot, mécène et animateur de l'aventure scientifique au Mont-Blanc de 1887 à sa mort, en 1925. Étudier la vie et l'œuvre de ce cousin méconnu, si proche de Joseph que certains les donnent pour frères, et examiner toutes les facettes du personnage, permet de découvrir l'importance du creuset familial dans lequel ont été façonnées ces deux personnalités, et d'aborder, avec un point de vue nouveau, une partie de l'œuvre de Joseph Vallot.

En 1887, après plusieurs séjours et la découverte de l'alpinisme, commence pour Joseph Vallot ce que certains ont appelé « l'épopée Vallot au Mont-Blanc[1] ». Une aventure scientifique, sportive et touristique familiale. Sa femme Gabrielle et sa fille Madeleine l'assistent dans ses travaux et l'accompagnent en montagne. Madeleine détiendra quelque temps le record féminin des ascensions du Mont-Blanc. Les activités de Joseph Vallot mêlent science et alpinisme, mécénat et foi dans le progrès, esprit d'entreprise et désintéressement. Il a consacré une grande partie de sa fortune à sa passion pour les sciences et la connaissance de la montagne. Il a construit à ses frais et mis à la disposition des scientifiques une station laboratoire d'altitude (Observatoire du Mont-Blanc ou Observatoire Vallot, ou encore Observatoire des Bosses). Il y a étudié seul, en équipe ou en laissant la place à d'autres savants, les phénomènes glaciaires, la géologie, la météorologie, la physiologie… Sa découverte de la haute montagne passe aussi par la cartographie, la photographie et même le cinéma, avec Léon et Charles Gaumont… En reconnaissance, les Chamoniards lui ont attribué une grande partie de l'artère principale de la ville. Il la partage, insigne honneur !, avec un enfant du pays, le docteur Michel Gabriel Paccard, premier vainqueur du Mont-Blanc en 1786.

Son cousin Henri est, dès le début de l'aventure, le précieux, discret, tenace et exigeant compagnon de cette entreprise. Dans la trace et souvent à l'ombre de son illustre cousin, Henri Vallot, pourtant connu, de son vivant, dans les milieux de la topographie et de l'alpinisme, est tombé dans l'oubli. Très longtemps, la salle du *Musée Alpin* de Chamonix, consacrée aux travaux de Joseph Vallot, l'a ignoré. Il n'y a trouvé une place que récemment, à l'occasion d'une judicieuse réorganisation. La ville lui avait attribué un chemin, une plaque apposée sur ce sentier, à une trentaine de minutes de marche du centre ville, rappelle ses travaux géodésiques et cartographiques. L'inauguration en fut discrète, la *Revue du Touring-club de France* parle « d'une cérémonie à laquelle son intimité donnait le caractère d'un pèlerinage[2] » ; on a, depuis longtemps, oublié que ce sentier porte son nom, même si celui-ci figure en petits caractères sur la carte de *l'Institut Géographique National*, et bien peu de gens pourraient guider le visiteur vers ce lieu. La plaque, nettoyée et restaurée en 1998, n'attire guère le regard des promeneurs, et encore moins celui des sportifs qui courent sur ce chemin créé à son initiative.

L'oubli a franchi les frontières : l'explorateur Isachsen, l'a rencontré avant son départ. En remerciement des conseils qu'il lui a prodigués, il attribue son nom à des monts situés au Spitsbergen, dans l'archipel de Svalbard. Ces monts (*Vallotfjellet*), se trouvent dans Haakon VII Land par 79.05°N, 12.81°E: Un peu plus tard, on baptise un glacier en hommage à Joseph. Le *Vallotbreen* se trouve dans Nathorst Land, aux coordonnées 77.63°N, 15.15°E: Il n'en fallait pas plus pour que l'officiel service norvégien, en charge de ces territoires, précise dans sa nomenclature que monts et glacier Vallot portent le nom du glaciologue français, Joseph Vallot, et pourtant, l'explorateur avait pris la peine de compléter sa carte d'une liste des noms, dans laquelle il précisait bien qu'il s'agissait d'un hommage à l'ingénieur Henri Vallot.

Masquant sous un effacement plus apparent que réel, une volonté de fer et une grande ténacité, Henri Vallot a été un acteur majeur d'une approche scientifique et technique plus précise de la cartographie topographique appliquée à la montagne. Il été l'animateur et le formateur infatigable de jeunes alpinistes lancés à l'assaut des massifs pour les cartographier. Pendant plus de trente ans, il a mis, bénévolement, ses compétences au service de projets initiés ou soutenus par le *Club Alpin Français,* dans le cadre de la *Commission de topographie*. Il a activement participé à l'aménagement touristique de la montagne réalisé par le *Club Alpin* ou le *Touring-club de France*. Son approche de la montagne est singulière, il la parcourt, en quête d'une vérité topographique qui ne peut se traduire qu'en chiffres.

La part la plus importante de ce livre est évidemment consacrée à ses activités alpines, à son travail sur le terrain l'été à Chamonix et dans tout le massif du Mont-Blanc, qui se prolongeait l'hiver à Paris : exploitation des résultats, calculs, dessins, correspondance avec ses collègues topographes, militaires, alpinistes ou excursionnistes, conseils aux uns et aux autres, rédaction de manuels et d'articles, perfectionnement des appareils...

Il fut aussi un acteur de l'aménagement de la montagne, rédigeant des instructions pour la construction des refuges, le tracé des sentiers ou le dessin des tables d'orientation. Il en a lui-même réalisés. Ce seul aspect de son œuvre, ses relations avec Joseph Vallot et le monde des alpinistes topographes aurait pu faire l'objet du livre, cependant, il n'était pas question de passer sous silence son parcours professionnel et entrepreneurial, ni ses activités au sein de la *Société des ingénieurs civils*. Ce chapitre, bien que peu développé permet de le situer au sein du réseau centralien de son époque. En embrassant l'ensemble de ses activités, on constate que, quelque soit le domaine qu'il aborde, montagne ou entreprise, quelque soit son statut, bénévole ou administrateur, quelque soit le lieu, Chamonix ou Paris, Henri Vallot reste un technicien, un ingénieur. Formé à l'*École centrale des arts et manufactures*, il y a acquis de sérieuses connaissances. Il les utilise avec l'esprit d'entreprise de son milieu familial et réussit, dans toutes ses activités, à allier culture théorique et habileté pratique pour tenter d'atteindre son idéal de technicien complet.

Le récit de la vie de cet homme secret ne pouvait non plus faire abstraction de ses origines sociales, c'est la raison pour laquelle, je les évoque assez longuement. Il est issu, et cela vaut pour Joseph, de la bourgeoisie artisanale et industrieuse parisienne, celle qui a profité des mutations sociales et du progrès industriel du dix-neuvième siècle et assis l'aisance financière de ses descendants, mais pour qui la richesse n'engendre pas l'oisiveté. L'aventure cartographique qu'il avait initiée avec Joseph était inachevée à sa mort, son fils aîné, Charles reprend le flambeau avec l'appui de Joseph. Capitalisant sur tout le travail réalisé par son père sur le terrain, il termine et prolonge son œuvre en publiant enfin la carte du massif du Mont-Blanc. Il la valorise, la complète et l'actualise en lançant les célèbres *Guides Vallot*, qui ont fait résonner, encore pendant quelques années après la disparition d'Henri puis de Joseph, le nom de Vallot à Chamonix et dans tout le massif alpin.

---

[1] R. Vivian, *L'Épopée Vallot au Mont-Blanc*, 100 ans déjà..., La Fontaine de Siloé, 1999.
[2] *La Revue du Touring-club de France*, Vol 34, N° 360, octobre 1924, p.444.

Le creuset familial
Une lignée d'ingénieurs, issue de la bourgeoisie artisanale parisienne.

L'étude généalogique sur cinq générations nous permet de découvrir une famille très représentative de l'évolution de la société française depuis la fin du dix-huitième siècle jusqu'au début du vingtième. L'arrière-grand-père d'Henri, Jean-Quentin Vallot appartient à une génération de nouveaux parisiens, professionnels, artisans, issus du monde rural. Arrivés de leur province, les plus entreprenants s'intègrent à la bourgeoisie industrieuse locale. Les enfants y contractent des alliances, certains perpétuent, consolident et développent les affaires familiales, et quelques-uns font fortune. Les bouleversements apportés par la Révolution, la nouvelle organisation des études sous le Premier Empire, les progrès des sciences et des techniques favorisent l'accès à la profession d'ingénieur pour laquelle les origines modestes ou l'absence de relations ne constituent pas des obstacles.

Le grand-père d'Henri et Joseph, Jean-Charles Vallot, né en 1791 appartient à cette bourgeoisie active. Fils d'un compagnon menuisier, il a réussi le concours d'entrée à Polytechnique. Ingénieur des Ponts et Chaussées il épouse une jeune fille, issue d'une prospère famille d'entrepreneurs et artisans parisiens, dont la fortune permet à ses descendants de vivre de leurs rentes pendant deux générations. Dans ce milieu, où il n'est pas question d'être oisif même lorsqu'on dispose de revenus sans obligation de travailler, les petits-fils de Jean-Charles, Henri et son cousin Joseph, choisissent de consacrer tout ou partie de leur temps et de leurs revenus au service de la science.

Le grand-père : Jean-Charles Vallot (1791-1863) ; son père, Jean-Quentin Vallot, et son beau-père, Alexis-Robert Toulouse, artisans et entrepreneurs parisiens.

Jean-Quentin Vallot l'arrière-grand-père est né en 1754, à Nozay, près d'Arcis-sur Aube, où son père, Jean Vallot (1724 ?-1765), était laboureur. En 1787, il est âgé de 33 ans quand il épouse Anne Nicolle Thomas, la fille d'un loueur de carrosses parisien[3]. Ils habitent rue du Faubourg Montmartre, paroisse Saint-Eustache, sur la rive droite de la Seine. Le mariage est célébré dans cette vaste église inachevée qui présente déjà son aspect actuel. Ils déclarent dans cette paroisse la naissance de leur fils Jean-Charles le 27 mars 1791. Sous l'Empire, ils résident toujours sur la rive droite, dans un immeuble dont ils sont propriétaires, 113 et 115 rue du Faubourg du Temple (Belleville).

L'enfant fréquente l'Institution de Lanneau, sur la rive gauche. Victor de Lanneau, un ancien prêtre jacobin, a fondé, en 1797, dans les locaux désaffectés depuis la Révolution, de l'ancien collège religieux Sainte-Barbe, un établissement d'enseignement de qualité, le *Collège des Sciences et des Arts*, devenu, après qu'un jugement lui ait interdit d'utiliser l'appellation collège, *Institut de Lanneau*. Il prend gratuitement, en pension les meilleurs élèves de son école primaire gratuite qui peuvent par la suite être admis au *lycée Napoléon* (actuel *Henri IV*). Ce lycée, comme quelques autres grands établissements parisiens, n'a pas d'internat, Jean-Charles Vallot, lycéen, reste pensionnaire chez de Lanneau. Très bon élève, il a obtenu un accessit de maths en classe de Mathématiques. Il passe le concours d'entrée à l'*École impériale Polytechnique* où il est admis le 28 septembre 1809[4]. Jean-Charles avait un frère cadet, Jean-François, menuisier comme leur père, décédé à l'âge de dix-huit ans.

En 1811 Jean-Charles entre aux *Ponts et Chaussées*[5]. Après une première mission en Dordogne, il gravit, à partir de 1814, tous les échelons de son administration, d'abord à Meulan (Seine-et-Oise, actuellement Yvelines) jusqu'en 1840, puis à Rodez. En fin de carrière, il est ingénieur en chef des *Ponts-et-Chaussées* du département de l'Aveyron. En 1841, il est décoré de la Légion d'Honneur. En 1852, après avoir fait valoir ses droits à la retraite[6], il revient vivre à Paris. Il réside Boulevard de Beaumarchais, où sa famille possède des immeubles, il y reste jusqu'à sa mort le 4 octobre 1863. Il est le premier d'une lignée d'ingénieurs. Après lui, ses deux fils, deux de ses petits-fils, et des arrière-petits fils suivront cette voie.

Jean-Charles a épousé en 1823 une jeune fille de son milieu d'origine, fille d'un propriétaire et prospère artisan, carrossier-charron, parisien. Née à Paris le 14 Prairial an X (3 juin 1802), elle n'a pas encore trente ans quand elle décède le 12 mai 1829. Le contrat de mariage a été signé le 5 juillet en présence des représentants de la hiérarchie du jeune ingénieur (inspecteur divisionnaire, inspecteur et ingénieur en chef des *Ponts et Chaussées* du département de Seine-et-Oise), d'un professeur et de son cousin, Antoine-Jean-Baptiste Thomas. À une époque où les artistes sont souvent issus du milieu artisan, ce cousin est artiste peintre, prix de Rome en 1816. La future, Adélaïde-Marie Toulouse, est mineure.

Le beau-père de Jean-Charles, Alexis-Robert Toulouse, a conçu un nouveau type de voitures de transport collectif de voyageurs. Il a déposé un brevet d'invention en 1815 intitulé « Moyens de construction d'une voiture à deux roues, portant deux caisses suspendues par l'impériale ». Le dispositif a été perfectionné à plusieurs reprises jusqu'en 1823[7]. Des voitures de ce type étaient exploitées sous le nom de « jumelles toulousines ». Certains auteurs affirment qu'elles doivent ce nom leur à la ville de Toulouse, qui aurait été leur lieu de construction, en réalité il s'agit de voitures à deux caisses, inventées par le grand-père d'Henri et Joseph Vallot.

Elles étaient par exemple utilisées vers l'Est de la France et la Bourgogne par Augustin Jailloux. Cette exploitation avait fait l'objet d'un contrat signé entre le constructeur et l'exploitant en mars 1819. Toulouse fournissait des véhicules à 4, 6, 9 et 14 places à Jailloux, qui affrétait des voitures publiques sur les trajets Paris-Châlons-sur-Marne, Châlons-Metz, Châlons-Nancy, Nancy-Strasbourg. L'exploitant n'achetait pas les véhicules, le constructeur recevait en contrepartie une indemnité calculée sur la distance parcourue mesurée en lieues[8]. On parlerait de nos jours d'une indemnité kilométrique. Le constructeur pouvait vendre des véhicules à d'autres exploitants, mais il s'interdisait de favoriser la concurrence sur les lignes desservies par Jailloux.

Alexis-Robert Toulouse, après avoir contribué à leur perfectionnement, avait compris tout le parti que l'on pouvait tirer de l'exploitation des voitures publiques. Son fils, Henri-Judes, fait prospérer les affaires familiales autour de cette activité en expansion. Jean-Charles Vallot construit des routes, son beau-frère lance des voitures de transport collectif sur ce nouveau réseau. Par des achats et des participations judicieuses, il investit dans tous les domaines, construction de voitures, de roues, entretien des chevaux et exploitation de lignes régulières de messagerie. Né à Paris en février 1798, décédé le 2 octobre 1842, à Auteuil, il était successeur-gérant des *Messageries Touchard*. Balzac expose longuement, dans les premières pages de son roman *Un début dans la vie* publié en 1842 sous le titre *Les dangers des mystifications*, la situation de l'entreprise Touchard en 1820 et de leurs successeurs les Toulouse, vers 1840. En voici des extraits qui permettent de juger de leur importance pour les contemporains[9].

« Une des lignes que les Touchard père et fils essayèrent de monopoliser, qui leur fut le plus disputée, et qu'on dispute encore aux Toulouse, leurs successeurs, est celle de Paris à Beaumont-sur-Oise, ligne étonnamment fertile, car trois entreprises l'exploitaient concurremment en 1822.»…« Les Messageries Touchard finirent par étendre le voyage de Paris à Chambly. La concurrence alla jusqu'à Chambly. Aujourd'hui les Toulouse vont jusqu'à Beauvais.» Outre ses participations dans des entreprises de messagerie, Henri-Judes[10] possédait une ferme en Seine-et-Oise qui lui fournissait le fourrage pour ses chevaux. Il avait aussi, pour ses activités, complété le patrimoine déjà constitué par son père, par des placements fonciers ou immobiliers tous liés à son activité, dont certains loués à des confrères, à Paris, à Vincennes et à Auteuil. Dans sa thèse sur la bourgeoisie parisienne au dix-neuvième siècle, Adeline Daumard[11] le retient comme exemple d'une « fortune presque totalement orientée vers la satisfaction de besoins d'une grande entreprise de type à la fois commercial et industriel». D'après cette étude, l'actif total d'après l'inventaire fait après son décès, se montait à 1 732 495 francs. Le passif, créances hypothécaires, ouverture de crédit garantie par le dépôt d'actions des *Messageries Touchard* ou de celles de la fabrique de roues, et dettes diverses, peut être estimé à 468 027 francs.

Le père et l'oncle d'Henri : Antonin et Émile, les fils de Jean-Charles, ingénieurs centraliens et héritiers…

Jean-Charles Vallot a eu deux fils. Ils sont nés à Meulan lieu où leur père était ingénieur des *Ponts et Chaussées* : Antonin, le père d'Henri, est né le 24 mai 1824, et Émile, le père de Joseph, le 9 novembre 1826. Leur mère décède en 1829. Plus tard, leur père les inscrit à l'*Institution Massin* où ils sont pensionnaires. Cet établissement d'enseignement avait été fondé en 1810 par un ancien répétiteur de Victor de Lanneau dont il avait adopté les méthodes d'enseignement. Il était situé dans le quartier du Marais, dans l'ancien couvent des Minimes, qui, depuis, a été détruit pour faire place à une caserne de pompiers. C'est à l'époque une des meilleures et des plus chères institutions de Paris. Elle prépare à l'entrée au *lycée Charlemagne* et accueille, comme pensionnaires, des lycéens de ce grand établissement parisien qui n'a pas d'internat. Ils doivent vivre loin de leur père. Leur correspondant est le docteur Sorbier, mari de leur tante maternelle. Il est domicilié à proximité, 29, boulevard Beaumarchais.

Les deux frères sont admis à l'*École centrale des arts et manufactures*, le premier sur concours, le second sur titre grâce à son admissibilité à l'*École Polytechnique*. Trois ans plus tard, aucun des deux ne satisfait aux épreuves du concours de fin d'études pour l'obtention du diplôme. Les résultats obtenus au cours de leur scolarité leur permettent cependant de recevoir un certificat, option construction. Ils sont anciens élèves des *Arts et Manufactures* et figurent à ce titre dans les annuaires des promotions 1847 et 1849. Ce cas n'était pas rare à l'époque où, pour certaines promotions, un quart à un tiers des élèves pouvaient être dans cette situation.

L'avenir des jeunes gens est assuré sans qu'ils aient à exercer leur profession. Orphelins de mère dès leur petite enfance, ils ont hérité en 1842 d'une part de la fortune de leur oncle maternel. Ils sont mineurs, leur père gère avec beaucoup de discernement leur patrimoine, en particulier les biens immobiliers. En 1855, ils héritent de la part de leur tante Sorbier. En 1837, ils avaient déjà hérité de leur grand-tante Marsalle, née Bertrand. Ces héritages leur assurent l'aisance financière. Émile en épousant en 1851 Marie Léontine Puech, qui appartient à une famille de riches industriels de Lodève, dispose d'une fortune bien plus conséquente que son frère. Son fils Joseph mettra, sans compter, avec le consentement bienveillant de son père, la fortune familiale au service de ses projets scientifiques.

Antonin Vallot a, comme beaucoup de Centraliens, participé à l'installation de l'Exposition universelle de 1855. Sauf un passage vers 1863, chez *Faulquier et Cie*, filateur à

Lodève, il n'a communiqué à l'*Association des Centraliens* aucune autre information sur ses activités professionnelles, ce qui ne signifie pas qu'il n'en ai pas eu. Il s'agissait vraisemblablement d'une mission de courte durée, effectuée peut-être à la demande de son frère, filateur dans cette même ville. Il se livre toute sa vie à des activités scientifiques et techniques. Il y avait dans sa maison un cabinet de physique et un atelier où se trouvaient d'après l'inventaire fait en 1872 « des outils et machines [...] servant aux études de M. Vallot, aux applications scientifiques auxquelles il se livrait.»

Il s'intéressait aux chemins de fer et son portefeuille d'actions comportait majoritairement des valeurs représentatives de cette industrie, mais il savait aussi, pariant sur l'avenir, s'engager dans des projets plus novateurs. Il avait fondé en 1869 une société en commandite avec Léopold Oudry propriétaire de *l'Usine électrométallurgique d'Auteuil*. Cet ingénieur et industriel avait mis au point, en 1854, un procédé de cuivrage des objets en fonte et en fer par galvanoplastie s'appliquant aux pièces de grande dimension. Soutenu par Haussmann, il s'était vu confier la réalisation de pièces de mobilier urbain, candélabres par exemple, pour la ville de Paris. De ses ateliers sortaient aussi des objets décoratifs en bronze doré ou argenté. Son association avec Antonin Vallot commence après l'Exposition universelle de 1868 où il avait été distingué et récompensé. Oudry apportait tous les actifs de sa société, soit 187 000 francs, Antonin Vallot participait pour 350 000 francs. Cette association a été brutalement interrompue au décès du père d'Henri Vallot.

Antonin s'était marié en juillet 1852. La mère d'Henri, Sophie Baldoui, est originaire du Larzac. Elle est née le 20 juillet 1825 à Viala du Pas de Jaux, dans le département de l'Aveyron, où son futur beau-père est ingénieur en chef des Ponts-et Chaussées. S'agit-il d'une simple coïncidence, ou bien la rencontre des jeunes gens, qui se marient à Paris (ancien 8ème arrondissement), en a-t-elle été facilitée ? Sophie n'est pas, comme sa cousine, fille d'industriel. Son père, Guillaume Baldoui est maréchal-ferrant. Elle n'a ni dot, ni biens personnels. Son mari lui assure une rente par contrat de mariage. Selon Adeline Daumard, cette pratique peu courante, laissait, même en l'absence de dot, une grande liberté de gestion à la femme[12]. Faute de témoignages, on ne connait pas bien la mère d'Henri Vallot, mais elle avait sans doute un caractère bien affirmé : En 1870, son mari a notifié par testament ses dispositions concernant le patrimoine familial. Il a pris la peine de les présenter comme avantageuses pour son épouse, sans doute était-ce le cas, mais il y avait posé certaines conditions, dont celle-ci :

« Sachant que ma femme sera portée à reconnaître dans ce qui va suivre ma sollicitude réelle pour ses intérêts et pour ceux de nos enfants, je choisis et je nomme pour conseil de sa tutelle M. Émile Henri Vallot, mon frère sans le concours duquel ma femme ne pourra faire aucun autre acte que ceux applicables à l'encaissement et à la libre disposition de ses revenus. Les capitaux de mes enfants devront être placés comme il est dit ci-dessus avec le concours du dit conseil et c'est également lui qui devra l'assister pour la validité de tous baux.[…] Le legs ci-dessus qui assure à ma femme une position considérable sera pour elle un témoignage de la puissante gratitude que m'ont inspirée ses sentiments d'inaliénabilité d'inaltérable affection, en même temps qu'une preuve de l'entière confiance que m'a donnée en son caractère la réserve avec laquelle elle a toujours usé des avantages de notre position. »

En dépit de toutes les précautions du rédacteur, Madame Vallot refuse le legs de son mari et conteste la tutelle de son beau-frère devant le tribunal d'instance. Sa démarche, à la fois courageuse et audacieuse pour l'époque, conduit, après jugement, à la rupture de l'indivision et au partage de l'héritage entre les trois héritiers (elle et ses deux fils). Les immeubles sont mis en adjudication. Henri reçoit la totalité des immeubles de la place des Perchamps (N°2 et 4) et 18 rue Pierre-Guérin (ex rue des Vignes), c'est-à-dire la maison familiale. Son frère garde les propriétés parisiennes. Leur mère ne s'est portée adjudicataire d'aucun immeuble, elle quittera la maison familiale pour s'installer avec son fils cadet, 70, rue du Point-du-Jour à Auteuil. Ce faisant, après ce partage, elle a pu, sans nuire aux intérêts de ses enfants, disposer en toute liberté de sa part d'héritage, une liberté dont elle n'aurait pas pu profiter si elle avait accepté le legs. Elle s'éteint le 28 octobre 1901 rue Chardon-Lagache sans avoir jamais quitté le seizième arrondissement.

Henri, Joseph, Émile-Charles, des cousins très proches.

Les deux fils d'Antonin et Sophie sont nés à Auteuil, quelques années avant le rattachement du village à Paris. Ils sont tous deux, comme leur père et leur oncle, ingénieurs, Centraliens. Émile a aussi deux fils, mais là s'arrête la symétrie car Charles-Marie, son fils aîné, né en 1852, de santé fragile, décède en 1874, et son cadet Joseph préfère les sciences naturelles à la mécanique.

Henri, né le 14 mai 1853 est l'aîné des cousins. Il est bachelier ès lettres en 1871, et bachelier ès sciences en 1872. Il prépare la même année, au *lycée Condorcet,* le concours d'entrée à l'*École centrale des arts et manufactures.* Son frère cadet étant resté à *Charlemagne* pour préparer *Centrale,* on peut émettre l'hypothèse qu'Henri Vallot a, en 1872, année du décès de son père, quitté le grand lycée de l'Est parisien pour se rapprocher du domicile familial. Son fils nous dit que c'est à cette époque qu'il a commencé à utiliser le vélocipède. La distance séparant Auteuil de *Condorcet,* qui n'a pas d'internat, pouvait facilement être parcourue chaque jour avec ce moyen de locomotion. Mais cela reste une supposition, car nous ne disposons d'aucun témoignage pour l'affirmer.

Henri Vallot est admis à l'*École centrale des arts et manufactures,* le 6 août 1873 ; il est 35ème sur 185. En intégrant cette école, il met ses pas dans ceux de son père et de son oncle car elle est encore installée à l'Hôtel de Juigné (actuellement Hôtel Salé, Musée Picasso), dans le Marais. On ne trouve dans son dossier de scolarité qu'une seule annotation : « Très bon travail ». Choisi par le Conseil d'administration, parmi les meilleurs élèves, pour être Commissaire de sa promotion, il représente ses camarades auprès de l'administration. Les élèves doivent remettre des travaux de vacances, Henri semble avoir été particulièrement studieux l'été puisqu'il remet quatre devoirs. Il obtient trois fois la note 16 pour des travaux non précisés et 19 pour des calculs de résistance. Ces documents n'ont pas été conservés dans les archives de l'École, aussi est-il impossible de vérifier si la triangulation du Mas de Rouquet, ou la détermination de la résistance au frottement des roues de vélocipèdes, évoquées par son fils, faisaient partie de ces travaux de vacances. Il a conservé toute sa vie des liens avec son école en faisant partie du *Bureau* et du *Comité de la Société des anciens de l'École centrale*, mais dans les annuaires ne figurent que peu d'informations sur ses activités professionnelles. Homme secret, il n'a semble-t-il pas jugé utile de les transmettre et de les divulguer.

Son cousin Joseph est né à Lodève le 17 février 1854. Après une scolarité difficile et irrégulière à l'*Institution Massin*, meilleure sans être brillante au *lycée Charlemagne*[13], Joseph, qui se passionne pour la botanique, suit les cours à la *Faculté des Sciences de Paris*. Il passe par le laboratoire de l'*École Normale Supérieure* et au *Muséum d'Histoire naturelle* de Paris, où il fait partie des chercheurs bénévoles accueillis dans ces centres de recherche. Dès qu'il le peut, il herborise, il expérimente la culture de plantes dans l'orangerie de la maison familiale, le Château Saint Martin à Lodève, il s'intéresse aussi à la météorologie, à la géologie, et d'une façon générale à toutes les sciences naturelles. Cet esprit de découverte l'entraîne vers l'alpinisme et la spéléologie. Il mettra la photographie au service de ses passions. Sa participation à un congrès de géologie en 1875 marque le début de son intérêt pour le Mont-Blanc et l'expérimentation en altitude.

Le frère cadet d'Henri, Émile-Charles[14] est né le 26 avril 1855, à Auteuil. Il étudie comme son père, son oncle, son frère et son cousin, à l'*Institution Massin* et au *lycée Charlemagne*. Il est comme son aîné bachelier ès lettre et ès sciences, avant de préparer le concours d'entrée à l'*École centrale*. Sans être aussi bien classé que son frère, il se maintient dans un bon rang. Admis 69ème sur 200, il obtient le diplôme 34ème sur 59 dans sa spécialité, mécanicien, et 72ème de la promotion 1878.

Antonin Vallot est décédé le 25 avril 1872, avant l'entrée à l'*École centrale* de ses deux fils. L'annuaire des anciens élèves qui, généralement, signale les filiations directes n'en fait pas état. Leurs dossiers de scolarité n'y font d'ailleurs aucune référence, le chef de famille est « Mme Vallot, rentière ».

Toute l'année scolaire, les trois cousins sont pensionnaires à l'*Institution Massin* et se retrouvent souvent à Auteuil, dans la famille d'Henri. Les parents de Joseph ont un pied-à-terre à Paris. L'été, réunis à Lodève dans la famille de Joseph, le Larzac et les Cévennes leur offrent un terrain de découvertes à la hauteur de leur curiosité. Ils ont respectivement 16, 17 et 18 ans au moment du siège de Paris et de la guerre civile. Nous ne savons pas comment ils ont traversé cette période, on peut penser qu'ils étaient encore à Lodève au moment de la déclaration de guerre et n'ont pas vécu le siège et la Commune de Paris.

Les excursions dans les montagnes cévenoles sont l'occasion pour Joseph d'herboriser, d'observer les phénomènes météorologiques ou géologiques et pour Henri de mesurer et de calculer tout ce qui peut l'être. Henri a réalisé à l'*École centrale* des travaux pratiques de topographie, dont un levé de terrain et un nivellement. L'été, il met en application ses connaissances et réalise avec Joseph la triangulation du Mas de Rouquet, sur le Causse du Larzac.

Nous ne pouvons pas dater cette première expérience sur le terrain, mais pour Charles[15], les cousins n'avaient pas vingt ans. Joseph poursuivra plus tard, en 1889, avec sa femme Gabrielle, l'exploration de cette cavité. Ils effectueront ensemble des levés de l'intégralité de l'aven.

En mars 1873, Henri réalise ses premières expériences sur la variation physiologique de longueur du pas en fonction de la vitesse de la marche et de l'inclinaison du sol, prémices à ses futurs travaux sur les levés en montagne ou le tracé optimal des sentiers. Il ne s'intéresse pas seulement à la marche, utilisateur précoce du vélocipède, il descend des pentes à vélo, anémomètre à la main pour étudier la résistance de l'air et le frottement des roues. D'après son fils, Henri Vallot est monté pour la première fois sur un vélocipède à l'âge de seize ans : « Dès sa jeunesse, sachant échapper aux préjugés de son temps, il avait pratiqué les exercices physiques avec passion et le 17 juin 1869, il avait enfourché le vélocipède nouveau-né, à roues en bois, non caoutchoutées[16]. »

La précision de la date permet de la rapprocher de l'ouverture par les frères Olivier, d'un manège d'entraînement et d'enseignement du vélocipède, à Paris, rue Jean-Goujon. Aimé et René Olivier, ingénieurs, Centraliens promotions 1864 et 1866, venaient de fonder la *Compagnie parisienne des vélocipèdes*, après avoir été associés pendant quelques années avec Pierre Michaux, pour la production en série de vélocipèdes. Rien ne permet d'affirmer que Joseph et Émile-Charles aient participé aussi à cette première expérience, mais après 1872, Henri entreprend plusieurs grands voyages, auxquels son frère et son cousin participent parfois. Les jeunes gens ont effectué, ensemble le trajet Paris-Lodève, par étapes, « à la vitesse moyenne de 11 à 13 kilomètres à l'heure avec des machines, qui, en ordre de marche, pesaient 37 kilogrammes[17] ». Henri Vallot réussit par des perfectionnements successifs à réaliser une machine qui ne pèse plus que 16,650 kg Il n'abandonne cet engin personnel pour un autre qu'en 1895. Autour des années 1895-1900, séjournant dans la région de Ruoms, en Ardèche, il parcourt de grandes distances. Il a pratiqué la bicyclette toute sa vie, jusqu'à un âge avancé, ce qui lui valait parfois le reproche d'être passéiste à l'époque de l'automobile.

    Joseph se marie le premier. Il épouse en avril 1879, à Paris (9ème arrondissement), Claire Marie Gabrielle Pérou. La jeune femme, née en 1856, est une lointaine cousine du côté de sa mère, née Thomas. Un de ses oncles, Jean-Baptiste Thomas a été en relations d'affaires, coactionnaire d'une société de fabrique de roues, avec Henri-Judes Toulouse. La famille est fortunée. Gabrielle va pendant de nombreuses années, jusqu'à ce qu'elle obtienne le divorce en 1912, partager les activités scientifiques de son mari, l'assister dans ses expériences, l'accompagner dans ses entreprises montagnardes ou spéléologiques et publier des articles. Le couple a eu quatre enfants.

    Moins de deux ans après Joseph, Henri se marie. Il épouse Adrienne Bonnefoy-Sibour, originaire de Pont-Saint-Esprit. Elle appartient à une famille de propriétaires viticoles de la Drôme, connus pour leurs engagements politiques républicains. Ils auront trois enfants.

    Émile-Charles, le troisième cousin, se marie en 1886. En épousant la sœur d'un camarade de promotion, Philiberte Aimée Marie Chevalier, il est resté dans son milieu d'origine, ingénieurs et industriels. Son beau-père avait fondé une importante entreprise de matériel roulant de chemin de fer. Émile-Charles fait une carrière complète d'ingénieur au *Chemin de fer de l'Ouest*. Il continue de partager avec Joseph, en amateur, le plaisir des recherches botaniques et horticoles. En 1903, il devient membre du *Club Alpin Français*, mais il n'a, semble-t-il, pas participé, sur le terrain, aux projets de son frère et de son cousin à Chamonix. Cette branche de la famille y est représentée par son neveu Paul Chevalier qui est un des fondateurs avec Jacques de Lépiney, après la première guerre mondiale, du *Groupe de Haute Montagne*. Une Aiguille de Chamonix, à proximité de La Blaitière porte son nom. Le couple a eu quatre enfants.

On écrit parfois que Joseph et Henri étaient frères, ils ne l'étaient pas, mais ils étaient liés par cette complicité nourrie des expériences partagées dans leur jeunesse. Le temps passé ensemble explique la bonne connaissance réciproque qu'ils avaient l'un de l'autre, la confiance mutuelle et les relations très directes et sans détours qu'ils entretenaient. Leurs escapades alliant sport et science ont forgé entre Henri et Joseph des liens qui expliquent pourquoi ces deux hommes aux tempéraments opposés et aux caractères si différents ont pu, pendant plus de trente ans conjuguer leurs efforts en prenant « constamment appui l'un sur l'autre, avec l'unique volonté de réaliser la plus belle conception possible, sans se préoccuper de ce que l'initiative première appartînt à l'un ou l'autre[18] ».

Leur complémentarité, assumée et parfois conflictuelle, explique en grande partie la réussite de ce que Vivian appelle, l'épopée Vallot.

---

[3] Arch. nat. Archives notariales, Contrat de mariage entre Jean Quentin VALLOT demeurant rue du Faubourg Montmartre, paroisse Saint-Eustache, diocèse de Paris, Compagnon menuisier et Anne Nicole Thomas, demeurant rue du Faubourg Montmartre, paroisse de Saint-Eustache, diocèse de Paris. 20 mars 1787, MC/ET/X/766.
[4] J. N. P. Hachette, *Correspondance sur l'École impériale polytechnique, à l'usage des élèves de cette école,* Janvier 1809-Mars 1813, tome 2, Paris, J. Klottermann, Librairie de l'École impériale polytechnique, 1813, p.130.
[5] Archives École Nationale des Ponts et Chaussées, Ms3273/3 206.

[6] F. P-H. Tarbé de Saint-Hardouin, *Notices biographiques sur les ingénieurs des ponts et chaussées: depuis la création du corps, en 1716, jusqu'à nos jours*, Baudry et compagnie, 1884, p.133.
[7] Institut National de la Propriété Industrielle, Quatre titres de propriété industrielle déposés entre 1814 et 1818, non numérotés à cette époque. Dossier 1BA842 (Toulouze).
[8] Arch. nat., Archives notariales, XVIII738.
[9] H. de Balzac, *Scènes de la vie privée, Le contrat de mariage, (un début dans la vie)* Michel Levy Frères, Paris, 1870 p. 141-143.
[10] On trouve aussi Henri Jules, j'ai retenu la forme la plus fréquente.
[11] A. Daumard, La bourgeoisie parisienne de 1815 à 1848, Paris, Albin-Michel, 1996, p.157.
[12] A. Daumard, *Op. cit.*, p. 364.
[13] R. Vivian, *Op. cit.* p. 40,45.
[14] Son prénom d'usage est Émile, mais pour le distinguer de son oncle, j'ai ajouté systématiquement son deuxième prénom, Charles.
[15] Ch. Vallot, *Henri Vallot (1853-1922), En souvenir*, Versailles, imprimerie Cerf, 1923, p. 10.
[16] *Ibid.*, p. 9.
[17] *Id.*
[18] *Ibid.*, p. 10.

Paris-Auteuil
Ingénieur et entrepreneur

La famille Vallot à Auteuil.

Henri et son frère Émile-Charles sont nés à Auteuil, au numéro 2 de la rue des Perchamps. La maison familiale, située sur un grand terrain avec dépendances, avait été acquise par Henri-Judes Toulouse. L'histoire de la maison, connue à l'époque sous le nom de « maison Vallot » a été publiée en 1904 dans la *Revue de la Société historique d'Auteuil et Passy*[19]. L'auteur de l'article avait recueilli ses informations auprès d'Henri, membre de cette société savante. La propriété correspondait pratiquement à l'îlot compris entre la place et la rue des Perchamps, la rue La Fontaine et la rue Pierre-Guérin.

Le grand-oncle d'Henri avait acquis en 1829 la gentilhommière, construite au début du dix-huitième siècle, ses terrains et ses dépendances. Il avait agrandi sa propriété par l'achat en 1840 de corps de bâtiment ayant servi d'école puis de logement pour le curé. C'était pour l'entrepreneur de messagerie, à la fois une maison de campagne, et un lieu où il pouvait stocker du fourrage, mettre au repos ses chevaux et remiser du matériel. C'est là qu'il meurt subitement en 1842. Il a pour héritiers, ses neveux, et sa sœur, Mme Sorbier. Antonin et Émile Vallot sont après la mort de leur tante Sorbier, en 1855, propriétaires de la totalité du terrain et des immeubles sauf un lot qui avait été vendu au moment de la succession. Leur père a géré leur patrimoine jusqu'à sa mort en 1863 ; le partage entre les deux frères a lieu en 1865, après le décès de leur oncle Sorbier. L'aîné garde les trois lots en façade sur la place des Perchamps et la rue des Vignes (rue Pierre-Guerin). La maison de campagne de l'oncle Toulouse devient la résidence principale pour Antonin et sa femme.

Émile, le père de Joseph reçoit un lot créé en 1865 avec une maison en façade sur la rue de la Fontaine, mais, bien que partageant son temps entre Lodève et Paris, il ne résidera jamais à Auteuil.

Le père d'Henri entreprend immédiatement des travaux : les communs sont démolis et remplacés par des serres et une loge de concierge. Le jardin à la française est transformé. Aujourd'hui, il ne reste plus rien de cette maison où Henri a vécu jusque quelques années avant la guerre de 1914. Des documents de famille et la photo illustrant l'article de 1904 nous permettent de juger de l'importance de la propriété. Elle comporte de vastes serres. Si Antonin s'adonne à la botanique, il est certainement loin d'avoir le professionnalisme de son frère, qui a planté un jardin avec des essences rares dans sa propriété de Lodève ; par contre, il a installé dans sa maison un cabinet de physique et un atelier, où Henri a pu assouvir très tôt son double penchant pour l'expérimentation et le travail manuel. Henri et Joseph ont partagé les activités de leurs pères respectifs, pour Henri la mécanique, pour Joseph la botanique !

Avec l'abbé Roussel, fondateur de l'œuvre des orphelins d'Auteuil.

Le père d'Henri est ouvert aux autres. Il a été membre du Conseil municipal d'Auteuil, comme en témoigne sa présence lors de la dernière réunion de ce conseil le 24 décembre 1859, avant le rattachement du village à Paris[20]. La famille, sous son impulsion, s'intéresse au sort des plus pauvres. En 1866, l'abbé Roussel s'installe à Auteuil avec quelques orphelins de plus de 12 ans qui, faute de travail, vivent dans la rue. C'est le début de l'aventure de l'*Œuvre de la Première Communion* qui donnera naissance, quelques années plus tard, en 1871, avec la création d'ateliers, à la *Fondation des Orphelins apprentis d'Auteuil*. L'abbé a trouvé une vieille maison, au numéro 40 de la rue La Fontaine, pas très loin de la propriété Vallot.

Dans le dénuement le plus complet, l'abbé et la dizaine d'enfants qu'il a recueillis reçoivent de l'aide des habitants du quartier. Quand il lance une souscription pour l'achat du terrain et la construction d'une chapelle, les membres de la famille Vallot sont parmi les premiers souscripteurs. On trouve respectivement dans le *Mémorial des bienfaiteurs*, où les donateurs sont classés par ordre de souscription, aux rangs 9 à 11, Antonin Vallot, Sophie Vallot et conjointement pour une action leurs deux fils Henri et Émile-Charles, qui sont encore mineurs.

La construction de la chapelle coïncide avec des travaux entrepris par Antonin, il fait don de matériaux de récupération : voici le témoignage de l'abbé Roussel dans son éditorial publié dans la revue *La France illustrée*, imprimée par les Orphelins apprentis d'Auteuil.

« Ah ! C'est une grande affaire que de se mettre à construire quand on n'est ni architecte ni entrepreneur. Un de nos plus généreux bienfaiteurs, M. Vallot, venait de faire construire un hôtel dans sa propriété d'Auteuil, et à côté se trouvait l'ancienne maison devenue inhabitable et destinée à disparaître. « Si vous voulez, nous dit-il faire démolir cette maison par vos enfants, je vous donne 500 francs et vous abandonne les matériaux.» Aucun travail ne convient mieux à des enfants de douze à seize ans que de démolir ; notre petit monde fut vite à la besogne, et avant le délai fixé, la maison ne fut plus qu'à l'état de souvenir. Quant aux pierres, moellons, poutres, tuiles etc., le tout avait été chargé et rangé sur le terrain nouvellement acquis… Et c'est ainsi qu'étant parvenu grâce à la Providence à nous procurer un terrain et des matériaux, nous pûmes construire notre modeste chapelle[21].»

La chapelle, construite avec les moyens du bord et pour laquelle les matériaux d'une des dépendances de la propriété Vallot ont été réemployés, existe toujours, à côté de la grande église construite en 1927 par l'abbé Brottier.

Classée, elle a été restaurée en 2007. Ces pierres réutilisées sont tout ce qui reste de la propriété d'Auteuil acquise par Henri-Judes Toulouse, et où sont nés Henri et son frère.

Dans son testament, Antonin Vallot avait ajouté ce conseil à l'intention de sa femme :
« Après ma mort, dépositaire d''une belle fortune, maîtresse absolue de revenus importants, elle se rappellera qu'après une part attribuée au maintien d'une position convenable, il ne suffit pas, selon moi, de tout réserver pour ses enfants, mais qu'un des plus nobles, des plus obligés, et même des plus avantageux emplois de la fortune est de faire le bien dans la plus large mesure possible et de n'oublier personne. Penser à tous, ce sera pour elle se souvenir de moi qui avait cette préoccupation de mon vivant[22]... »

La famille Vallot, pendant le siège de Paris.

Ce testament, qui témoigne de l'état d'esprit de son auteur, de ses engagements, et de l'éducation qu'il a inculquée à ses enfants, est rédigé le 21 septembre 1870, quelques jours après la capitulation de Sedan, au début du siège de Paris (17 septembre 1870). Le siège se termine le 26 janvier 1871, après de violents combats qui provoquent de sérieuses destructions à Auteuil. Plusieurs témoins rapportent l'attitude exemplaire de la famille Vallot qui avait ouvert sa maison, pour y accueillir et soigner les blessés. On trouve sous la plume d'Adolphe de Feuardent le témoignage suivant :
« En quelques jours, Auteuil fut couvert de ruines [...] L'ambulance des Perchamps fut ouverte la première par M. Vallot, qui se voua tout entier à la mission, plein d'humanité et de patriotisme, de soigner nos soldats malades ou tombés sur les champs de bataille. Sa santé ne lui permettant pas de servir sous les drapeaux, il fit généreusement l'abandon de sa maison, où 312 blessés furent soignés à ses frais pendant toute la durée de la guerre et de la Commune [23].» Le même témoin rapporte la visite de

monseigneur Darboy, archevêque de Paris, quelques mois avant son exécution.

Certains malades étaient installés dans le jardin d'hiver, haute serre dont on peut juger de l'importance sur la gravure qui accompagne le texte dans le livre cité. Les convalescents reçoivent du propriétaire un petit pécule à leur sortie pour subvenir à leurs besoins et éventuellement rentrer chez eux. Madame Vallot participe aux soins prodigués par le docteur Malhéné. Ce médecin bien connu à Auteuil est très engagé dans des sociétés philanthropiques au profit de l'enfance et de la création de crèches, Sophie Vallot participe activement à ces œuvres. Plus tard, on note la présence, dans les mêmes sociétés charitables, d'Adrienne la femme d'Henri Vallot.

Il est probable que ni Henri, ni son frère n'aient été présents à Auteuil pendant le siège de Paris, mais ils ont, comme beaucoup de jeunes gens de cette génération, été marqués par les évènements tragiques de la Commune. L'engagement d'Henri en faveur de l'éducation populaire peut s'expliquer à la fois par son environnement familial, par le traumatisme de la guerre civile, et par son passage à l'*École centrale* où quelques élèves perpétuent les engagements de leurs aînés, pionniers de l'éducation populaire.

1880-1900, Enseignant bénévole à L'Association polytechnique.

Henri Vallot, comme d'autres jeunes ingénieurs de sa génération est persuadé que le progrès social passe par l'instruction et la promotion des ouvriers. À la fin du dix-neuvième siècle, il y a, dans le seizième arrondissement de Paris, constitué par la réunion des villages d'Auteuil et de Passy, à côté d'anciennes propriétés nobiliaires et de résidences cossues, comme celle de la famille Vallot, des ateliers d'artisans et des usines, et même, à partir de 1878 une cité ouvrière, la cité Jean Dolfuss, construite par l'architecte

Centralien Émile Cacheux. L'*Association polytechnique* qui dispense des cours du soir gratuits pour les ouvriers est à cette époque organisée en une trentaine de sections. Elles sont réparties dans plusieurs quartiers de Paris et des communes de la proche périphérie. Henri Vallot rejoint, en 1880, le corps professoral de la section du seizième (Auteuil-Passy). Il est âgé de vingt-sept ans, et pendant vingt ans, il enseigne sans interruption, même dans les moments difficiles et malgré les épreuves personnelles, (maladie et décès de sa femme) la géométrie, la mécanique et la topographie, à un « auditoire difficile et clairvoyant de contremaîtres et d'artisans[24] », qu'il appréciait.

L'association avait été fondée en 1830 par le saint-simonien Jules Lechevallier, quelques élèves de Polytechnique dont Auguste Comte, et Auguste Perdonnet, exclu de Polytechnique en 1822 pour activités carbonaristes, et qui sera plus tard directeur de l'*École centrale*. Après la fraternisation sur les barricades pendant les journées de Juillet, les fondateurs s'organisent pour donner des cours généraux et professionnels gratuits aux ouvriers. Bien que fondée par des Polytechniciens, des liens se sont tissés très tôt entre l'*Association polytechnique* et l'*École centrale*. Des Centraliens rejoignent les Polytechniciens dans le corps professoral. L'*École centrale* met des locaux à la disposition de l'association, et le propriétaire directeur fondateur de l'école, Alphonse Lavallée propose à partir de 1835, une place chaque année pour des ouvriers méritants. Cette mesure profite, surtout au début, à un nombre restreint d'ouvriers, mais on a quelques exemples de belles réussites professionnelles, dans les années 1830-1850. En 1848, l'association assure une trentaine de cours chaque semaine, quand se produit une scission. Quelques professeurs fondent, sur fond de rivalité idéologique ou politique, une société qui poursuit les mêmes buts sous le nom d'*Association philotechnique*.

L'astronome Camille Flammarion, qui a lui-même bénéficié de ces cours gratuits, enseigne l'astronomie à partir de 1865. Il écrit dans ses mémoires : « Je me souvins de *l'Association polytechnique* et des services que ces cours m'avaient rendus, lorsque je n'avais d'autre ressources que ces cours gratuits pour continuer mon instruction ; j'avais là une dette de reconnaissance : je songeai à faire gratuitement un cours soigneusement préparé[25]... »

À la veille de la guerre de 1870, *l'Association polytechnique* assure cent-cinquante et un cours par semaine. L'enseignement reprend, dès l'hiver 1871, avec 86 cours. En 1872, ils ont lieu à l'*École centrale des arts et manufactures*, à l'*École de médecine*, aux Batignolles, à Sceaux, à Vincennes et à Ivry. Quelques années plus tard, quand Henri rejoint l'association, elle compte trente sections, dont celle du seizième arrondissement. Le 12 décembre 1880, une cérémonie est organisée à la Sorbonne pour marquer le cinquantenaire de l'association. C'est l'occasion pour Gambetta de saluer et d'encourager les professeurs, tous bénévoles : « Continuez votre belle œuvre, travaillez, jetez vos filets, vous êtes des pêcheurs d'hommes ».

L'engagement d'Henri à la cause de l'instruction populaire lui vaut d'être récompensé par le *ministère de l'Instruction publique*. Il est promu officier d'académie le 22 juin 1890 (palmes académiques). Il a été élevé au grade d'officier de l'Instruction publique le 2 avril 1896, mais cette fois pour ses travaux cartographiques. À partir de 1900, trop occupé par ses activités professionnelles, ses responsabilités opérationnelles d'administrateur de sociétés, la cartographie du Mont-Blanc et toutes les tâches annexes liées à la topographie et au milieu montagnard, il abandonne le terrain de l'éducation populaire, sans pour autant cesser de diffuser son savoir, mais dans d'autres cercles. L'association lui attribue une médaille d'or, en signe de reconnaissance pour le travail accompli, sans interruption, chaque année, chaque semaine, de novembre à mai, pendant vingt ans.

1880, Henri Vallot fonde une famille.

Henri épouse le 7 novembre 1880, à Pont-Saint-Esprit, Adrienne Marie Bonnefoy-Sibour. La jeune femme s'installe avec son mari dans la maison d'Auteuil qui appartient à Henri depuis la liquidation de l'héritage de son père.

Adrienne est née en 1857, elle vient d'une famille de propriétaires viticoles entrés en politique à l'avènement de la Deuxième République. Son père, maire de Pont-Saint-Esprit avait été révoqué sous le Second Empire. En 1876, ses engagements républicains lui ont valu d'être élu au Sénat sur la liste des Républicains modérés. Il est décédé quelques mois plus tard, avant d'avoir eu vraiment le temps de siéger dans cette Assemblée. La famille a donné trois générations d'hommes politiques et de grands commis de l'État (préfet, député, sénateur…) à la Troisième République. Le frère d'Adrienne, Georges Auguste Bonnefoy-Sibour, prenant le relais de son père à la mairie de Pont-Saint-Esprit, a représenté le département du Gard à la Chambre des Députés de 1889 à 1893, puis au Sénat de 1894 à 1918. En 1906, il est le rapporteur du projet de loi pour la réhabilitation du capitaine Dreyfus. Adrien, le fils du précédent, est connu pour avoir remplacé le préfet de police de Paris, Chiappe, après sa révocation en février 1934. Docteur en droit, haut fonctionnaire, il a été aussi sous-préfet de Béthune (Pas-de-Calais), où il s'est illustré pendant la guerre de 1914, puis préfet de Seine-et-Oise et ambassadeur de France en Finlande.

Le père d'Adrienne avait reçu l'autorisation d'ajouter Sibour, à son patronyme en mémoire de monseigneur Sibour (1792-1857), l'oncle de sa femme, assassiné par un prêtre déséquilibré en 1851. Ce prélat sensible à la misère dans son diocèse avait été nommé archevêque de Paris en 1848, il avait été accusé par certains, de collusion avec les Républicains après avoir reconnu le nouveau régime. Henri Vallot conservait dans son bureau le portrait du grand-oncle d'Adrienne [26] : souvenir discret et pudique de sa femme décédée prématurément, ou réelle admiration pour le prélat ? Ses descendants ont conservé le tableau, et le capelet qu'il portait le jour de son assassinat.

Joseph Vallot avait épousé une lointaine cousine parisienne, le jeune frère d'Henri épousera la sœur d'un camarade de promotion de l'*École centrale des arts et manufactures*. Pour Henri, le lien qui l'a conduit de Paris à Pont-Saint-Esprit est moins évident. La rencontre des deux époux doit sans doute à l'entourage de Philippe-Joël Baldoui, son oncle maternel, nommé commissaire de police à Pont Saint-Esprit à partir de 1859, avant de rejoindre Carcassonne puis Versailles. On peut cependant s'interroger sur cette sociabilité qui relie la famille d'un maire suspendu par les autorités du second Empire à celle d'un commissaire nommé par ces mêmes autorités.

La maison de la place des Perchamps retrouve son statut de maison familiale avec la naissance des trois enfants du couple. Charles voit le jour le premier, le 8 mai 1884. Leur fille Marie naît le 4 février 1886, suivie de Jacques, né le 27 novembre 1887. Ce bonheur familial est brutalement interrompu par le décès d'Adrienne. Malade, elle est dans sa famille à Pont-Saint-Esprit, quand elle meurt le 22 novembre 1889. Elle n'a que trente-deux ans. Henri reste seul avec ses trois enfants qui ont respectivement, six, quatre et deux ans.

À cette époque, dans son milieu, la retenue est de rigueur, encore plus peut-être pour l'homme réservé, pudique, se livrant peu, décrit par ses amis et relations. Maurice Heid parle d'une « pudeur extrême de sa sensibilité intime [27] ». L'évocation de ce deuil familial est bannie, aussi ne trouve-t-on aucune allusion à cet épisode douloureux de sa vie dans les notices nécrologiques. Si son fils Charles rappelle, à demi-mot, cette période difficile, ce n'est que pour mieux souligner l'attachement de son père aux cours du soir bénévoles qu'il donnait aux ouvriers parisiens : « Durant l'hiver 1889, où il dût séjourner à Pont-Saint-Esprit, il voyageait chaque semaine sur 700 kilomètres pour son cours du jeudi [28] ... ». Même après la disparition de son père, Charles s'interdit de préciser les raisons de ce séjour dans le Gard, la maladie et le décès de sa propre mère. Seuls, les intimes connaissent les raisons de ces voyages, il n'y a pas lieu de les divulguer plus largement. Pour Charles, la discrétion continue de s'imposer trente-trois ans après, car ces circonstances appartiennent à un domaine strictement privé, jalousement protégé.

La maison reste la propriété de la famille jusqu'en 1912. Henri Vallot qui a vécu près de 60 ans à Auteuil dans sa maison natale la quitte pour s'installer à Versailles. La propriété familiale était devenue trop grande, la pression immobilière a peut-être précipité la prise de décision car Henri était attaché à Auteuil et s'intéressait à l'histoire de ce village où sa famille vivait avant son rattachement à la ville de Paris. Le fils cadet d'Henri, Jacques renouera plus tard avec Auteuil en y faisant construire sa maison, où résident toujours ses descendants.

1876-1822, Ingénieur et entrepreneur.

Henri Vallot n'est pas seulement le cousin de Joseph Vallot et l'homme d'un seul projet, la cartographie du Mont-Blanc. Avant et pendant cette aventure cartographique, il exerce, toute sa vie durant, sa profession d'ingénieur, dans divers domaines, toujours avec le souci d'équilibre entre théorie et pratique.

Son parcours s'apparente parfois à celui d'un ingénieur-conseil travaillant sur des projets auxquels il se consacre pendant des périodes plus ou moins longues. Certains sont indépendants de son patrimoine, d'autres correspondent à des entreprises dans lesquelles il avait des intérêts. Pendant les trente dernières années de sa vie, il a certes beaucoup donné de son temps à la géodésie, à la cartographie, et à l'aménagement de la montagne, mais il a aussi travaillé dans le domaine des transports : chemins de fer, et véhicules locomobiles. Il a fait un détour vers la toute nouvelle industrie de production du froid, avant de mettre à profit son expérience sur le terrain pour participer à la création d'une entreprise de topographie.

On a salué sa puissance de travail, ses compétences, sa rigueur, j'ajouterai qu'il était certainement jaloux de sa liberté. Derrière l'attaché aux études ou l'administrateur se cache un opérationnel dont les compétences techniques et l'autorité sont prépondérantes. Travailleur acharné qui « s'accordait bien rarement un jour de repos » et « voyageait toujours la nuit pour gagner du temps[29] », il conserve la maitrise de son temps en équilibrant ses activités professionnelles rémunératrices et ses recherches topographiques bénévoles. Ce temps qu'il juge si précieux, il sait aussi le partager pour transmettre ses connaissances, que ce soit, au profit des ouvriers à l'*Association polytechnique*, ou auprès des alpinistes de la *Commission de topographie du Club Alpin*.

Administrateur de sociétés toute l'année, ou topographe sur le terrain pendant ses loisirs d'été, Henri Vallot reste avant tout un ingénieur. Sa participation active et constante aux travaux de la *Société des ingénieurs civils*, les missions ponctuelles qu'il réalise à la demande de jeunes associations comme l'*Aéroclub de France* ou l'*Automobile Club de France*, complètent une carrière aux multiples orientations.

1876-1881, « seul maître de son temps… »

Quand Antonin décède le 25 avril 1872, Henri, âgé de 19 ans est en classe de Mathématiques spéciales au *lycée Condorcet*. La scolarité d'Henri à l'*École centrale* se termine au mois d'août 1876. Il a obtenu, à l'issue des épreuves de sortie, une moyenne de 16,59, ce qui le classe 10ème sur 127 élèves classés, et 2ème sur 28 de la spécialité mécanicien. À cette époque, les ingénieurs diplômés doivent faire leurs preuves sur le terrain. Il n'est pas rare qu'ils débutent leur vie professionnelle comme opérateurs ou chefs de travaux et doivent attendre un à deux ans, souvent plus, pour que le titre d'ingénieur leur soit reconnu dans l'entreprise. Henri dispose de revenus et n'a nul besoin de travailler pour vivre. Il s'impose cependant ce passage par l'atelier. Son fils en témoigne : « À la sortie de l'*École centrale*, seul maître de son temps, il avait eu l'extraordinaire volonté d'apprendre deux années durant et auprès d'ouvriers qualifiés, le travail du bois et du fer et des métaux. Aussi savait-il parler argot à un compagnon, se servir de l'outil devant lui, mieux que lui, pouvant imposer par le fait même une autorité incontestée[30]. »

Il y a chez lui un impérieux désir de maitriser la matière, et peut-être de suivre l'exemple de son père. Ne dispose-t-il pas de l'atelier installé par Antonin dans sa maison d'Auteuil ? Cet apprentissage est, à ses yeux, une étape indispensable pour atteindre son idéal de « technicien complet[31] ». Selon un témoignage, Henri aurait pendant ces deux années appris le métier de charron. Ce faisant, il reste dans une certaine tradition familiale. Mais, où a-t-il fait cet apprentissage ? Dans quels ateliers ? Est-ce à cette époque qu'il a construit le vélocipède allégé qu'il utilisera jusqu'en 1895, et dont parle son fils ?

Faute de documents, nous nous en tenons aux hypothèses. Le grand oncle Toulouse avait des actions dans la *Société de fabrication de roues par procédé mécanique* située vers 1830, rue du Chemin Vert. Cette usine avait été la première fabrique de roues équipée de machines (scierie mécanique) conçues par l'ingénieur mécanicien Eugène Philippe. En 1872, Antonin Vallot n'est plus actionnaire de cette société mais la famille pourrait avoir conservé des relations dans ce secteur de l'industrie. Il y avait dans les années 1870, à Paris, plusieurs ateliers de fabrication de roues, dont certains dépendaient de la *Compagnie des Omnibus,* à laquelle d'anciens locaux utilisés par Henri-Judes Toulouse avaient été cédés par le père d'Henri. Si nous ne savons pas où et comment il a acquis ce savoir-faire en atelier, nous savons par son fils qu'il lui a permis de côtoyer et de connaître le monde ouvrier, de maitriser les métiers et leurs vocabulaires, et d'acquérir des compétences sur lesquelles il pouvait asseoir son autorité.

Pendant ces années, il reste en relation avec ses collègues ingénieurs lors des séances de la *Société des ingénieurs civils* où il a été admis dès sa sortie de l'*École centrale*. Cette société a été fondée en 1848 par quelques centraliens. En 1850, elle est ouverte à tous les ingénieurs civils. C'est un lieu privilégié d'échange intergénérationnel entre professionnels. Les jeunes ingénieurs s'y forment et chacun peut présenter des travaux personnels ou réalisés dans le cadre de l'association. Ne regroupant qu'une centaine de membres à l'origine, elle en compte plus de mille en 1872. Henri Vallot accède rapidement à des responsabilités au sein de la société. Il en est à partir de 1880, pendant neuf ans, un des Secrétaires avant de siéger au Comité de 1890 à 1892. Il intervient fréquemment comme rapporteur pour des travaux réalisés par des collègues ne résidant pas dans la capitale.

Son mariage, en 1880, avec Adrienne Bonnefoy-Sibour élargit le champ des relations du jeune homme, mais ne le détourne pas pour autant de sa carrière d'ingénieur. En 1881, près de cinq ans après sa sortie de l'*École centrale*, il accepte une mission dans le domaine ferroviaire, qui, à cette époque, fait amplement appel au savoir-faire des Centraliens. Mais, plutôt que d'y faire carrière, comme son jeune frère, il se limite à des missions diverses de quelques mois à quelques années.

1881-1889, les premières expériences professionnelles.

    Henri commence sa carrière d'ingénieur en qualité d'attaché aux études du chemin de fer à voie étroite du Cambrésis. Le dix-sept août 1880, un décret a autorisé la création d'une ligne de tramway (chemin de fer à voie étroite) entre Cambrai et Catillon. La voie doit relier le canal de Saint-Quentin à l'ouest, au canal de la Sambre à l'Oise à l'est. Une convention est signée entre l'État représenté par le préfet du Nord et la *Société anonyme des Chemins de fer du Cambrésis*. Cette société a été fondée en 1878 pour la construction et l'exploitation d'un chemin de fer d'intérêt local à voie de un mètre [32]. Ses fondateurs sont trois ingénieurs, Pierre-Émile Chevalier, ingénieur constructeur à Paris, Alfred Lambert, de Cambrai, et Louis Rey, de Paris. Pierre-Émile Chevalier est l'industriel du groupe, ingénieur de l'*École des mines de Saint-Étienne*, il est à la tête d'une prospère entreprise de construction de matériel ferroviaire. Des wagons et des trains de prestige, mais aussi des tramways sortent de ses ateliers situés quai de Javel à Paris, à l'emplacement des futures usines Citroën. Le frère d'Henri, camarade de promotion à l'*École centrale* d'un des fils d'Émile Chevalier, deviendra son gendre en 1886.

    Henri Vallot, qui est chargé d'étudier le tracé et la conception des voies, prend conscience de l'importance de la topographie en travaillant à ce projet. Il effectue cette mission sous la direction du centralien Louis Rey, technicien reconnu dans le domaine ferroviaire. Rey est aussi un membre actif et influent de la *Société des ingénieurs civils* dont il a été vice-président et président. Le réseau de trois lignes, sur une longueur totale de 120 kilomètres a été construit et exploité. Il a été mis en service en plusieurs tronçons dont les ouvertures se sont 'échelonnées jusqu'en 1904. Alfred Lambert sera le directeur de la société exploitante, Louis Rey en est administrateur. Henri roule vers de nouveaux horizons.

C'est à cette période, et sans que cette étude soit semble-t-il en rapport avec la construction de la ligne du Cambrésis, qu'il publie avec Louis Rey, qui a sans doute supervisé le travail du jeune ingénieur, les résultats d'une étude sur les ressorts à lames pour le matériel ferroviaire. Les auteurs s'appuient sur les formules établies par le polytechnicien, ingénieur des mines, Édouard Phillips. Ils proposent des formules simplifiées applicables pour certains ressorts utilisés dans les wagons de chemin de fer et des formules adaptées à d'autres cas. Ce travail, qui s'appuie sur une base théorique solide, présente de nombreux exemples de calculs : il s'agit de rendre service aux professionnels en leur « évitant des calculs longs et fastidieux ». Présenté en novembre 1881, il a été publié dans les *Mémoires de la Société des ingénieurs civils*, puis édité en tiré à part[33].

Toujours à la même époque, Henri Vallot a été sollicité pour une expertise sur un projet de chemin de fer de type tramway pour le département de la Drôme. Compte tenu des dates, il ne peut s'agir que d'une courte mission de mise à jour d'un avant-projet datant de 1866, relancé par le Conseil général en 1881. Malgré l'avis favorable de la commission chargée par le préfet de l'étude du projet, il faudra attendre 1891 pour voir, avec la création de la *Compagnie des chemins de fer de la Drôme*, un début de réalisation à laquelle Henri Vallot est, d'après nos recherches, totalement étranger.

À partir de 1884, Henri Vallot abandonne provisoirement le secteur ferroviaire pour rejoindre la société *La Pneumatique (Société industrielle de pompes à vide et de machines à glace)* qui a été fondée le 18 juin 1883. La raison sociale de la société peut paraître insolite car aujourd'hui, on associe généralement le mot pneumatique aux roues des véhicules. À cette époque, faisant référence au procédé pour obtenir le vide, par une machine pneumatique, on parle de vide pneumatique. La société a son siège Passage des Princes, rue Richelieu, à Paris. La production de glace artificielle est un enjeu important surtout dans les grandes villes, l'apport de glace naturelle produite là où c'est possible en hiver, ou extraite des glaciers, transportée sur de grandes distances et stockée dans des glacières, n'étant plus suffisant pour couvrir les besoins. Depuis le début du dix-neuvième siècle, on tente de produire de la glace artificielle en provoquant la congélation de l'eau par une évaporation très rapide sous vide d'un frigorigène (éther di-méthylique, dioxyde de carbone, ammoniac, dioxyde de soufre …). Ce faisant, Henri rejoint un secteur industriel nouveau dans lequel la France est pionnière avec Charles Tellier qui a créé en 1869, à Auteuil, la première usine frigorifique pour la conservation de denrées alimentaires « par le froid artificiel ».

La Pneumatique a été fondée pour développer un nouveau procédé de production utilisant des pompes à vide brevetées par l'allemand Richter[34] et un absorbeur à acide sulfurique. Une installation industrielle a bien été réalisée dans une brasserie à Savigny-sur-Orge [35]. D'autres installations, toujours pour l'industrie de la bière, grosse consommatrice de glace pour refroidir les cuves de fermentation, ont été projetées, et le matériel parfois fabriqué comme par exemple pour une brasserie de Marseille qui n'a finalement pas été construite. La mise en œuvre industrielle de ce procédé est trop difficile en raison de la manipulation d'acide sulfurique, il sera abandonné, provoquant la disparition de l'entreprise.

La société a étudié d'autres applications des pompes à vide Richter, comme en témoigne un brevet[36] protégeant un procédé de production de lait en poudre. Cette technique est maintenant très développée, il s'agit de la lyophilisation. La consultation des dossiers des brevets déposés au nom de la société n'a pas permis de mettre en évidence la contribution d'Henri Vallot à l'élaboration de ces nouveaux procédés. La société La Pneumatique est mise en liquidation judiciaire, en 1888, interrompant la carrière d'Henri dans ce domaine.

Parallèlement, Henri, s'intéresse à l'écoulement de l'eau dans les conduites circulaires. Il présente en 1887, dans le cadre de la *Société des ingénieurs civils*, une étude sur l'écoulement de l'eau dans les conduites de grandes dimensions, dont il dit lui-même qu' « elle n'est pas dépourvue d'utilité au point de vue des applications pratiques ». Le travail comporte une partie théorique avec comparaison des formules utilisées par Henry Darcy et par Maurice Lévy, confrontées à d'autres théories. Après avoir montré la pertinence des formules de Lévy, plus exactes que celles de Darcy pour les conduites de grand diamètre, Henri Vallot propose une table basée sur ses propres calculs utilisant les formules de Lévy. Ce document a été publié dans les *Mémoires de la Société des ingénieurs civils* en 1887. Cette étude, totalement différente par son objet, est similaire à l'étude des ressorts par son objectif : simplifier, tout en ne sacrifiant pas la précision, le travail des techniciens chargés des calculs. Il illustre sa démarche à la fois rigoureuse et pragmatique que l'on retrouvera dans ses travaux topographiques. Le document a fait l'objet d'une édition en tiré à part[37] dont on trouve des recensions élogieuses dans plusieurs revues techniques.

Quelques mois après sa première visite à Chamonix (1887), il commence à s'intéresser à la topographie de montagne comme en témoigne un article publié dans *l'Annuaire du Club Alpin Français*[38]. Le projet de nouvelle carte n'est pas encore officiellement lancé, mais il approfondit déjà ses connaissances et apprend à utiliser les instruments.

1890-1922 Ingénieur, entrepreneur et cartographe.

À partir de 1890, âgé de trente-sept ans, veuf et menant la «vie sévère, presqu'austère » d'un homme « tout entier à ses travaux et à ses enfants[39] », il s'engage complètement avec Joseph dans leur projet de cartographie du massif du Mont-Blanc. C'est un tournant important dans sa vie, sur lequel nous reviendrons plus longuement. Cette nouvelle activité, purement bénévole, ne peut pas le détourner de la gestion de son patrimoine et de ses engagements professionnels. L'été, il recueille sur le terrain, à Chamonix, les données dont il exploite les résultats à son retour à Paris. Il prépare aussi la campagne de mesures de l'année suivante, tout en accomplissant d'autres tâches et d'autres missions pour d'autres entreprises, dans d'autres domaines.

Louis Rey qui a été ingénieur-directeur de la *société Chevalier Cheylus jeune et compagnie* de 1872 à 1885, et partenaire de Pierre-Émile Chevalier pour le chemin de fer du Cambrésis, entreprise à laquelle il avait associé le jeune ingénieur, fait de nouveau appel à Henri en 1890. Ingénieur fondé de pouvoir à la *Compagnie française de matériel de chemin de fer* à Ivry, il lui propose un poste d'attaché aux études. La société a été fondée en 1872, en reprenant les actifs de la *Société Charles Bonnefond et Cie*. Elle fabrique du matériel ferroviaire roulant. Les ateliers sont au siège social à Ivry, et à Maubeuge. L'entreprise fabrique des voitures pour les compagnies ferroviaires, wagons de marchandise et de voyageurs, mais aussi des wagons de luxe, et des rames de tramways. C'est une concurrente de l'entreprise dirigée par Pierre-Émile Chevalier, mais à cette époque, le développement des chemins de fer a confortablement rempli les carnets de commande de toutes ces sociétés. Vers 1900, 600 à 700 ouvriers travaillaient dans les usines de la *Compagnie française de matériel de chemin de fer*. La dernière usine située à Maubeuge (Le Tilleul) a fermé en 1970.

Henri Vallot, attaché aux études, reste en marge de l'entreprise, sans responsabilités opérationnelles. Il n'est guère possible de connaître les missions qui lui ont été confiées, mais on peut penser que Louis Rey qui le connaissait bien l'avait appelé en raison des travaux qu'ils avaient déjà réalisés ensemble et de la confiance qu'il avait en son jeune camarade.

À la fin du dix-neuvième siècle, l'utilisation des machines à vapeur ne révolutionne pas que les chemins de fer, elle transforme aussi l'industrie et l'agriculture. On invente des locomobiles, des machines à vapeur ambulantes, susceptibles d'exécuter diverses opérations mécaniques. Les espoirs sont grands d'utiliser ces engins dans tous les domaines de l'activité humaine, sur les chantiers, dans les usines, dans les champs et sur les routes. Plusieurs sociétés se sont lancées dans la location de ces matériels lourds et coûteux, à vapeur mais aussi « à pétrole ».

En 1900, Henri Vallot rejoint la *Société générale de location de locomobiles* en qualité d'administrateur. Il y retrouve d'Ernest Philippon, ancien élève de l'*École centrale*, promotion 1862, administrateur-délégué. Il assume ces fonctions, au sein de cette société, fondée en 1880 et dont le siège était 51 rue de Tanger, jusqu'à son décès en 1922. D'après François Fernand Bourdil, président de la *Société des ingénieurs civils*, Henri Vallot, dépassant le simple rôle d'administrateur mettait ses compétences d'ingénieur mécanicien au service de la société, ce qui n'est guère surprenant[40].

En 1908, déjà engagé depuis dix-huit ans dans l'aventure topographique et cartographique à Chamonix, il fonde avec ses amis Carpentier et Schrader la *Société générale d'études et de travaux topographiques,* dont le siège est situé à Paris, 148 rue de Grenelle. Elle s'appuie sur l'expertise de ses fondateurs : le géographe Franz Schrader, précurseur de la cartographie de montagne dans les Pyrénées et compagnon de la première heure des Vallot au Mont-Blanc et Jules Adrien Carpentier qui est moins connu. Né à Paris en 1851, polytechnicien, ingénieur au *Service des manufactures de tabac de l'État*, puis ingénieur principal du matériel à la

Compagnie PLM, il acquiert en 1878 les *Ateliers de Ruhmkorff*. Prenant la suite de l'inventeur de la bobine d'induction qui porte son nom[41], Jules Carpentier se lance avec succès dans l'invention et la fabrication d'instruments scientifiques de précision. En 1881 il embauche comme secrétaire, avant son service militaire, un jeune homme de dix-sept-ans, nommé Léon Gaumont, que l'on retrouvera plus tard, avec son fils Charles, derrière la caméra, aux côtés de Joseph Vallot, sur les pentes du Mont-Blanc…

La société est une société de service qui commercialise le savoir-faire de ses fondateurs, eux-mêmes membres d'un réseau de topographes gravitant autour d'Henri Vallot à la *Commission de topographie* du *Club Alpin Français*. Étienne de Larminat, officier, ancien élève de *Saint-Cyr* a participé à plusieurs campagnes en Tunisie et en Algérie, avant d'enseigner la topographie (octobre 1899 à juillet 1905) à l'*École spéciale militaire de Saint-Cyr*. Il vient de quitter le service actif quand il prend la direction de la nouvelle société. C'est l'homme de terrain, le directeur opérationnel.

Henri Vallot, ne se contente pas de sa fonction d'administrateur puis d'administrateur délégué, il met ses compétences techniques au service de l'entreprise. Pour Fernand Bourdil, camarade de promotion d'Henri Vallot, qui a rejoint le Conseil d'administration en 1919, il a été « *pendant toute sa vie, du point de vue technique, l'âme de cette société et il contribua largement à ses travaux*[42] ». Cette même année, André Siegfried, futur académicien, à l'époque professeur à l'*École des sciences politiques* entre au conseil d'administration de la Société.

Voici une liste de références extraite d'une publicité parue dans plusieurs revues en 1914 :
Triangulation et nivellement de haute précision de la ville de Constantinople.

Levés nivelés au 1/10 000ème des basses vallées du Vardar et de la Maritza (Turquie).
Levés d'hydraulique agricole (Commune du Theilley).
Détermination précise de l'altitude du mont Huascaran (Andes du Pérou).
Missions d'études techniques et économiques en Turquie d'Europe.
Levés et reconnaissances agricoles au Maroc etc…

La société a reçu en 1914 une commande de la *Direction des Travaux publics* du Maroc, pour le levé de la ville Safi (région de Marrakech) sous le contrôle d'un *Bureau topographique* spécial rattaché au *Cabinet militaire* du *Résident général*.

La mesure de l'altitude du mont Huascaran dans les Andes reste sa référence la plus insolite. Elle lui a été commandée pour déterminer qui, de deux femmes alpinistes, détenait le record mondial d'altitude. Le 2 septembre 1908, après deux tentatives en 1904 et 1906, l'américaine Annie Smith Peck atteint la première le sommet du Huascaran, au Pérou, en compagnie de deux guides suisses. Elle se prévaut d'être la femme alpiniste la plus haute du monde, mais une autre femme prétend détenir ce record. Il s'agit de madame Fanny Bullock-Workman, célèbre alpiniste américaine. Elle a gravi en compagnie de son mari, plusieurs sommets de plus de 6 000 mètres dans l'Himalaya. Depuis 1906, elle détient le record avec 6 930 mètres au Pinnacle Peak, au Cachemire. Pour la femme la plus haute du monde qui enchaîne les conférences et jouit d'une certaine notoriété, tout particulièrement en France, il n'est pas question de se laisser voler cette suprématie par sa compatriote américaine qui prétend avoir atteint 7 000 mètres au Huascaran. Pour trancher cette controverse, la fortunée Mme Workman et son mari s'adressent à Henri Vallot. Une expédition est montée : une équipe de trois topographes, sous la direction d'Étienne de Larminat se rend sur place en 1909.

Henri Vallot a préparé avec minutie le travail et établi les procédures qui doivent rendre cet arbitrage incontestable. Il écrit dans l'introduction du rapport : « Nous avons tracé, pour les opérations du Huascaran, un programme tel qu'aucune faute sur le terrain ou dans les calculs pût passer inaperçue, et cela par suite des contrôles continuels auxquels ces diverses opérations étaient soumises; nous nous plaisons à constater ici que notre chef de mission a suivi avec un soin scrupuleux nos instructions, quelles qu'aient pu être les difficultés locales ou les circonstances imprévues ; aussi pouvons-nous affirmer avec assurance que les mesures et les calculs concernant l'objet de notre mission sont totalement exempts de fautes, du moins de celles qui dépasseraient la limite des erreurs tolérables[43]. »

L'altitude de 6 878 mètres ne permet pas à Annie Smith Peck de détrôner sa concurrente…

Il n'était pas inutile d'évoquer ici, en détail, cette mission intéressante pour l'histoire de l'alpinisme féminin, mais cette aventure ne doit pas faire oublier le caractère novateur de la société. Henri Vallot, qui en est l'initiateur, a compris qu'il y avait, auprès des services officiels chargés de la cartographie, des travaux de nivellement des bassins des cours d'eau et d'une façon générale partout où cette science est utile dans l'administration, une place pour une société commerciale, de droit privé qui pourrait se charger d'applications dans le cadre de projets de développement ou de modernisation en France, dans les colonies ou les pays sous mandat français, et à l'étranger.

Henri Vallot suit de près l'évolution de toutes innovations qui bouleversent à son époque le domaine des transports. S'il n'a pas adopté l'automobile pour ses déplacements et s'il ne pilote pas d'aéronef, il est reconnu pour son sérieux, par ceux qui, se situant aux confins du sport et de l'industrie, organisent des manifestations. Deux exemples, certes anecdotiques et ponctuels, témoignent de cet intérêt.

En 1897, l'*Automobile Club de France*, fait appel à ses services dans le cadre de l'organisation de son premier concours de poids lourds[44]. Il ne s'agit pas d'une course, mais d'un véritable concours industriel. Pour cela, il faut des parcours adaptés dans lesquels sont engagées différentes catégories de véhicules, caractérisées par leur propulsion, à vapeur ou au pétrole, et par leur usage, le transport de marchandises ou de voyageurs. Les trois parcours sélectionnés, au départ de la place d'Armes de Versailles, doivent être sélectifs. Henri Vallot est consulté pour déterminer en détail toutes les rampes de ces circuits dont l'inclinaison est égale ou supérieure à 5%. Un jeu d'enfant pour ce spécialiste, d'autant qu'il vient de recevoir pour le tester le clisimètre de Goulier qui permet de déterminer aisément les pentes, et dont il fera un usage, comme nous le verrons, pour le tracé des chemins de montagne.

L'autre exemple concerne une mission qui lui a été confiée par L'*Aéroclub de France,* un club dont Joseph Vallot est un des membres fondateurs. À partir de 1905, le *Club* organise des concours dans lesquels il est nécessaire de calculer avec précision la distance géodésique parcourue entre le point de décollage et le point d'atterrissage des aéronefs engagés. Henri Vallot a été sollicité dès la première course pour résoudre ce problème. En 1911, il publie une étude dans laquelle il démontre que lorsqu'il s'agit de départager des concurrents qui ont fait un atterrissage relativement groupé, et que les distances qu'ils ont parcourues sont très proches, la seule mesure graphique ne permet pas d'arbitrer correctement. Après avoir recensé les erreurs et exposé la méthode qu'il utilise et qu'il préconise pour les corriger, il confronte la théorie à deux exemples de concours de ballons pour lesquels il a procédé à ces calculs. Le premier a eu lieu le 15 octobre 1905 au départ de Paris

(Tuileries). Le gagnant avait atterri en Hongrie, il avait parcouru la distance considérable de 1 347 km et les erreurs introduites par la mesure graphique n'avaient eu aucune incidence sur le classement. Par contre, lors du cinquième grand prix du 26 septembre 1909, une dizaine de ballons partis des Invalides avaient atterri en Camargue. Seule, la méthode de calcul qu'il avait appliquée pouvait les départager avec certitude[45].

Ces deux exemples, anodins à première vue, confortent l'image de l'ingénieur intéressé et impliqué dans deux domaines à l'avant-garde de la modernité, l'automobile et l'aviation.

1878, 1889, 1900, les Expositions universelles.

Après 1850, a commencé le temps des Expositions universelles, ces rencontres internationales organisées périodiquement dans de grandes capitales sont des hymnes au progrès. La première a eu lieu à Londres en 1851, suivie par Paris qui a accueilli quatre des douze expositions du dix-neuvième siècle organisées en 1855, 1867, 1878, 1889, et 1900. Ces manifestations nécessitent deux à trois ans de travail et la mobilisation de nombreux professionnels, ingénieurs, techniciens et ouvriers.

Les ingénieurs de l'*École centrale des arts et manufactures* s'impliquent au point qu'on peut dire, avec Jean-François Belhoste [46], que ces expositions sont les « vitrines des Centraliens ». Certains participent aux jurys d'admission et de récompenses, d'autres interviennent pour l'installation, la construction et participent à diverses commissions. Elles offrent l'opportunité, pour les anciens élèves de l'École de montrer leur savoir-faire. Les plus jeunes y acquièrent de l'expérience, les plus anciens présentent leurs prouesses techniques, exposent leurs productions ou dévoilent leurs innovations. On pense évidemment à Gustave Eiffel en 1889, mais il y a bien d'autres exemples de Centraliens industriels, mécaniciens ou constructeurs dont les produits ou les réalisations ont été connus et récompensés à l'occasion de ces expositions.

Le père d'Henri, Antonin Vallot, avait participé à l'installation de l'Exposition universelle de 1855, son oncle, industriel à Lodève, a fait partie du Comité de l'Héraut en 1855, 1867 et 1878. Henri n'a aucune fonction officielle au sein de l'organisation de l'Exposition de 1878, mais il est secrétaire de la section de la *Société des ingénieurs civils* chargée de l'étude du matériel roulant des chemins de fer et tramways. Il rédige le rapport sur ce matériel ferroviaire. La Section comprend, outre le président Alfred Wissocq, ingénieur de l'atelier central du *Chemin de fer du Nord*, et Henri Vallot, neuf membres dont trois Centraliens. Le rapport de soixante-deux pages est publié en 1880[47].

En 1889, nouvelle Exposition universelle ! Henri Vallot reprend du service dans le domaine des chemins de fer, il est membre de la commission de la *Société des ingénieurs civils*, chargée du rapport sur les locomotives présentées à l'Exposition. Le président de la section chargée de cette étude est Gustave Ernest Polonceau, Henri Vallot est un des quatre rapporteurs. Sur la centaine de pages que comporte le rapport, il en rédige quasiment la moitié : le rapport sur les locomotives à voie normale avec l'ingénieur Alexandre Louis Deghilage (21 pages)[48], et une comparaison des dites locomotives (29 pages)[49].

En 1900, Paris accueille une nouvelle fois une Exposition universelle. Le *Club Alpin Français* existe depuis 1874. Joseph Vallot est membre de la *Direction centrale* depuis 1886, vice-président du *Club* puis président (1907-1908). Henri est aussi membre de la *Direction centrale* depuis 1886 . Le club a reçu une Médaille d'or à l'exposition de 1889, et certains membres, dont les cousins Vallot, pensent à une participation active à la prochaine exposition. Ils sont tous deux en place en 1894 quand commencent les préparatifs de l'exposition de 1900. C'est la cinquième organisée dans la capitale depuis 1855, elle se tiendra d'avril à novembre. Henri se charge d'établir un rapport sur ce sujet. Ses conclusions sont favorables, et la direction du *Club Alpin* prend la décision, en avril 1895, de participer à l'évènement. Pour cette troisième exposition, Henri Vallot passe du statut de visiteur expert à celui d'acteur primé.

    Le chalet du *Club Alpin Français*, « d'une superficie de 729 mètres carrés, était bâti tout en largeur comme les maisons savoyardes des environs de Chamonix et portait un clocher argenté, reproduction fidèle d'un clocher de la vallée[50]. ». Le clocher reproduit est celui des Houches. À l'intérieur, le visiteur pouvait se donner l'illusion du voyage grâce à des dioramas des Alpes, des Pyrénées et du massif Central. Une immense toile de Steinheil, soixante mètres de long sur seize de large, représente le Mont-Blanc. Une place importante a été réservée aux cartes et reliefs géographiques. Les plans du chalet ont été réalisés par l'architecte Ernest Brunnarius, membre, avec Henri Vallot, de la *Commission des refuges* du *Club Alpin* ; c'est lui qui a suivi les travaux de construction du pavillon auxquels Henri ne s'est pas impliqué.

    Vitrine du *Club*, de l'alpinisme et des sites montagneux, ce chalet est aussi une vitrine pour les géographes. Henri présente le levé du Mont-Blanc, Joseph, le panorama du Mont-Blanc et l'étude des mouvements de la Mer de Glace. Ils reçoivent chacun une médaille d'or pour leurs travaux, dans la catégorie, Géographes, travaux personnels (Groupe III, classe 14). Cette exposition est aussi l'occasion de présenter l'avant-projet de chemin de fer des Houches au Mont-Blanc auquel ils sont associés.

---

[19] Tabariès de Gransaignes, Autoliana, XI, Maison Vallot, *Bulletin de la Société historique d'Auteuil et Passy*, 2ème trimestre 1904, tome 5, N°2, bulletin N°. XLVIII, p. 77-78.

[20] A. et P. de Feuardent, *Histoire d'Auteuil depuis son origine jusqu'à nos jours*, Paris Auteuil, Imprimerie des Apprentis catholiques-Roussel, 1877, p. 8.
[21] abbé Roussel, Le journal de l'œuvre ou notre courrier, *La France illustrée*, N°510, 6 septembre 1884.
[22] Arch. nat., Archives notariales, Testament d'Antonin Vallot 21 septembre 1870, in *Approbation de l'état liquidatif de la succession de Charles Alexis Antoine Vallot et Sophie Baldoui, 25 novembre 1872 - 24 septembre 1873*, MC/RE/XXVIII/28.
[23] A. et P. de Feuardent, *Op. cit.*, p. 238 et 239.
[24] Ch. Vallot, *Henri Vallot (1853-1922), En souvenir, Op. cit.*, p. 11.
[25] C. Flammarion, *Mémoires biographiques et philosophiques d'un astronome*, Paris, Ernest Flammarion, 1912, p. 322.
[26] P. Girardin, in Ch. Vallot (sous la direction de), *Op.cit.* p.39.
[27] M. Heid, in Ch. Vallot (sous la direction de), *ibid*, p. 29.
[28] Ch. Vallot, *ibid.*, p. 11 et 12.
[29] F. Bourdil, *ibid*, p. 16.
[30] Ch. Vallot, *ibid.*, p. 7.
[31] M. Heid, *ibid.*, p. 27.
[32] *Bulletin des Lois de la République française*, XIIème série, deuxième semestre 1882, N° B 732, p. 1162 à 1183.
[33] L. Rey et H. Vallot, *Note sur l'établissement des ressorts à lames employés dans le matériel des chemins de fer*, Paris impr de E. Capiomont et V. Renault, 1882.
[34] Brevet français N° 157706, 1883, *Procédé pour la fabrication de glace claire*.
[35] L. Chenut, Machine à glace de la Société industrielle « La Pneumatique », *Annales industrielles*, vol 16, 20 janvier 1884, p.76-77.
[36] Brevet français N°158733, 1883, *Nouveau procédé de concentration à l'état solide du lait et de mise en boite ou flacon de lait solide*.
Brevets français N°167457, et N°171210, 1885 : *Machine à bras pour la fabrication de la glace ou de liquides*.
[37] H. Vallot, *Du mouvement de l'eau dans les conduites circulaires*, Paris, Steinheil, 1888.
[38] H. Vallot, Emploi de la règle à éclimètre du Colonel Goulier dans les excursions topographiques, *Annuaire du Club Alpin Français*, Vol. 15, 1888, p. 472-519.
[39] L. Lecarme, in Ch. Vallot (sous la direction de), *Op. cit.*, p. 32.
[40] F. Bourdil, in Ch.Vallot (sous la direction de), *Op. cit.*, p. 17.

[41] Jules Verne mentionne plusieurs fois des « appareils de Ruhmkorff » - lampes électriques étanches, fonctionnant sur le principe du néon dans *Vingt mille lieues sous les mers* et *Voyage au centre de la Terre*.
[42] F. Bourdil, in Ch.Vallot (sous la direction de),*Op. cit.*, p. 17.
[43] Société générale d'études et de travaux topographiques, E. de Larminat, F. Bullock-Workman, *Détermination de l'altitude du Mont Huascaran (Andes du Pérou) exécutée en 1909, sur la demande de madame F. Bullock-Workman, par la Société générale d'études et de travaux topographiques. Compte rendu de mission,* Paris, H. Barrère, 1911.
[44] P. Souvestre, *Histoire de l'automobile*, Paris, H. Dunod et Pilat, 1907, p.339.
[45] H. Vallot, Calcul de la distance parcourue dans les épreuves de l'Aéronautique, *L'Aérophile*, 1er février 1911, p.65-70.
[46] J. F. Belhoste, *Les Expositions Universelles, vitrines des Centraliens*, septembre 2011. http://centrale-histoire.centraliens.net/pdfs/centraliens-exposuniverselles.pdf.
[47] H Vallot, Rapport de l'étude de la section chargée de l'étude du matériel roulant des chemins de fer et tramways à l'Exposition universelle de 1878, *Mémoires et compte rendu des travaux de la société des ingénieurs civils,* vol. 34, 1880, 2e semestre, p. 227-289.
[48] H. Vallot, A. L. Deghilage, Rapport sur les locomotives à l'Exposition universelle de 1889, Première partie, description des locomotives à voie normales, chapitre 1, *Mémoires de la Société des Ingénieurs civils*, vol 58, 1892, 2ème semestre, p. 209-230.
[49] H. Vallot, Rapport sur les locomotives à l'Exposition universelle de 1889, Deuxième partie, Comparaison des locomotives à voie normale pour service de grandes lignes, *Mémoires de la Société des Ingénieurs civils*, vol 58, 1892, 2ème semestre p. 251-282.
[50] A. M. Picard, *Exposition universelle internationale de 1900 à Paris*: *Rapport général administratif et technique*, Paris, Imprimerie Nationale 1902, vol. 4 p. 282-283.

Chamonix, dans la trace de Joseph

1874, le premier séjour de Joseph à Chamonix.

On écrit souvent que Joseph Vallot a découvert Chamonix à l'occasion d'un congrès de géologie. Il ne s'agit pas d'un congrès en salle, mais d'une grande excursion géologique franco-suisse organisée à l'occasion de la réunion extraordinaire de la *Société géologique de France*[51]. Joseph Vallot, qui a commencé sa carrière scientifique par des travaux de botanique, étudie l'influence de la nature des sols sur la flore ; membre de cette société, il participe à l'évènement qui réunit, sur le terrain, professionnels et amateurs. La réunion commence à Genève le 29 aout 1875, se poursuit par un séjour de trois jours à Chamonix pour se terminer en Suisse, à Martigny le 7 septembre.

Pendant leur séjour à Genève, les participants font des sorties géologiques à Voirans, à Bellegarde et au Salève. Le 3 septembre, ils séjournent à l'établissement de bains de Saint-Gervais. Le lendemain, ils rejoignent Chamonix à pied par le Prarion et les Houches, où des véhicules (des chars) viennent les chercher. À Chamonix, une excursion déjà classique les amène le 5 septembre au Montenvers et à la Mer de Glace. Joseph qui n'a que vingt-et-un ans est sans doute un des plus jeunes sinon le plus jeune des participants. Il découvre le glacier en compagnie de scientifiques plus âgés et expérimentés. On comprend mieux les raisons qui l'ont incité à revenir à Chamonix, pour y réaliser des travaux de glaciologie en lisant ce long extrait du compte rendu d'Alphonse Fabre, professeur de géologie à Genève, très intéressé par l'évolution des glaciers.

« Pour avoir une juste idée de la grandeur de la Mer de Glace, nous avons été jusqu'au confluent des trois glaciers du Géant, de Leschaux et de Talèfre, dans le voisinage du lac du Tacul. Plus de cinquante d'entre nous ont traversé les

Ponts, passage quelque peu redouté, puis circulé au milieu des nombreuses crevasses de la rive gauche du glacier. Plusieurs de nos collègues nous avaient précédés pour aller jusqu'au Jardin. Nous avons fait une longue halte à 2 200 mètres, au point le plus élevé de l'énorme moraine médiane de la Mer de Glace, formée par la réunion de la moraine latérale gauche du glacier de Leschaux et de la moraine latérale droite des glaciers réunis du Géant et des Périades. Nous avons remarqué, chemin faisant, les différentes moraines latérales gauches de la Mer de Glace, et reconnu combien celle qui a été formée il y a quarante ou cinquante ans est élevée au-dessus de la glace actuelle. Des preuves semblables de l'énorme diminution des glaciers se trouvent maintenant dans le voisinage de tous les glaciers des Alpes. […] Le retour et la traversée de la Mer de Glace dans la direction du Chapeau se firent aisément, ainsi que l'ascension de l'énorme moraine moderne latérale droite. Je ne crois pas exagérer en disant qu'elle atteste que l'ablation du glacier sur ce point a été de 100 mètres depuis quelques années. Par le Mauvais-Pas, nous arrivâmes au Chapeau, où M. Tairraz, Maire de Chamonix, nous offrit, de la part de la Municipalité de cette petite ville, une collation dont nous avions grand besoin.»

Le lendemain, les participants montent au Brévent. Viollet-le-Duc prend la parole devant le panorama du Mont-Blanc et fait, d'après le témoignage d'Alphonse Fabre, une grande impression sur l'auditoire :

« De la cime du Brévent (2 025m), nous avons eu d'autant plus de jouissance à contempler le massif du Mont-Blanc, que M. Viollet-le-Duc a bien voulu nous l'expliquer. En attirant notre attention sur les détails de la grande scène qui était sous nos yeux, il nous a fait connaître les principes dont il s'est servi dans la confection de la carte du Mont-Blanc qu'il va faire paraître, et dans les hypothèses relatives à la reconstruction de ce massif. Il y a, d'après ce savant, une liaison intime entre certaines parties de la géologie et l'architecture ; le Mont-Blanc est une ruine ; on peut en retrouver la forme primitive. »

L'analyse de Viollet-le-Duc, septuagénaire auréolé de gloire, sur l'évolution des reliefs, a frappé l'attention de Joseph. Il publie en 1887, douze ans après cette rencontre, un document sur le mécanisme de destruction des pics granitiques influencé par l'illustre architecte[52]. Il sera, avec Henri, moins admiratif de l'œuvre cartographique du Maître.

Le 7 septembre 1875, les participants prennent le chemin de Martigny, en chars, jusqu'au Chatelard, puis à pied et à mulet par la vallée de Salvan jusqu'à Vernayaz où ils rejoignent la vallée du Rhône. Après une visite des grottes du Trient, ils prennent le train pour parcourir les quatre kilomètres qui les séparent de Martigny. La liaison ferroviaire Martigny-Chamonix n'a été établie qu'au début du vingtième siècle. Ce programme sur le terrain, en compagnie d'éminentes personnalités, Alphonse Fabre et Viollet-le-Duc déjà cités, le polytechnicien géologue Albert Auguste de Lapparent… et bien d'autres, ouvre des horizons au jeune Joseph Vallot. En 1880, de retour dans les Alpes, il commence par effectuer un parcours botanique de quarante jours et enchaîne sur sa première ascension du Mont-Blanc, les 9 et 10 août. Il en fera trente-quatre, la dernière en 1920 à l'âge de 66 ans.

Il revient en 1886 accompagné de sa femme, Gabrielle, qui fait cette année là ses premières expériences d'alpiniste. Il fait plusieurs courses, dont le Mont-Blanc, l'aiguille du Goûter, le Dru avec les guides Michel Savioz et Alphonse Payot qui participeront à toutes ses entreprises ultérieures. Membre donateur de la Section de Paris du *Club Alpin Français*, il publie le récit de ses courses en montagne, ou plutôt, de ses « Excursions scientifiques[53] ». On retrouve dans ce titre la nécessité d'affirmer les raisons qui le motivent, ses excursions ne peuvent être que scientifiques, nous sommes encore loin des « conquérants de l'inutile » décrits par l'alpiniste Lionel Terray en 1961 ! Il se lie d'amitié avec le guide et naturaliste érudit Venance Payot. Il collecte encore des plantes et des minéraux, mais les mauvaises conditions climatiques ne permettent pas de faire les observations physiologiques prévues au sommet. Il repart avec le projet d'organiser, dès l'année suivante, une expédition scientifique au Mont-Blanc. Il y associera son cousin Henri, écrivant la première page de trente années d'aventures communes.

Henri Vallot, par les travaux qu'il va accomplir dans cette région, cartographie et aménagements divers, participe à l'invention et au développement du tourisme en montagne, mais en 1887, il ne vient à Chamonix que pour assister son cousin dans ses travaux scientifiques. Joseph a choisi le Mont-Blanc, Henri l'accompagne dans les Alpes. D'autres études, dans d'autres lieux, l'auraient peut-être conduit ailleurs.

Pendant les dix premières années de l'aventure, les membres de la famille Vallot logent à l'hôtel. Émile Vallot, le père de Joseph a, depuis le début, encouragé les entreprises de son fils. Il ne ménage pas son soutien financier, en contrepartie, son fils l'informe régulièrement de l'avancement de ses projets et des résultats de ses études.

En 1898, Émile Vallot fait construire pour son fils, à Chamonix, « une maison et des laboratoires qui permettront de développer singulièrement le programme d'expériences de la station inférieure[54] ». Située à la sortie de la ville, la maison, connue sous le nom de Villa Vallot, occupe une position intéressante, sans aucun obstacle visuel entre son parc et le sommet du Mont-Blanc. La maison devient le lieu de séjour pour Joseph et sa famille, mais aussi pour Henri et ses enfants. On y organise des réunions de travail et des réceptions plus festives. Une des toutes premières a lieu à l'occasion de l'inauguration du refuge italien Torino en août

1899. Des invités ont, après les cérémonies qui se sont déroulées en Italie, franchi le col du Géant et rejoint l'hôtel du Montenvers où ils ont été reçus par Joseph Vallot, qui était à l'époque vice-président du *Club Alpin Français*. Le lendemain, quelques personnalités participent à la réception organisée par Joseph et Gabrielle Vallot dans leur nouvelle résidence. Parmi les invités, on peut citer les présidents des *Clubs Alpins italien* (Gonella) et *anglais* (Mathews), le maire de Chamonix, Paul Payot, le photographe Joseph Tairraz, le peintre Gabriel Loppé, les guides Michel Savioz et Jean Cachat. Il y a aussi Saturnin Fabre, associé de Joseph pour la construction du chemin de fer du Mont-Blanc et le député de l'Aube, membre de la Direction centrale du *Club Alpin*, Albert Guyard. Henri Vallot n'est pas à Chamonix, il séjourne dans la région de Ruoms, en Ardèche.

La villa Vallot, avec son annexe construite plus tard dans le parc, sera le point de ralliement du monde scientifique à Chamonix.

1887, le premier séjour d'Henri à Chamonix.

En 1887, on inaugure à Chamonix la célèbre statue de Balmat et Saussure, érigée pour marquer le centenaire de leur ascension. Le guide Balmat qui avait déjà atteint le premier le sommet en 1786 avec le docteur Paccard, puis en juillet 1787 avec d'autres Chamoniards, y avait conduit Horace Bénédict de Saussure le 3 août 1787. La caravane du savant genevois transportait du matériel scientifique ; on avait à cette occasion calculé, pour la première fois, et avec une assez bonne précision, l'altitude du Mont-Blanc.

L'engouement pour la vallée de Chamonix est grand et les voyageurs peuvent, depuis les années 1830, se procurer des guides touristiques détaillés. Mais la montagne elle-même est d'abord un terrain de recherche scientifique. Les cristalliers, qui connaissent la haute montagne, louent leurs services pour guider les savants. Après l'accident qui a endeuillé Chamonix en 1820, trois guides membres de l'expédition du docteur Hamel avaient été emportés par une avalanche, les Chamoniards s'organisent et jettent les bases de ce qui deviendra la *Compagnie des guides*. La montagne est aussi un terrain de découverte, d'exploration de territoires inconnus longtemps réputés inhospitaliers et inaccessibles. Les motivations sportives apparaîtront plus tard.

À partir de 1854 commence l'aventure de l'alpinisme, avec la conquête de la plupart des grands sommets des Alpes. L'alpiniste et historien américain Coolidge [55] utilise l'expression *« âge d'or »* pour désigner la période qui s'écoule entre l'ascension du Wetterhorn en 1854 et celle du Cervin en 1865, et pendant laquelle la plupart des grands sommets des Alpes ont été vaincus. Mais il reste encore bien des sommets à conquérir, et les premières ascensions se poursuivent de 1865 à 1888, période que l'alpiniste historien anglais Arnold Lunn[56] a appelé l'« âge d'argent ».

Quand Henri Vallot vient à Chamonix, en 1887, nous sommes à la fin de cet « âge d'argent » ; la ligne de chemin de fer La-Roche-sur-Foron – Saint-Gervais (Le Fayet) n'existe pas, elle sera progressivement ouverte en 1890 jusqu'à Cluses puis en 1898 jusqu'au Fayet. Le train n'arrivera à Chamonix qu'en 1901. La première route carrossable pour atteindre Chamonix à partir de Genève, via Sallanches, a été construite après le rattachement de la Savoie à la France (1860). Une diligence conduit les voyageurs du terminus du train à Chamonix. Quelques années avant, la diligence ne dépassait pas Sallanches, les voyageurs continuaient en chars.

On vient de toute l'Europe, et majoritairement d'Angleterre, les guides se sont organisés pour faire face à cette demande, ils accompagnent leurs clients pour des courses dans le massif du Mont-Blanc, mais aussi dans les autres vallées alpines, en Suisse ou en Italie et à la fin du siècle sur d'autres continents. Les hôtels sont nombreux, dont plusieurs bien équipés (avec bains !) pour recevoir une clientèle exigeante et généralement aisée. En 1887, Joseph, sa femme Gabrielle et Henri séjournent à l'Hôtel pension du Mont-Blanc. Cet établissement situé en centre ville existe toujours. Ce n'était pas à l'époque le plus luxueux des hôtels de Chamonix, mais il figurait dans les cinq premiers établissements pour le confort. Adrienne, la femme d'Henri Vallot qui attend son troisième enfant (né en octobre 1887), est restée à Paris. Prématurément décédée en 1889, elle n'a jamais accompagné Henri à Chamonix.

Joseph Vallot a acquis de bonnes connaissances à la *Faculté des Sciences de Paris* et au *Muséum*, il a abordé plusieurs sujets de recherches sur lesquels sont parues des publications, dans le domaine de la botanique ; mais il n'a aucun titre universitaire qui lui permette de présenter son projet devant les membres d'une grande institution officielle. Il choisit d'en exposer les grandes lignes devant les membres de la *Société Philomathique de Paris*. Cette société fondée en 1788 est une des plus anciennes et prestigieuses société savantes de la capitale. Sa communication présentée le 25 juin 1887 est publiée dans le bulletin de la société[57]. Notons la présence de Jules Janssen parmi les membres de cette vénérable institution. Les deux hommes se retrouveront au *Club Alpin* et sur le terrain, à Chamonix.

Le projet est clairement identifié, il s'agit d'étudier le climat en altitude :

« On voit donc que pour toutes ces recherches on a besoin de la loi de variation des températures avec l'altitude. J'ai l'intention de chercher à combler ces lacunes en faisant une série d'observations simultanées à des altitudes très différentes. Des enregistreurs, thermomètres, baromètre et hygromètre seront placés à Chamonix (1 050 m.), aux Grands-Mulets (3 050 m.), et au sommet du Mont-Blanc (4 810 m). Les observations faites journellement à Genève et au Grand-Saint-bernard pourront aussi être utilisées pour compléter une série de points d'altitudes très différentes. Je compte, en outre, passer trois jours au sommet du Mont-Blanc, pour faire des observations <u>directes, répétées aux mêmes heures à Chamonix</u>. Ces observations, faites à l'aide d'instruments précis, porteront sur la température, la pression, l'hygrométrie, l'actinométrie[58], les radiations chimiques du soleil, etc. Les actinomètres employés et comparés sont : l'actinomètre absolu de M.Violle, l'actinomètre d'Arago, l'actinomètre à boule bleue, l'actimètre (sic)[59] à deux boules de M. Violle, et le radiomètre.»

Les passages soulignés, qui ne le sont pas dans le texte original, concernent directement le rôle d'Henri. Sa mission peut paraître modeste comparée à celle des autres membres de l'expédition, mais elle est indispensable : réaliser les expériences et mesures, en vallée sur des appareils installés dans le parc de l'hôtel, simultanément avec l'équipe installée en altitude. Henri était le compagnon idéal, motivé et fiable, pour accomplir cette tâche.

La caravane, qui part le 27 juillet 1887, comprend vingt-quatre guides et porteurs. Le transport du matériel et les instruments nécessaires aux expériences et la logistique du séjour justifient l'importance de la caravane. Joseph veut prouver qu'il est possible de vivre à cette altitude car il faudra assurer une présence humaine pour relever régulièrement les enregistreurs, baromètre, thermomètre, hygromètre installés. Il emporte aussi des appareils médicaux : sphygmographes de divers types, pour la mesure de la pression du sang, explorateur de cœur, pneumographe… Il y avait aussi des appareils photos, dont Joseph Vallot s'est servi toute sa vie avec un grand professionnalisme.

Un fabricant de matériel de précision, Félix-Maxime Richard, fait partie de l'expédition. La *Société Richard Frères*, dont il partage la direction avec ses deux frères, Jules et Georges, a été fondée par leur père. L'entreprise qui au début fabriquait les baromètres Bourdon Richard s'est développée par la réalisation d'instruments enregistreurs pour la météorologie. Il n'est donc pas surprenant de retrouver un des frères Richard associé au projet de Joseph Vallot. Influence des travaux avec Joseph Vallot ou simple coïncidence, les frères Richard obtiendront de Gustave Eiffel une modification au sommet de la Tour pour y installer une station météorologique complète. Ils équiperont aussi l'observatoire du sommet du Mont-Blanc, construit pour Janssen.

Sur les vingt-quatre personnes de la caravane, quatre bivouaquent au sommet : Joseph Vallot, Félix-Maxime Richard et les guides Michel Savioz et Alphonse Payot. Rester quatre jours au Mont-Blanc, y dormir trois nuits sous la tente n'est pas chose aisée, surtout en cas de mauvais temps. Il s'agit d'une première, car si certains ont déjà dormi en altitude, jamais personne n'était resté aussi longtemps. Le récit de Félix Maxime Richard publié dans la revue *La Nature*[60] permet de juger des difficultés rencontrées en partie en raison de conditions météorologiques difficiles et bien sûr de l'altitude. Elles nous éclairent aussi sur les sentiments d'un novice car il n'a pas l'expérience de ses trois compagnons. Henri Vallot, plus confortablement installé dans le parc de l'Hôtel du Mont-Blanc dispose d'appareils identiques. Les deux équipes procèdent en même temps aux mêmes expériences sur les deux sites.

Henri et Gabrielle Vallot sont venus à la rencontre des héros. Ils les attendent à Pierre Pointue (2 049 mètres), terminus du chemin muletier sur la voie du Mont-Blanc. Le retour à Chamonix est triomphal, mais la mission n'est pas terminée ; le 7 août, Joseph Vallot remonte au sommet pour vérifier le matériel, sa femme l'accompagne. Il y retourne le 25 août, après de fortes chutes de neige, il faut dégager la tente et le matériel. Le 3 septembre, l'ascension s'arrête aux Grands Mulets en raison du mauvais temps. Joseph atteint de nouveau le sommet du Mont-Blanc le 10 septembre pour relever les appareils.

Il présente les résultats de son expédition aux membres de la *Société Philomathique,* auxquels il avait exposé son projet, mais c'est dans la revue annuelle du *Club Alpin*[61] qu'ils sont publiés en 1888. Cette publication qui paraît chaque année depuis 1874 comporte généralement plus de cinq cents pages, parfois huit cents, dont une bonne partie, dans la rubrique Sciences et Arts, consacrée à la recherche scientifique. Ces résultats ouvrent des perspectives intéressantes, mais le séjour de juillet 1887, sous la tente en altitude, dans des conditions très difficiles (orage), et l'exigence de protection du matériel mettent en évidence la nécessité de disposer d'un local, laboratoire et observatoire d'altitude.

Les observatoires du Mont-Blanc.

Une station scientifique d'altitude : l'Observatoire des Bosses ou Observatoire Vallot.

Le projet n'aboutit qu'en 1890, car il a fallu quelque temps à Joseph Vallot pour convaincre la municipalité de Chamonix et la compagnie des Guides. Il finit par surmonter les difficultés administratives et humaines et obtient l'autorisation d'ériger à ses frais, avec l'aide des guides pour le transport du matériel, un refuge-laboratoire sur le domaine public. Cet édifice est actuellement connu sous le nom d'Observatoire Vallot, mais on parlait à l'époque de l'Observatoire du Mont-Blanc ou Observatoire des Bosses pour faire référence à sa situation géographique. C'était d'abord un observatoire météorologique, mais rapidement il sert de base pour d'autres travaux entrepris par Joseph. Il est aussi mis à la disposition des scientifiques qui le souhaitent. Des expériences dans les domaines de la physique du globe, de la géologie, de la glaciologie ou de la physiologie y seront réalisées. De nos jours, le mot observatoire renvoie automatiquement à l'astronomie. Il en résulte une confusion et on qualifie trop fréquemment, à tort, Joseph Vallot d'astronome, l'astronomie étant une des rares sciences auxquelles il n'a jamais contribué.

Joseph a compris qu'il est impossible de construire au sommet. Après avoir renoncé, faute d'ensoleillement, à l'installation sur le rocher de la Tournette, il a choisi d'implanter son abri sur le bas de l'arête des Bosses, à 4 365 mètres d'altitude. C'est l'emplacement rocheux le plus proche du sommet. Joseph fait appel à Henri pour en établir les plans et calculer les structures.

« Mon cousin Henri Vallot, ingénieur distingué, voulut bien par amitié pour moi, se charger de calculer et d'étudier dans tous les détails le plan de la construction [...]. L'expérience a montré que son œuvre ne laissait rien à désirer. L'exécution du chalet fut confiée à forfait à trois de mes guides de Chamonix, Frédéric Payot, Alphonse Payot et Jules Bossonney qui le construisirent avec beaucoup de soin et de conscience. Le bois fut fourni par la commune de Chamonix. »

Scrupuleux, Henri Vallot se rend sur place. Il poursuit jusqu'au sommet. C'est, semble-t-il, sa seule ascension du Mont-Blanc, car il n'est guère attiré par les excursions sur les glaciers et sommets enneigés, et il n'aurait sans doute pas entrepris d'autre ascension sans bonne raison. Ce fût le cas en 1899, quand il se joint à une « caravane d'étude[62] » faisant l'ascension du Dôme du Goûter avec des fonctionnaires des *Eaux et Forêts*, mais après une nuit passée au nouveau refuge de Tête-Rousse, le groupe renonce en raison du temps incertain. Il n'y aura pas de deuxième ascension pour Henri !

À la fin du mois de juillet 1890, grâce au travail de cent-dix guides et porteurs, le montage du bâtiment, fabriqué dans la vallée, est terminé. Pour permettre le transport à dos d'homme dans de bonne conditions, Henri a prévu des pièces de charpente dont le poids ne dépasse pas 15 kg et dont la longueur soit au maximum de 2,50 mètres. Les parois et le toit étaient recouverts de feutre bituminé incombustible.

Entièrement en bois, il est entouré d'un mur en pierres sèches qui « empêche le vent de l'enlever ». Il comporte deux pièces, l'une le refuge public, donné à la commune de Chamonix, est ouverte et contient neuf lits de camp, la literie et quelques objets et produits nécessaires pour se réconforter. L'autre pièce, fermée, reste la propriété de Joseph Vallot. C'est l'observatoire avec tout ce qu'il faut pour le séjour de quatre personnes. On y trouve une série d'enregistreurs qu'il prévoit de remonter tous les quinze jours.

Le matériel a été stocké provisoirement aux Grands-Mulets. Ce lieu est situé à plus de 3 000 mètres, sur la voie historique de l'ascension du Mont-Blanc. On y a d'abord construit une cabane dès 1853, puis pour faire face à la fréquentation de ce premier refuge, un des plus anciens des Alpes, un autre édifice a été construit en 1866. En 1881, la municipalité de Chamonix décide de l'agrandir. Cette seconde hôtellerie est toujours un refuge, mais elle est utilisée, avec la construction de l'observatoire Vallot, puis celui de Janssen, comme station intermédiaire pour les scientifiques. Le troisième établissement qui remplace le précédent en 1896 mérite mieux, par ses dimensions et son confort, d'être appelé hôtellerie[63].

Le refuge public construit par Joseph connait immédiatement une grande affluence. La pièce qui avait été prévue pour une dizaine de personnes voit parfois s'entasser le double. L'astronome Jules Janssen est un des premiers scientifiques, sinon le premier, bénéficiaire de l'hospitalité de Joseph Vallot. Il lui avait conseillé de différer son excursion au Mont-Blanc pour pouvoir profiter de l'édifice en construction.

Le 21 août 1891, lors de la deuxième campagne, le bâtiment est soumis à une violente tempête. Le géographe Franz Schrader, présent cette nuit-là, en témoigne. Séjournant l'été 1891 à Argentière avec sa famille, il a dû remettre de jour en jour l'ascension du Mont-Blanc qu'il a projetée de faire avec sa femme. À la fin du mois d'août, profitant d'une petite accalmie, ils entreprennent l'ascension avec le guide Michel Savioz. Les conditions météorologiques, qui n'étaient pas optimales, se dégradent après leur passage aux Grands-Mulets, mais ils atteignent l'observatoire sans encombre. Le temps est de plus en plus mauvais, le lendemain, ils ne peuvent entreprendre, l'ascension du Mont-Blanc. Finalement, suivant les conseils de leur guide, ils doivent se résoudre à redescendre dans la tempête, le surlendemain, après avoir passé une nouvelle nuit épouvantable à l'observatoire. Il évoque le professionnalisme du concepteur, Henri Vallot[64] en ces termes :

« Le tuyau du poêle de la cuisine arraché par la tempête, la mitraille de glaçons roulant par-dessus la toiture, les paquets de neige frôlant les murs, frappant aux fenêtres ; le plancher même de la construction, récemment agrandie, pliant sous la pression du vent furieux qui semblait vouloir soulever la partie nouvelle de l'édifice, non encore cimentée par le gel. Mais une pensée nous rassurait pleinement. Je revoyais dans les demi-visions de cette nuit interminable, notre collègue Henri Vallot calculant les résistances de l'abri qui nous enfermait ; dès lors, plus de doute, nous étions bien en sûreté, le diamètre du moindre boulon avait été mesuré ; pas un clou n'avait été planté au hasard ; notre véritable protection, c'était une conscience. »

Marqué par cette nuit du 21 août 1891, Schrader l'évoque à nouveau dans le texte qu'il rédige trente-et-un ans après, en hommage à Henri Vallot, avec toujours la même référence à la conscience d'Henri : « Il semblait par moments que la tourmente allait démolir notre refuge : mais nous savions que c'était lui qui avait calculé la résistance du futur édifice et cette pensée nous conservait notre sérénité. Au milieu du déchaînement des forces de la nature, nous nous sentions sous la sauvegarde de la conscience de Henri Vallot. »

Joseph Vallot avait obtenu, lors de la signature de la convention avec la ville de Chamonix, l'autorisation d'agrandir la partie observatoire de sa construction, à sa convenance, en fonction des besoins. L'observatoire passe à six pièces en 1891 puis huit en 1892. Fernand Bourdil expose, dans la revue *Le Génie Civil*[65], les solutions techniques adoptées, par son camarade de promotion à l'*École centrale*, pour réaliser une construction qui réponde à deux contraintes antagonistes : solidité et légèreté. Faute de fondations, « des murs en pierres sèches reposent sur des pièces de bois assemblées avec les poteaux de la charpente et consolidées par des contrefiches, de telle sorte que, pour enlever la cabane, le vent aurait à soulever les murs eux-mêmes ». Les murs sont en pierres sèches pour éviter d'utiliser du ciment, lourd à transporter et dont l'emploi risquait d'être problématique aux températures qui règnent à cette altitude. La neige qui s'est infiltrée entre les pierres a fondu et regelé formant en quelque sorte un ciment naturel. Henri Vallot a choisi d'utiliser pour la toiture des toiles à bâche du type utilisé dans les chemins de fer. Elles sont clouées sur un plancher avec des liteaux et ne retiennent pas la neige.

    La même année, Joseph fait construire, un peu à l'écart, une cabane de deux pièces pour les alpinistes qui auparavant étaient accueillis dans le chalet principal. Cette cabane, financée par Émile Vallot, son père, est devenue, après reconstruction, un refuge non gardé du *Club Alpin Français*. Joseph Vallot trouve, malgré ces agrandissements et la construction de la cabane dédiée aux alpinistes, l'observatoire toujours trop exigu. De plus, il est régulièrement bloqué par des congères de neige et de glace, il décide en 1898 de le reconstruire un peu en contrebas, aux Rochers foudroyés. Les plans sont ceux d'Henri, mais Joseph a aussi pris conseil auprès de l'explorateur polaire Nansen. Revêtu de plaques de cuivre et doté de quatre paratonnerres, le chalet comptait une cuisine, un atelier, un laboratoire pour les enregistreurs, et le salon chinois, chambre du directeur, aujourd'hui reconstitué au Musée Alpin de Chamonix. On pouvait y accueillir jusqu'à vingt-sept personnes.

Joseph Vallot a, avec l'assistance technique d'Henri qui a trouvé des solutions à la fois simples et adaptées pour la construction, réussi l'exploit d'implanter une station scientifique d'altitude. Elle sera ouverte gratuitement aux chercheurs de toutes spécialités, sous réserve qu'ils respectent certaines règles. Les comptes rendus des travaux réalisés dans ce cadre peuvent en outre être insérés gratuitement dans la publication officielle de l'Observatoire dont le premier volume paraît en 1893 sous le titre : *Annales de l'observatoire météorologique du Mont-Blanc*. Après 1896, le titre change, marquant bien les nouvelles recherches engagées par Joseph Vallot. Les *Annales de l'observatoire météorologique, physique et glaciaire du Mont-Blanc* paraissent jusqu'en 1917. Henri est l'auteur d'articles régulièrement publiés sur les travaux topographiques.

L'Observatoire Janssen au sommet du Mont-Blanc

Joseph atteint son but au moment où Jules Janssen, célèbre astronome, déjà âgé de soixante six ans, directeur de *l'Observatoire d'astronomie physique de Meudon*, membre de l'*Académie des Sciences,* projette de monter au Mont-Blanc pour prouver l'utilité d'y installer un observatoire d'astronomie physique. Il a, sa vie durant, parcouru le monde pour ses recherches mais il ne fait sa première ascension qu'en 1888, pour observer le spectre solaire aux Grands Mulets. Joseph a pu croiser cette année-là l'éminent savant à l'occasion du centenaire de l'*Association Philomathique,* mais il l'a aussi côtoyé au *Club Alpin* dont Janssen est à l'époque le président. Joseph Vallot conseille à Janssen de différer d'une année son expédition au Mont-Blanc pour profiter de la présence de son observatoire : « Après la réussite de l'expédition des Grands-Mulets, en 1888, je voulais tenter celle de la cime l'année suivante. Mais M. Vallot qui construisait alors un chalet aux Bosses du Dromadaire, à environ 400 mètres du sommet, me pria d'attendre la fin de cette construction qui devait donner de grandes facilités pour atteindre le sommet, et j'attendis jusqu'en 1890[66]. »

On peut parler d'expédition car Janssen se fait porter au Mont-Blanc dans une sorte de chaise-échelle qu'il a mise au point et déjà utilisée pour monter aux Grands-Mulets. L'expédition se poursuit en traineau à partir de l'Observatoire Vallot. Gustave Eiffel, un temps intéressé par la réalisation de cet édifice au sommet du Mont-Blanc y renonça après avoir visité les lieux et fait procéder à ses frais à d'importants sondages. Lui et son équipe ont largement profité, de la présence du nouvel édifice des Bosses pour mener à bien leurs travaux. La polémique sur l'impossibilité de construire d'une façon stable au sommet ayant été balayée, l'observatoire Janssen fut construit, équipé des meilleurs instruments et ouvert aux chercheurs. Certes le bel édifice avec sa tourelle surplombait de quelques centaines de mètres le modeste observatoire des Bosses, mais Janssen a lui-même expliqué qu'il ne s'agissait pas de domination mais d'un choix dicté par la nature des recherches qui y étaient menées. C'est aussi l'avis de l'astronome Jean-Marie Malherbe : « L'observatoire Janssen fut une opération scientifique très audacieuse pour l'époque. La station, posée au sommet même du Mont-Blanc n'était pas concurrente de l'Observatoire Vallot […], mais totalement complémentaire, car elle était majoritairement destinée aux recherches astronomiques. Il est clair, pour des raisons d'horizon et de turbulence atmosphérique, que la construction d'observatoires sur le flan des montagnes ne convient pas pour l'astronomie, c'est bien la raison pour laquelle seul le sommet pouvait être choisi[67]. »

On a parfois parlé de guerre des observatoires, c'est peut-être un peu excessif, et si guerre il y a eu, elle s'est déroulée, au début, à fleurets mouchetés. Joseph Vallot a, dans toute la période qui a précédé la construction et pendant celle-ci, mis des moyens gratuitement à la disposition de Jules Janssen, et à celle des concepteurs et des constructeurs de cet observatoire. Les deux hommes ont entretenu des relations apparemment courtoises, chacun poursuivant ses recherches dans son domaine, l'astronomie pour Janssen, la physique du globe et la glaciologie pour Vallot. Cependant, dès le début, Janssen empiète sur les activités de Joseph Vallot en se livrant à des observations météorologiques. Beau joueur, et peut-être soulagé de se libérer de mesures répétitives et contraignantes, il annonce en 1893 qu'il renonce à faire de la météorologie courante, désormais traitée à l'observatoire Janssen, sans pour autant abandonner la recherche dans ce domaine. Il veut « se consacrer aux travaux de physique du globe et à ceux qui auront pour but l'étude de questions météorologiques spéciales qui ont peu ou incomplètement été étudiées jusqu'ici [68] ». En résumé, il abandonne la météorologie courante à Janssen et se réserve pour des recherches plus pointues.

La presse scientifique fascinée par l'observatoire officiel posé au sommet de la plus haute montagne d'Europe ouvre largement ses colonnes à Jules Janssen qui dispose de relais de communication plus efficaces que Joseph Vallot, mais tout se passait relativement bien entre Janssen, le vieux savant reconnu et adulé et son jeune concurrent Joseph Vallot, connu et apprécié, quand, en février 1896, le ton se durcit après la publication d'une note de Jules Janssen à l'*Académie des sciences*, dans laquelle, après s'être félicite d'avoir mené à bien son entreprise de construction au sommet, croit bon de rappeler en ces terme la position de Joseph :

«Je crois donc que cette question des constructions sur les cimes neigeuses des hautes montagnes peut être considérée comme en bonne voie de solution. On nous accordera au moins que, dans cette direction si nouvelle, nous avons pris une initiative pour laquelle nous n'étions guère encouragé, et qui inspirait à tous les alpinistes les craintes les plus naturelles et les doutes les plus persistants. »

Il poursuit en citant un article de Joseph Vallot publié dans la *Revue scientifique* du 21 mars 1891 : « M. Vallot, l'éminent alpiniste auquel on doit le premier observatoire construit près du sommet, au rocher des Bosses, en examinant et discutant les différents emplacements qui auraient pu convenir à l'établissement de son observatoire, s'exprime ainsi à l'égard du sommet : "Il est donc infiniment probable que la calotte du Mont-Blanc ne se trouve pas sur une pointe rocheuse cachée, et que l'épaisseur de la glace peut atteindre une cinquantaine de mètres. C'est donc un vrai glacier, et cet emplacement instable devait être rejeté." »

Joseph Vallot perçoit cette communication comme une attaque à laquelle il se sent obligé de répondre dans la préface du volume 3 (année 1896) des *Annales* : « Je ferai remarquer d'abord que la justesse de mes idées sur la nature du sommet du Mont-Blanc a été confirmée par les sondages exécutés à la demande de M. Janssen, qui voulait alors établir son observatoire sur le rocher. Ces sondages ont démontré que le roc n'existait pas à une profondeur déjà considérable. J'insisterai ensuite sur le sens véritable des lignes que j'ai écrites. Je n'ai jamais eu la pensée de nier la possibilité de construire un observatoire sur la neige; j'ai été, au contraire, le premier à démontrer qu'il était possible de travailler au sommet du Mont-Blanc. J'ai seulement nié la possibilité de conserver un observatoire permanent sur le glacier qui forme le sommet du Mont-Blanc. Pour cela encore, les faits m'ont donné raison.

Monsieur Janssen conserve des illusions bien naturelles sur la stabilité de sa construction en constatant le peu de déviation sur l'horizontale du plancher de l'observatoire ; mais les moyens topographiques dont nous disposons, Monsieur Henri Vallot et moi, nous ont permis de constater et même mesurer les mouvements dont est affectée cette construction. L'observatoire peut être comparé à un bateau descendant une rivière. Il y a un mouvement vertical, un mouvement latéral et aussi un mouvement de bascule, lorsque le lit change de niveau [...] Nous en avons des mesures suffisamment précises pour pouvoir, s'il nous plaisait, fixer le terme de la durée de l'observatoire[69]. »

En dépit d'interventions en 1904 et 1906 pour redresser l'édifice à l'aide de vérins, celui-ci fut abandonné définitivement en 1909, deux ans après la disparition de Jules Janssen. L'Observatoire Vallot restait définitivement la seule station scientifique sur le toit de l'Europe. Quelques lignes écrites, trente ans plus tard, par Joseph à Charles, le fils d'Henri, nous éclairent sur l'état d'esprit du jeune et entreprenant scientifique et sur la façon dont il avait vécu et surmonté la concurrence de son aîné : « Tu as raison d'avoir accepté d'être de la *Commission de topographie*. Tu y es à ta place ; de plus, il ne faut pas avoir l'air de reculer devant Helbronner. Chacun a son Janssen dans sa vie. Moi, j'ai marché sans m'occuper de lui, et je suis arrivé. Pourtant, il a fait ce qu'il a pu pour me nuire. Ma modération m'a fait des amis[70]. »

L'année qui suit le décès de Jules Janssen, en 1908, est créée, après, dit-on, une intervention de Madame Janssen, la *Société des Observatoires du Mont-Blanc* qui regroupe les deux sites, Joseph Vallot ayant cédé son laboratoire à la nouvelle société. Elle a à sa tête un panel de directeurs désignés parmi les membres de l'*Académie des Sciences*. Joseph n'appartient ni au monde universitaire, ni au monde académique, cependant, on lui confie la direction opérationnelle des deux observatoires ; peut-être aurait-on eu quelques difficultés à y trouver un directeur alpiniste. L'observatoire du sommet qui s'est enfoncé dans la neige est sous la menace d'être englouti dans une crevasse. Pour Joseph Vallot, la situation de l'édifice est désespérée, mais il faut convaincre le panel de directeurs dont certains membres pensent que son avis n'est pas impartial. La décision d'abandonner l'observatoire est prise suite à un rapport alarmiste de l'astronome hongrois Milan Rastilav Stefanik, élève de Janssen qui ne peut être suspecté de partialité.

Il a fait très mauvais temps à Chamonix pendant l'été 1910, mais en septembre l'opération démolition, supervisée par Joseph, est bien engagée malgré les difficultés. Il a de nouveau fait appel à l'expertise de son cousin. Le 11 septembre, il lui écrit :

« Enfin, la dernière expédition est partie, j'ai un peu de tranquillité et je puis t'écrire.

Je t'informerai d'abord, officiellement et officieusement, que ce mauvais temps me dégoûte à un point que tu ne peux pas te figurer, tellement qu'il me tarde de m'en aller ! On ne peut littéralement rien faire dans la haute montagne, sauf dépenser de l'argent.[...] Je suis monté au Mont-Blanc le 21 août, avec Bayeux, Paul, Gaumont et Bossonney. Mauvais temps aux Grands Mulets; nous avons rebroussé chemin au Petit Plateau et nous sommes montés aux Bosses le lendemain. Nous avons eu des ennuis de porteurs, qui ont laissé leurs charges à la Côte du Dôme et nous ont fait perdre une belle journée. Puis, la tempête a commencé. Il y a eu des journées claires pendant qqs (sic) heures, mais avec un vent du nord terrible qui empêchait de parcourir les arêtes.

Amoudruz, parti avant moi, a pu dégager le petit observat.(sic) du sommet et le remonter à la surface, à l'aide de vérins. L'opération a parfaitement réussi. Il a fallu remonter cette cabane de 4 mètres ! Les frais ne dépasseront probablement pas 1 000 francs, mais il faut dire que cela n'a servi à rien. Quand aux bois, ils n'ont pas pu descendre dix charges, à cause du vent. Ils sont restés quatre jours enfermés et ont fini par descendre. Si la saison s'améliore, ils remonteront pour continuer ces transports.

Malgré le temps très froid, j'ai pu étudier avec Bossonney l'emplacement de la future cabane pour agrandir l'observatoire et faire un avant-projet; puis Bossonney est descendu[71]... »

Cette lettre est malheureusement incomplète, mais elle aborde plusieurs sujets intéressants. Le « petit observatoire » dont parle Joseph Vallot n'est pas, comme on l'a parfois interprèté[72], une expression ironique pour qualifier l'observatoire Janssen, il s'agit d'une cabane, sorte d'abri à l'usage des savants et des touristes, installée au sommet du Mont-Blanc. Elle a été construite, au moment de la démolition du grand observatoire, par réemploi de l'ancienne cabane des Rochers-rouges. Elle avait été « placée sur patins pour éviter l'effondrement sous la neige[73] ». Ce dispositif n'a pas fait ses preuves, le petit édifice s'est enfoncé. Après son intervention évoquée dans la lettre, le charpentier, Fernand Amoudruz, a représenté sur un dessin le déplacement constaté de l'édifice entre le 18 août et le 2 septembre 1910. Ce document est conservé aux archives du Musée Alpin[74].

Joseph Vallot semble un peu désabusé, prêt à abandonner, mais n'a-t-il pas toujours rejeté l'idée de toute installation d'un édifice au sommet. En 1911, la foudre s'abat sur la cabane du sommet tuant un des occupants, un guide qui accompagnait des médecins venus faire des expériences physiologiques. Ce tragique accident marque la fin de cet abri et éloigne définitivement l'idée d'une nouvelle implantation au sommet du Mont-Blanc.

Joseph évoque aussi un projet d'agrandissement de son observatoire. La démolition de l'autre édifice libère des matériaux, bois (7 000 kilos) et pierres, qui pourraient être réemployés sur place. Il a aussi été question de réutiliser les matériaux pour réédifier le refuge, construit en 1892, à l'écart de l'observatoire. Henri, qui est rapporteur de la *Commission des travaux en montagne* du *Club Alpin,* le presse de fournir les plans et de faire établir un devis pour les travaux, comme cela est la règle pour la construction d'un refuge subventionné par le *Club*. Joseph annonce dans cette même lettre qu'il renonce à ce projet : « .[…] et je me rends compte que je n'ai pas l'étoffe nécessaire pour établir ce projet. Je ne le ferais qu'en perdant énormément de temps et nos travaux en souffriraient. J'aime mieux y renoncer et travailler pour nous. »

Les travaux sont ceux qu'Henri le presse de faire et qui permettraient enfin de terminer la carte dont la réalisation s'éternise. Finalement, Joseph Vallot a renoncé à tout projet d'agrandissement de son observatoire ou de reconstruction du refuge, et faute d'être réemployé pour l'agrandissement et l'amélioration des édifices existants, le bois a été utilisé comme bois de chauffage, au refuge Vallot.

Henri Vallot ne joue dans cette aventure que le rôle effacé, mais indispensable, du technicien auquel son cousin demande conseil pour la construction des bâtiments qu'il édifie en altitude.

En soutien aux études glaciologiques de Joseph.

Joseph Vallot met en place, dès 1891, un dispositif pour l'étude de la Mer de Glace. Ses méthodes pour l'observation périodique, sur une longue durée, du glacier ont pour objectif d'étudier la variation de niveau et la variation de vitesse d'un tronçon de la langue glaciaire. Henri Vallot s'intéresse de près à ce nouveau sujet de recherche initié par son cousin. La glaciologie n'est-elle pas une science nouvelle, qui, pour être plus précise, disons plus scientifique, doit faire appel à des méthodes topographiques et topo-photographiques adaptées ?

Les procédés utilisés par Joseph bénéficient pour leur mise en place des compétences d'Henri. L'observation des variations de niveau, par l'étude des profils transversaux et longitudinaux du glacier, s'appuie sur une triangulation, dont le réseau de base a été établi et calculé par Henri Vallot. La triangulation secondaire a été levée par Joseph et calculée par

Henri. La méthode dite « *des pierres peintes* », imaginée par Joseph pour évaluer la vitesse superficielle du glacier nécessite, pour le repérage précis de la position des pierres déposées à la surface du glacier, des levés au tachéomètre auxquels il a été initié par son cousin. La compétence acquise sur le terrain vaut à Joseph d'être consulté par l'administration dès 1892, après le catastrophe de Saint-Gervais. Dans la nuit du 11 au 12 juillet 1892, une poche d'eau sous glaciaire qui s'était formée au fil des années, et dont le volume s'était amplifié en raison de la canicule de ce mois de juillet, s'échappe du glacier de Tête-Rousse. On a estimé à l'époque à 200 000 mètres cubes le volume d'eau, et 90 000 mètres cubes de glace échappés du glacier. Ce torrent descendant vers la vallée en entraînant tout sur son passage, boue, arbres et rochers, pour former au total une masse de laves estimée à 800 000 mètres cubes. La vague de boue descend sur plusieurs kilomètres. Elle détruit tout sur son passage et fait près de 200 victimes. Quand la vague de 10 mètres de hauteur atteint le centre thermal du Fayet, situé à douze kilomètres du point de départ, elle détruit les bâtiments qui s'effondrent sous la poussée[75].

Joseph Vallot est présent à Chamonix. Le 19 juillet, il se rend sur le glacier de Tête-Rousse, au point de départ de la coulée, en compagnie d'André Delebecque, ingénieur des Ponts et Chaussées en poste à Thonon. Il a été chargé par les autorités d'étudier les causes et les circonstances de la catastrophe. Le géologue Étienne Alphonse Ritter, étudiant à Genève et les guides Gaspard Simon et Alphonse Payot les accompagnent. En pénétrant à l'intérieur du glacier, ils découvrent la cavité où l'eau s'était accumulée. Pour éviter que cette catastrophe ne se reproduise, un premier canal de drainage sera construit et mis en service en 1899, et remplacé en 1904 par une nouvelle galerie mieux située pour assurer la vidange.

Le chef de service du reboisement de la Savoie, Paul Mougin et son adjoint Claudius Jean-Marie Bernard sont chargés de proposer des mesures de préservation pour éviter qu'une catastrophe similaire ne se reproduise. Les deux hommes commencent par l'étude du glacier. Ingénieurs des *Eaux et Forêts*, formés à l'*École forestière de Nancy*, et certainement peu familiers des glaciers, ils trouvent auprès d'Henri et de Joseph, les conseils de scientifiques habitués à ce milieu naturel. L'administration des *Eaux et Forêts* confie à Paul Mougin et à Claudius Bernard une étude du glacier de Tête-Rousse. Ils publient une partie des résultats de leurs premiers travaux, présentés à la *Commission française des glaciers,* dont Joseph Vallot est membre, dans les *Annales de l'Observatoire*[76]. Paul Mougin poursuivra sa carrière dans les Alpes en se consacrant à d'importants travaux en matière de prévention des avalanches, nivologie et glaciologie, qui feront de lui un expert reconnu.

Joseph Vallot, qui a acquis une bonne connaissance des travaux de ses prédécesseurs et de leurs théories en glaciologie, a publié un premier article sur les phénomènes glaciaires en 1893, mais sa contribution la plus intéressante et qui fait toujours référence auprès des chercheurs contemporains[77] date de 1900. Il s'agit des résultats de ses premières observations à la Mer de Glace. Elles ont été effectuées entre 1891 et 1899 et occupent, avec une étude sur les torrents sous glaciaires réalisée avec sa femme Gabrielle et portant le signature des deux chercheurs, la presque totalité des volumes IV et V des Annales[78]. Il y expose les méthodes et les résultats.

Paul Mougin, chargé par son administration de la surveillance des glaciers de Savoie et de Haute-Savoie, adopte la méthode de Joseph Vallot qui inclut les procédés cartographiques préconisés par Henri. Charles Rabot, le confirme dans un rapport présenté en 1909 devant la *Commission internationale des glaciers.* Concernant les études menées en France, Rabot précise que « les observations des variations glaciaires sont effectuées en Savoie par M. P. Mougin, suivant une méthode très complète et très précise. M. Mougin ne se borne pas, en effet, à relever la position du front des glaciers par rapport à des repères, mais chaque année dresse un plan des périmètres glaciaires à une échelle variant du 1 000ème au 2 500ème. De plus sur la plupart des appareils en observation, il relève les variations d'épaisseur sur deux profils en travers, et mesure, au moyen de lignes de pierres peintes, la vitesse annuelle d'écoulement[79] ». Il ne cite pas les inventeurs de la méthode, mais on retrouve les procédés mis en place par Henri et Joseph pour l'étude de la Mer de Glace.

Jacques Malbos[80] a étudié, en détail l'apport des alpinistes scientifiques du *Club Alpin* à la glaciologie, pour lui, si Joseph Vallot est à son époque, celui « qui possède la meilleure maîtrise des mécanismes glaciaires», Henri est le « passeur légitime » qui assure la liaison avec le *Club Alpin*. Sans participer aux différentes instances qui se sont mises en place et qui ont contribué au développement de la glaciologie, il participe, comme nous le verrons dans le chapitre consacré à la *Commission de topographie* du *Club Alpin*, dont il est le secrétaire, à l'essor des études glaciologiques, par le biais de méthodes topographiques adaptées à cette nouvelle science.

1899, projet de chemin de fer du Mont-Blanc.

Dans l'euphorie de cette fin du dix-neuvième siècle, aucune réalisation ne semble impossible, et plusieurs projets vont s'affronter sur la desserte par voie ferrée du sommet du Mont-Blanc. À la compétition technique s'ajoute l'antagonisme entre Saint-Gervais et Chamonix, lieux de départ potentiels de la ligne. L'entreprenant Joseph Vallot ne pouvait se tenir à l'écart de ces projets. Pour lui, ce train ne peut partir que de Chamonix. Henri Vallot toujours présent pour apporter sa contribution dans ses domaines de compétence se trouve bien évidemment, encore une fois, aux côtés de son cousin. Il est officiellement impliqué, son nom est associé aux études au même titre que celui de Joseph, ce qui n'était pas le cas pour les projets précédemment évoqués.

Un entrepreneur de travaux publics de l'Hérault, Saturnin Fabre a présenté en 1896 un projet de voie ferrée, de type tramway, qui, au départ des Houches, gagnerait le sommet du Mont-Blanc. Les services des *Ponts-et-Chaussées*, considèrent qu'il ne s'agit pas d'un tramway, mais d'un chemin de fer, ce qui nécessite des études plus approfondies. Fabre s'entoure de savants : Charles Depéret, doyen de la *Faculté des Sciences de Lyon*, Albert Offret professeur de minéralogie dans la même Faculté et Joseph Vallot.

Henri Vallot est invité à mettre sa double compétence d'ingénieur et de topographe au service du meilleur tracé au départ de Houches. Le travail de cartographie du massif est déjà engagé depuis huit ans, et Henri a acquis une bonne connaissance du terrain qui lui permet de proposer rapidement un itinéraire. Celui-ci comporte un tronçon à ciel ouvert entre les hameaux de la Griaz et de Taconnaz, puis une partie souterraine : montagne de Taconnaz, Aiguille du Goûter, Observatoire Vallot, Rochers rouges. Joseph et Henri Vallot publient en 1899[81] une brochure détaillant les études préliminaires et l'avant-projet de *Chemin de fer des Houches au sommet du Mont-Blanc.*

Voici la présentation succincte, mais complète du projet définitif tel qu'il était présenté à l'occasion de l'*Exposition universelle* de 1900 dans la section Travaux Publics[82]. Ce texte a vraisemblablement été rédigé par Henri :

« Un barrage établi sur l'Arve doit procurer la force motrice pour la construction et l'exploitation du chemin de fer. Le tracé proposé mesurant en longueur horizontale 11 380 mètres, de la station des Houches (cote 991), à la station des Petits-Rochers-Rouges (cote 4 560), comprend un parcours à l'air libre de 2 250 mètres et un parcours souterrain de 9 130 mètres, avec stations au Gros-Bechar

(2 488), à l'aiguille du Goûter (3 810), et au dôme du Goûter (4 223). Ce parcours souterrain comporte un palier de 630 mètres après l'aiguille du Goûter, une pente de 8% sur 700 mètres après le dôme du Goûter, et plusieurs rampes, dont la plus forte longue de 1 110 mètres, avec une inclinaison de 0,60 mètres, précède immédiatement l'aiguille du Goûter. La distance entre les Petits-Rochers-Rouges (4 573 mètres) et le sommet du Mont-Blanc (4 807), qui est de 450 mètres en projection horizontale et de 234 mètres en hauteur, sera franchie à l'aide de traineaux à traction funiculaire. Le tracé, ainsi dirigé, paraît être le plus avantageux au triple point de la beauté des vues depuis les stations, de la continuité des arêtes rocheuses et de la qualité des terrains.

Le rayon unique de 150 mètres, admis pour les courbes dans l'avant-projet, pourra être dans le projet, réduit au besoin à 100 mètres.

Le souterrain construit pour la voie d'un mètre, mesurera en voie unique : 4 m 50 de largeur aux naissances de la voûte, et 4 m 50 de hauteur, à la clef, au dessus du rail ; et en voie double (aux croisements) 7 m 60 de largeur et 7 mètres de hauteur. La voie sera constituée par des rails Vignolle, avec crémaillère double (comme au Pilate), dans le trajet souterrain, où les traverses seront enchâssées dans un radier continu en béton.

La traction sera électrique. Chaque train muni de quatre freinages mécaniques ou électriques, se composera d'une locomotive et d'une voiture pouvant contenir quarante voyageurs. On estime que grâce aux trois croisements ménagés sur le parcours, il sera possible de transporter jusqu'à 1 000 voyageurs par jour.

La dépense est évaluée à 11 millions jusqu'à l'aiguille du Goûter, et à 21 millions jusqu'au sommet. On admet que la recette annuelle pourra s'élever à trois millions, avec 20 000 voyageurs à 100 francs pour le Mont-Blanc, 20 000 à 20 francs pour le Gros-Béchar, et quelques milliers, à des prix intermédiaires, pour les autres stations. On évalue, d'autre part, les dépenses d'exploitation à 800 000 francs. Dans ces conditions, l'entreprise serait rémunératrice. »

Le projet est prêt, encore faut-il le présenter aux autorités compétentes chargées de choisir le futur concessionnaire. Profitant des bonnes relations nouées et entretenues, après la catastrophe de Saint-Gervais en 1892, par les cousins Vallot avec les inspecteurs des *Eaux et Forêt*, les acteurs du projet, Saturnin Fabre, Joseph et Henri Vallot profitent en août 1899 d'une visite officielle des travaux réalisés pour prévenir la formation d'une nouvelle poche d'eau, pour organiser une « *caravane d'études* » sur le tracé de la voie de chemin de fer. Font partie de ce groupe de travail : Simon Moussard, préfet de Haute-Savoie ; Félix Francoz, sénateur (Gauche républicaine) de Haute-Savoie ; Paul Schoendoerffer, ingénieur en chef des Mines, chargé du contrôle des infrastructures et des superstructures des chemins de fer (Cluses-Saint-Gervais-frontière suisse). La présence de ces personnalités impliquées ou concernées par le projet de chemin de fer du Mont-Blanc, indique qu'il s'agit, pour les cousins Vallot, de convaincre les représentants de l'État (le préfet et l'ingénieur des mines) et l'élu de la faisabilité de leurs plans. La caravane n'a finalement pu réaliser qu'une partie du programme, le temps incertain les ayant contraints à renoncer à l'ascension du Mont-Blanc prévue après une nuit au refuge de Tête-Rousse. Henri Vallot qui se tient généralement à l'écart des manifestations officielles, et n'apprécie pas la très haute montagne est là en raison de sa participation au volet technique de l'entreprise. Qui, mieux que lui aurait pu expliquer, au cours de cette ascension, le choix des emplacements des futures stations de l'Aiguille du Goûter et du Dôme du Goûter !

Henri s'est beaucoup investi dans ce projet. Le financement paraît difficile à trouver, Saturnin Fabre lui devait-il quelque chose en contrepartie de ses études très approfondies ? Il s'inquiète auprès de Joseph. Son cousin qui est apparemment le seul interlocuteur du promoteur est certainement d'un naturel beaucoup plus confiant, parfois trop, Henri le sait. Ses inquiétudes ne sont peut-être pas infondées. Nous n'avons malheureusement pas trouvé les lettres adressées par Henri à Joseph, mais certaines réponses de ce dernier témoignent d'une situation pour le moins tendue :

Le 24 août 1900 : « Je n'ai pas vu M. Fabre, et je ne connais pas ses propositions. Tu me sembles jeter le manche après la cognée, si tu lâches, il est très probable que je lâcherai aussi, car tu parles de procès, et je ne voudrais pas avoir un procès avec toi; en famille, j'ai horreur de cela. »

Le 6 octobre 1900 : « Je n'ai pas de nouvelles de Fabre. »

En 1903, seuls deux projets restent en lice, le projet Fabre-Vallot, soutenu par Chamonix et le projet Duportal, défendu par Saint-Gervais. Après une âpre bataille l'arbitrage final se fait au détriment de Chamonix, c'est finalement le projet de l'ancien ingénieur des *Ponts et Chaussées*, Henri Duportal, qui est choisi. La ligne, d'abord tramway puis train à crémaillère, part de la gare de chemin de fer du Fayet (580 m), traverse Saint-Gervais, atteint le col de Voza puis le glacier de Bionnassay, (gare du Nid d'Aigle, 2 372 m). Cette partie est mise en service le 1er août 1914, mais la déclaration de guerre en stoppe l'exploitation qui ne débutera effectivement qu'à partir de 1918. Le tronçon au-delà de l'actuelle station du Nid d'Aigle par Tête-Rousse (3 tunnels) puis l'Aiguille du Goûter (5 tunnels) n'a jamais été réalisé.

Henri Vallot n'a pas participé au projet de funiculaire de l'Aiguille du Midi pour lequel Joseph Vallot avait créé la *Société Anonyme du Funiculaire aérien de l'Aiguille du Midi Mont-Blanc*. Seul le premier tronçon des Pélerins à la Gare des Glaciers fut mis en service, après une gestation difficile, à l'occasion des premiers *Jeux Olympiques* d'hiver en 1924. Il a fonctionné jusqu'en 1951.

[51] Réunion extraordinaire de la Société géologique de France à Genève et Chamonix, 29 août au 7 septembre 1875, *Bulletin de la Société géologique de France*, 3ème série, Tome 3, 1875, Paris, p. 649 à 803.
[52] J Vallot, Études pyrénéennes. *Mécanisme de la destruction des pics granitiques*, Paris, J. Lechevalier, 1887.
[53] J. Vallot, Neiges et Rochers, excursions scientifiques au Mont-Blanc et aux Aiguilles. *Annuaire du Club Alpin Français*, 1886, Paris Hachette 1887 p. 60-85.
[54] J. Vallot, Préface, *Annales de l'Observatoire météorologique du Mont-Blanc*, vol. 3, Paris, G. Steinheil, 1898, p. 7 à 10.
[55] William Augustus Brevoort Coolidge 1850-1926.
[56] A. Lunn, *A century of mountaineering, 1857-1957*, Allen & Unwin, 1957, p. 82-85.
[57] J Vallot, Sur l'utilité des observations météorologiques simultanées faites à des altitudes très différentes, *Bulletin de la Société Philomathique de Paris*, septième série, tome 11, 1886-1887, p. 163-170.
[58] Science qui étudie et mesure l'intensité énergétique des radiations émises par le Soleil.
[59] Un actimètre est un appareil actuel utilisé pour des études physiologiques par exemple le sommeil, mais là il s'agit sans doute d'une erreur typographique car l'actnomètre à boules autre type d'actinomètre inventé par le physicien français Jules Violle et utilisé à l'époque dans les stations météorologiques.
[60] F. M. Richard, Trois jours au sommet du Mont-Blanc, *La Nature*, 1887, vol. 15, deuxième semestre, p. 230-234.
[61] J. Vallot, Trois jours au Mont-Blanc, *Annuaire du Club Alpin Français*, vol. 14, 1887, Paris, Hachette 1888, p. 13-40.
[62] Chronique forestière, *Revue des Eaux et Forêts*, tome 38, 3ème série, 3ème année, 1899 p. 604.
[63] Elle a été remplacée en 1960 par l'actuel refuge non gardé du *Club Alpin Français*.
[64] F Schrader, Une tourmente au Mont-Blanc, *Annuaire du Club Alpin Français,* vol. 23, 1895, Paris Hachette, 1896, p.30.
[65] F. Bourdil, L'observatoire du Mont-Blanc, *Le Génie Civil*, 12ème année, tome XXI, N°518 14 avril 1892, p. 17-19.
[66] J. Janssen, Une ascension scientifique au Mont-Blanc, 17-23 aout 1890, *Annuaire du Club Alpin Français 1890*, Paris, Hachette 1891, p. 400-401.
[67] J. M. Malherbe, observatoire de Paris, section d'astrophysique de Meudon, Conférence donnée au Majestic, à Chamonix, le 16 août 1993

dans le cadre des « Lundis scientifiques » du Festival des Sciences de la Terre et de ses Hommes, Chamonix, Arch. Musée Alpin.

[68] J. Vallot, Notice sur les travaux scientifiques exécutés à l'Observatoire du Mont-Blanc, *Annuaire du Club Alpin Français 1893*, Paris, Hachette, 1894, p. 355.

[69] J. Vallot, Préface, *Annales de l'Observatoire météorologique du Mont-Blanc*, tome 2, 1896. p. 3-7.

[70] Archives privées, lettre de Joseph Vallot à Charles Vallot, datée du 1er février 1923.

[71] Archives privées, lettre incomplète de Joseph à Henri datée du 11 septembre 1910.

[72] Vivian R., *op. cit.*, p. 191.

[73] Informations, *La Nature*, supplément N°1920, 12 Mars 1910, p. 114. http://cnum.cnam.fr/CGI/fpage.cgi?4KY28.79/114/100/431/0/0

[74] Arch. Musée Alpin, Chamonix, document numérisé 2015.0.827.

[75] Ch. Durier, La catastrophe de Saint-Gervais-les-Bains, 12 juillet 1892, *Le Tour du Monde*, vol 33, Paris, Hachette, second semestre 1892, p. 417-432.

[76] P. Mougin, C. Bernard. Etudes exécutées au glacier de Tête-Rousse. Météorologie. In: *Annales de l'Observatoire météorologique du Mont-Blanc*, tome 6, 1905. p. 137-174.

[77] Voir par exemple Christian Vincent ou Louis Reynaud, La Mer de Glace et les Glaciers du Mt-Blanc, nbp 77.

[78] Vallot Joseph, Expériences sur la marche et les variations de la mer de glace. In: *Annales de l'Observatoire météorologique du Mont-Blanc*, tome 4, 1900. pp. 35-157.

[79] Ch Rabot, in Ed. Brückner, E. Muret, (sous la direction de), Les variations périodiques des glaciers, *15ème Rapport de la Commission internationales des glaciers*, 1909, Sonder-Abdruck, Zeitschrift fur Gletscherinmde". Band V. 1911, p. 184.

[80] J. Malbos, *La science aux sommets, randonnée initiatique sur un versant peu connu de l'histoire du Club Alpin Français*, à paraître.

[81] H. Vallot, J. Vallot, *Chemin de fer des Houches au sommet du Mont-Blanc, Projet Fabre, études préliminaires et avant projet*, Paris, G. Steinheil, 1899.

[82] Ministère du Commerce, de l'Industrie, des Postes et Télégraphes, *Rapports du Jury international, Exposition universelle Internationale de 1900 à Paris Groupe VI Génie Civil, Moyens de transport Première partie classes 28 à 31, Classe 29, Modèles plans et dessins de travaux publics*, XIII Institutions et publications techniques, Paris Imprimerie Nationale M C MII, p. 234-235.

Chamonix, la carte, 1888-1919
La quête de la « vérité topographique »

La première mission scientifique de 1887 et l'assistance qu'il apporte à son cousin pour la réalisation de l'observatoire représentent un tournant important dans la vie d'Henri Vallot. Dès lors, la montagne devient pour lui un lieu d'études où il revient chaque été jusqu'à la dernière année de sa vie en 1922.

Les projets de Joseph, en particulier en matière de géologie et de glaciologie, nécessitent l'utilisation de cartes. Henri tient à vérifier sur le terrain la qualité des cartes existantes. En 1888, la société *La Pneumatique,* qu'il avait rejointe en 1884, est en liquidation judiciaire, libéré de ses fonctions d'ingénieur auprès de cette société, rien ne le retient à Paris, il passe l'été à Chamonix. Il avait étudié la topographie à l'*École centrale*, il s'initie à la topographie de montagne, découvre ses difficultés et ses spécificités. C'est le début d'une aventure qui l'occupera jusqu'à la fin de sa vie, faisant de lui un expert reconnu et un maitre dans ce domaine, dispensant et diffusant sans compter ses connaissances et imposant ses méthodes pour atteindre ce qu'il appelait la « vérité topographique ».

1888-1891, les travaux préparatoires.

Au début du dix-neuvième siècle, la cartographie des montagnes est inexistante ou peu précise, ces régions ayant été longtemps délaissées par les topographes et cartographes professionnels de l'armée. Après l'annexion de la Savoie à la France, le capitaine Mieulet a effectué entre 1862 et 1865 des levés pour la réalisation d'une carte d'État-major, dans la région de Chamonix.

Les excursionnistes et les savants qui visitent le massif du Mont-Blanc publient aussi des cartes. Nicolas Guilhot[83] a recensé, entre 1840, date de publication de la carte représentant le « plateau du Mont-Blanc » du Chanoine Rendu et 1876, année de l'édition de la carte de Viollet-le-Duc, censée améliorer la carte d'État-major, huit cartes publiées par des éditeurs indépendants, majoritairement anglais. Elles se présentent « sous des formes diverses, souvent intégrées dans des publications littéraires ». Figurent dans cette liste les deux intéressantes cartes de la Mer de Glace et des sommets environnants, établies par Forbes, d'après ses levés de 1842 à 1850.

Le géographe Franz Schrader avait réuni autour de lui dans les Pyrénées quelques topographes amateurs, pour établir, à partir de 1873, la carte au $40\,000^{ème}$ du massif Gavarnie-Mont-Perdu. Il est avec le colonel Prudent, qui a participé à ces travaux, membre de la *Direction centrale* du *Club Alpin*. Plusieurs publications de ces pionniers, qui opèrent depuis près de dix ans dans les Pyrénées, sont parues dans l'*Annuaire du Club Alpin*. Henri qui est, depuis 1888, membre du *Club* connaît bien leurs travaux. C'est dans ce contexte que germe, chez les cousins Vallot, l'idée de cartographier le massif du Mont-Blanc. Voici comment Henri présente, en insistant sur la complémentarité des deux protagonistes, le projet qu'il a initié pour Joseph :

« Placé depuis nombre d'années par ses recherches scientifiques en face de ce "majestueux massif glacé" qu'on appelle le Mont-Blanc, il [Joseph Vallot] a eu, lui aussi, « le désir d'en posséder une représentation exacte ». Mais il n'a pas cru pouvoir mener à bien, seul, une entreprise qui exigeait non seulement les qualités d'un alpiniste de premier ordre et d'un observateur consciencieux, mais encore celles d'un topographe et d'un calculateur exercé ; telle est la cause de notre propre intervention [celle d'Henri Vallot] ; de là aussi est née une collaboration intime, à laquelle l'œuvre commune empruntera le cadre indéformable et la base solide qui lui sont nécessaires pour assurer sa forme d'ensemble, en même temps que la nature, forcée dans ses derniers retranchements, devra livrer tous les détails de ses neiges et de ses rochers les moins accessibles[84]. »

Au début, il n'est pas question de réaliser une nouvelle carte, mais d'améliorer la carte d'État-major existante. Il note les insuffisances de cette carte, mais il en souligne, dans un article cosigné par Joseph[85], la qualité eu égard aux conditions dans lesquelles elle a été établie: « Ce n'est pas sans un sentiment de profonde admiration que nous constatons l'habileté, l'énergie et la science topographique déployée par Mieulet pour mener à bonne fin, en si peu de temps, un travail si considérable. […] Les officiers n'ont-ils pas été astreints à un travail trop rapide, alors que les alpinistes ont le temps pour eux. »

Certes, Joseph admire Viollet-le-Duc, mais au terme des études sur le terrain réalisées avec Henri, force est de constater que dans son souci de refaire une carte au 40 000ème en procédant par correction des cartes précédentes, l'illustre architecte a produit en 1876, une carte peu utilisable pour les chercheurs. Elle offre, disent-ils, « un réel intérêt artistique, mais limité, à cause du peu d'exactitude d'un grand nombre de points, et d'une certaine indécision dans les formes, résultant d'un mode de représentation arbitraire et trop peu scientifique. ».

Henri Vallot a établi des rapports de confiance avec le sous-directeur du *Service géographique de l'Armée*, le colonel de La Noë. Il a été aussi en relation avec le colonel Prudent et le colonel Goulier, tous deux membres du *Club Alpin*. Goulier a inventé plusieurs instruments de mesure dont la règle à éclimètre qui porte son nom. Sorti du service actif des Armées, il est conservateur du *Dépôt central des instruments de précision*. Henri Vallot met à profit cette période de préparation pour le rencontrer. Il bénéficie des conseils du savant militaire jusqu'à son décès en 1891. Pour Maurice Heid, cette rencontre fut déterminante et fructueuse : « La personnalité et l'enseignement de Goulier durent influencer fortement l'orientation de sa carrière. Il évoquait si fréquemment l'une et l'autre et avec une vénération telle qu'il semblait que le maître se survivait dans son disciple[86] ».

Dans ses travaux de vérification de la carte de Mieulet, il utilise la règle à éclimètre de Goulier pour mesurer les différences de niveaux entre deux points. Suivant son penchant pour la pédagogie et le souci de transmettre ses expériences, qui marquent toutes ses activités, il publie un article destiné à l'initiation de ceux qui utiliseraient ce « remarquable instrument » lors d'« excursions topographiques ». Il s'agit d'excursions (sic) au cours desquelles on pourrait, avec cette règle, réaliser des levés aux échelles 1/10 000ème à 1/50 000ème. Il y a déjà, sous-jacente, l'idée qu'il mettra à exécution quelques années plus tard, de confier des travaux de topographie aux alpinistes qui sont finalement les premiers utilisateurs des cartes et les plus aptes à parcourir ces régions. Il veut par cet article compléter, en s'appuyant sur ses propres expériences, de précédentes publications, parues dans *l'Annuaire du Club Alpin*, qui citent l'instrument, mais omettent de le décrire et d'en expliquer l'utilisation.

« Nous avons expérimenté ce dispositif pendant plusieurs mois, et nous l'avons trouvé très satisfaisant pour la détermination des points isolés destinés à combler les lacunes laissées par la carte d'État-major sur laquelle on est assuré de trouver des points trigonométriques de position et d'altitude certaine généralement distants de 4 à 5 km[87]. »

Franz Schrader a inventé en 1873 l'orographe utilisé pour la cartographie des régions montagneuses. En reportant graphiquement les déplacements d'une lunette de visée sur un plateau circulaire, on trace automatiquement le dessin des montagnes. On réalise de cette façon un tour d'horizon comprenant un grand nombre de visées autour d'une station judicieusement choisie. Henri Vallot aborde dans un deuxième article publié en 1890 [88] la question des levés géographiques (échelle 1/200 000ème) pour lesquels l'orographe a été utilisé. Il traite des méthodes pour coordonner les résultats obtenus de cette façon avec les résultats des données des visées à l'éclimètre. Henri a su prendre en compte et apprécier l'apport de Schrader dont l'approche est plus artistique et moins scientifique que la sienne, mais dont l'orographe a déjà été utilisé par des ascensionnistes (pour reprendre le terme utilisé à l'époque) dans le massif pyrénéen où n'existait à l'époque aucune carte d'Etat-major. Ces deux articles, qui sont très abordables pour des néophytes, témoignent des qualités de pédagogue de son auteur. Ils annoncent aussi les futurs manuels destinés aux topographes alpinistes.

La longue période, deux ans, qui s'écoule entre le premier et le second article, consacré au même sujet, peut s'expliquer par la nécessaire prise en main des deux appareils pendant deux campagnes d'été, mais aussi par la maladie et le décès de sa femme Adrienne fin 1889. Cependant, aucun document, aucune correspondance, aucune confidence relatée par un proche, ne permet d'en savoir plus sur cette période difficile de sa vie, ni sur ses séjours à Pont-Saint-Esprit, au chevet de son épouse. D'après l'universitaire Paul Girardin, un proche qui a conduit des travaux de glaciologie dans les Alpes, Henri Vallot « pratiquait d'instinct la maxime antique 'cache ta vie'[89] ... », mais on peut raisonnablement penser, sans qu'il en ait fait la confidence, que son veuvage a pu amplifier un penchant naturel pour l'étude et la recherche.

L'aventure cartographique est un chantier à sa mesure qui allie travaux pratiques sur le terrain, travail de réflexion sur les méthodes, adaptation des instruments, exploitation des résultats, calculs et dessins. Il met au service de la topographie ses qualités d'expérimentateur, et de technicien associées à ses capacités de travail en solitaire pour calculer, transcrire et transmettre les résultats les plus précis, à l'échelle la plus appropriée. Les calculs les plus longs et les plus fastidieux ne le rebutent pas. Il effectuera ces travaux, pendant des années, sans abandonner ses autres occupations et engagements, gestion de son patrimoine, missions diverses confiées en raison de ses compétences ou lancement de projets personnels, mais aussi, présence active à la *Société des ingénieurs civils*, au *Club Alpin*, au *Touring-club de France*, cours du soir de *l'Association Polytechnique*. Une vie d'où l'oisiveté est totalement bannie.

Le Centralien Louis Lecarme, qu'il a formé à la topographie témoigne : « Qui ne l'a pas vu à l'œuvre sur le terrain, debout de trois heures le matin au coucher du soleil, penché sur son trépied, l'œil à l'éclimètre, gelé le matin, rôti à midi, au milieu des éboulis ou sur les pentes d'herbe se fera difficilement une idée de la tâche formidable à laquelle il se condamnait, et qui lui tenait lieu de vacances. Puis venaient les innombrables calculs et les graphiques minutieux consécutifs aux opérations trigonométriques et photographiques ; et c'était son travail d'hiver, en plus de nombreuses occupations[90]. »

Il lui faut, après avoir consacré du temps pour se documenter, plusieurs campagnes d'expérimentation et d'appropriation des appareils puis de vérification des cartes existantes, avant de se lancer, au début de l'été 1891, dans l'élaboration d'une carte entièrement nouvelle. Henri Vallot va s'imposer par ses compétences, mais aussi sa ténacité, en maitre d'œuvre de ce projet essentiellement financé par Joseph. On voit clairement dans la correspondance, malheureusement unilatérale puisqu'il s'agit de réponses de Joseph à quelques lettres de son cousin dont nous ignorons la teneur, qu'il en est le maître d'œuvre. On pourrait aussi penser, à la lecture des comptes rendus et notes qu'il rédige sur l'avancement des travaux, qu'il revendique même cette hégémonie quand il désigne Joseph comme son collaborateur. Mais, à cette époque, ce mot renvoie encore à son étymologie latine *collaborare*, travailler avec quelqu'un au sens le plus noble du terme, et ce serait se méprendre que de l'interpréter avec son sens actuel. Cependant, s'agissant des travaux de cartographie et de topographie, Henri n'est plus dans la trace de Joseph, il est passé en tête de cordée, montrant la voie exigeante dans laquelle les deux cousins se sont engagés.

1891-1893, les dernières mises au point.

À l'issue de ce travail préparatoire, Henri a imposé son point de vue : à la question faut-il améliorer les cartes existantes ou réaliser une carte entièrement originale du massif du Mont-Blanc ? Il choisit sans ambigüité et impose son choix, il faut réaliser une nouvelle carte au 20 000ème. Par cette entreprise, Henri et Joseph se substituent dans cette région des Alpes au *Service géographique de l'Armée* qui avait commencé, en 1884, quelques levés en haute montagne, à cette échelle. Débute alors, à Chamonix ce que Nicolas Guilhot appelle une « parenthèse cartographique »[91], dans laquelle « la différence entre topographe amateur et topographe professionnel était définitivement brouillée ». Le mouvement sera amplifié, comme nous le verrons après la création de la *Commission de topographie* du *Club Alpin*.

La première note sur la carte du massif du Mont-Blanc est publiée dans l'*Annuaire du Club Alpin* de 1892[92], après la première campagne de mesures. Les cousins y exposent très clairement les raisons de leurs choix, les objectifs visés et les moyens de les atteindre. Ces choix raisonnés ont été faits après deux années consacrées, selon les auteurs, aux essais et aux tâtonnements, le travail régulier n'ayant commencé que pendant l'été 1891. Le document détaille la méthodologie adoptée et rend compte les premières mesures déjà effectuées sur le terrain.

Pourquoi une nouvelle carte ?

Il y a, sur la carte d'État-major, les erreurs inévitables qui « se sont glissées dans la partie Nord du massif, au dessus des régions levées par Mieulet » et qui ont été signalées par les alpinistes : « Aussi n'est-il pas étonnant que les ascensionnistes qui consacrent depuis de nombreuses années leurs efforts à fouiller tous les coins du massif (du Mont-Blanc) aient trouvé sur bien des points des divergences entre la nature et sa représentation ; celle-ci a été entièrement exécutée en deux campagnes, tandis qu'ils ont eu un quart de siècle pour découvrir les défauts... mais si le fait est explicable, il n'en est pas moins réel, et l'insuffisance s'accentue tous les jours. »

Il y a la prise en compte de l'étude des phénomènes géologiques : « Sous le rapport scientifique, le point de vue géologique, qui a été totalement étranger à l'établissement des cartes que nous venons de mentionner, mérite également d'être signalé ». Il poursuit en citant comme exemple l'étude de la marche des glaciers. La carte doit être assez précise pour être utile aux glaciologues.

Pour que cette carte, faite pour « l'étude des phénomènes de dégradation des montagnes et de variation des glaciers », puisse par surcroît, « rendre aux touristes tous les services qu'ils sont en droit d'attendre », elle doit nécessairement être très détaillée. L'échelle 1 : 20 000ème s'impose. Quelques années après, Henri Vallot précise dans un courrier à Paul Helbronner[93], qu'une échelle plus petite « ne permet pas d'inscription des détails en haute montagne, où deux pics distincts de cent mètres sont quelquefois pour l'alpiniste, à une distance pratiquement énorme » ; il concède cependant que l'on pourrait descendre jusqu'au 50 000^{ème,} mais c'est « la plus petite échelle tolérable pour la haute montagne ». En fait c'est le choix de cette échelle (20 000ème) qui va compliquer la tâche sur le terrain jusqu'à mettre parfois le projet en péril.

Quelle feuille de route ?

Deux étapes sont nécessaires à l'établissement d'une carte précise, comme rappelé dans sa deuxième note publiée en 1894 [94].

« 1° la détermination, en position et en altitude, des points trigonométriques ; c'est ce qu'on nomme vulgairement la triangulation.»

« 2° la topographie proprement dite, comprenant le levé du détail et du relief et le figuré du terrain. »

Tout commence donc par la triangulation, une technique qui permet de déterminer la position d'un point en mesurant les angles entre ce point et d'autres points de référence. Avec deux points connus et le nouveau point, on constitue un triangle, puis on enchaîne de proche en proche d'autres triangles ayant un côté commun avec le précédent triangle. Cette méthode nécessite de définir une base de départ, le premier côté du premier triangle situé entre deux repères et dont on a mesuré la longueur au sol avec une grande précision. Le choix a été fait de renoncer à la base de la carte de Mieulet, peu certaine car on ne peut pas localiser avec certitude les repères, et d'en établir une autre, d'une longueur de « près de 1 800 mètres », matérialisée entre deux repères, sur la route qui conduit des Praz-d'en-Haut aux Tines ; Henri Vallot explique son choix, décrit les appareils, matériels et méthodes utilisées dans un article, foisonnant de détails techniques, paru en 1896[95].

La triangulation principale comporte un réseau de points choisis sur les deux versants de la vallée de l'Arve, et situés à une altitude variant entre 2 000 et 3 000 mètres. À la fin de l'été 1892 le réseau s'étend du col de Balme à la Pointe du Tricot. Il sera relié ultérieurement à la Tête du Colloney et à la Pointe des Fours, deux points géodésiques de la grande triangulation française. C'est le domaine d'Henri, car, sur le terrain, les deux cousins se sont réparti la tâche : à Joseph, très bon alpiniste, le travail en haute montagne, à Henri les mesures aux altitudes plus accessibles.

Cette première chaîne sert de base au réseau supérieur dont les points sont choisis sur le massif même entre 3 000 et 4 800 mètres. Ces points sont situés sur la cime des aiguilles et des sommets les plus élevés. On utilise un théodolite plus léger et les mesures des angles au lieu d'être répétées 10 fois ne le seront que 5 pour tenir compte des conditions difficiles en altitude. C'est le domaine de Joseph.

Au moment de la rédaction de l'article les points élevés déjà stationnés au-dessus de 2 500 mètres sont :
 le Brévent 2 525 mètres,
 l'Aiguille à Bochard 2 670 mètres,
 les Hautes Autannes 2 680 mètres,
 l'Aiguille du Belvédère 2 966 mètres,
 les Grands Mulets 3 020 mètres,
 le Rocher de l'Heureux retour 3 500 mètres,
 le Rocher des Bosses 4 365 mètres,
 le Mont Maudit 4 465 mètres,
 le Mont-Blanc 4 810 mètres,
 les altitudes étant celles qui étaient connues à l'époque.

D'autre part, pour améliorer la précision, Henri Vallot, suivant les conseils de Goulier, a eu l'idée de substituer à la chaîne simple de triangles plusieurs chaînes conjuguées et entrecroisées avec une triangulation secondaire de détail et une triangulation interglaciaire. La triangulation secondaire est constituée d'un réseau de points secondaires dont la distance ne doit pas excéder 3 à 4 kilomètres. En basse altitude ce sont des clochers des habitations ou chalets existants. En région haute, ils seront stationnés, on y érige des pyramides, servant de signaux.

Une fois ce travail réalisé, viendra le temps de la topographie de détail, réalisée en prenant appui sur ce canevas. Il est prévu d'utiliser, pour les levés de détails, les appareils qui s'adaptent le mieux au terrain : pour la partie basse et certains glaciers accessibles, ces levés seront réalisés à la planchette, à l'aide de l'alidade holométrique du colonel Goulier. Cet appareil est un perfectionnement de la règle à éclimètre utilisée depuis les années 1875-1879. L'orographe Schrader sera utilisé dans les zones moins accessibles, éventuellement complété, si nécessaire par les procédés photographiques du colonel Laussedat.

Dans une première version du projet, la carte complète doit comprendre douze feuilles, « trois dans le sens est-ouest, et quatre dans le sens nord-sud), dont les lignes séparatives seront respectivement parallèles aux axes de coordonnées. Chaque feuille ayant 0,55 m en largeur et 0,40 m en hauteur, représentera une étendue de 11 km sur 8 km, soit 88 km^2. » Elles paraîtront au fur et à mesure qu'elles seront terminées avec en priorité les environs de Chamonix, la Mer de Glace et le Mont-Blanc, « la région comprise dans ces feuilles étant la plus voisine de Chamonix, et par suite la plus fréquentée des touristes[96]. »

Le projet prévoit aussi de poursuivre la triangulation sur le versant italien. Ils ne doutent pas de l'accord de ce gouvernement, en raison des facilités accordées aux Italiens pour leurs travaux scientifiques à l'Observatoire des Bosses. Plus tard, suivant le conseil du colonel Prudent, Henri procède à un changement du mode de projection, qui devrait permettre d'intégrer ultérieurement la carte du massif du Mont-Blanc aux travaux en cours réalisés par le Génie dans d'autres régions des Alpes. Le tableau d'assemblage change : dans sa version la plus ambitieuse, il prévoit 28 feuilles pour l'ensemble du massif y compris les versants suisse et italien ; la partie du massif située en France serait représentée par 22 feuilles[97]. Les auteurs sont conscients que cette « œuvre topographique géologique » prendra du temps : « Il s'écoulera, nous ne devons pas le dissimuler, de longues années avant qu'il soit terminé. » Ils sont loin d'imaginer qu'ils n'en verront ni l'un ni l'autre l'achèvement.

Les espoirs soulevés par leur entreprise sont grands et ils se trouvent, disent-ils, dans la quasi obligation de publier, en 1894, de nouvelles informations sur l'avancement de leurs travaux dans l'*Annuaire du Club Alpin*, tant on les presse de publier leur carte. Simple formule de style pour introduire le nouvel article ou réelle curiosité des alpinistes et géographes ? L'article comporte plus de quarante pages, mais seules les quatorze premières concernent l'établissement de la carte. Ils sont d'une précision qui porte la signature d'Henri Vallot. L'autre partie est une description moins scientifique des Aiguilles de Chamonix.

La répartition des tâches entre Henri et Joseph a évolué : le premier est chargé de la triangulation primaire et de la détermination de tous les points trigonométriques que ses visées peuvent atteindre, quelle qu'en soit l'altitude. Il coordonne toutes les observations et fait tous les calculs qui en découlent. Joseph exécute la triangulation interglaciaire et détermine les points secondaires de cette région.

La triangulation principale de la zone extra-glaciaire est terminée, pour la partie française. Un travail considérable a été accompli avec l'installation d'une soixantaine de pyramides en pierres, construites par des guides ou des accompagnateurs. Ces Chamoniards ne doivent pas être oubliés car, comme pour la construction de l'observatoire, ils effectuent avec Henri et Joseph un travail considérable que les cousins reconnaissent et signalent volontiers. Six signaux sont situées à plus de 4 000 mètres, et quatorze à plus de 3 000 mètres.

La triangulation interglaciaire est moins avancée, mais elle est presqu'achevée en 1893, dans la région de la Mer de Glace, du Glacier du Géant et de la Vallée Blanche. Elle a été amorcée ailleurs, mais tardera à être réalisée à Argentière. Les travaux de topographie en haute montagne butent sur un écueil : les études comparatives menées pendant la période préparatoire pour valider l'utilisation de l'orographe de Schrader avaient été conduites pour une échelle plus petite que l'échelle du 20 000ème qui a été choisie. Il faudrait, pour arriver à la précision souhaitée, utiliser des appareils avec des disques beaucoup trop grands, incompatibles avec les conditions de travail en haute montagne. Henri et Joseph renoncent à l'utilisation de cet appareil au profit de la méthode du colonel Laussedat basée sur la photographie. Ils pensaient ne l'utiliser que dans quelques cas particuliers, ils vont la généraliser.

Nicolas Guilhot émet l'hypothèse que, pour Henri, l'utilisation intensive de cette méthode est un marqueur de la technicité du projet qui, au même titre que le choix de l'échelle 20 000ème, le différencie des autres entreprises topographiques. Elle lui permet aussi, pense-t-il, étant le seul interprète des clichés réalisés dans des conditions bien codifiées, de garder, comme il le souhaite, la main, sur la totalité du projet. Voici quelques extraits de l'argumentaire qu'il a développé à ce sujet :

« Dans la première note, la liste des défauts et erreurs des cartes existantes donnait une justification de l'entreprise parfaitement inscrite dans le modèle de l'excursionnisme (sic) cultivé qui visait à étendre la connaissance des montagnes. Si elle était pertinente pour les savants et ascensionnistes de l'époque, elle ne doit pas faire oublier des motivations plus personnelles et une ambition d'originalité que j'estime plus déterminantes dans les choix opérés, comme celui de l'échelle par exemple.[…] Mon hypothèse est donc que l'échelle supérieure adoptée constituait une justification tautologique du projet : en choisissant une échelle supérieure à toutes les cartes existantes du massif, Henri et Joseph Vallot rendaient leur carte forcément originale, et cette originalité même justifiait sa réalisation – ainsi que le choix de l'échelle, dans une argumentation en cercle fermé. Les autres arguments avancés, comme les erreurs ou les inexactitudes des autres cartes, devenaient alors accessoires […] je pense que d'autres raisons implicites avaient dicté ce choix, parmi lesquelles l'ambition intellectuelle de dresser une carte originale jusque dans les méthodes employées, le désir de participer à l'innovation permanente des techniques, et la possibilité de sous-traiter le travail sur le terrain en limitant l'influence des compétences de l'opérateur sur les résultats[98]. »

Membre de la *Société de photographie*, Joseph Vallot est un bon technicien de la photographie ; c'est lui qui va au cours de l'été 1893 utiliser le photothéodolite Laussedat, dans les endroits où les levés à la tablette ne sont pas possibles. En début d'année, Henri et Joseph ont rencontré l'inventeur du procédé, qui leur a expliqué « dans tous ses détails la construction et le maniement du dernier type de son photothéodolite[99]. »

Jusque-là, la méthode Laussedat n'avait fait l'objet que de quelques expérimentations et personne n'envisageait de l'utiliser en dehors de situations particulières. Les levés en haute montagne pouvait justifier son emploi mais à l'usage, Henri et Joseph constatèrent qu'il fallait modifier le photothéodolite conçu pour le service cartographique des Armées, car écrivent-ils, il n'a « ni la stabilité, ni l'amplitude ; ni la précision nécessaire à nos opérations ; aussi n'avons-nous pas hésité à faire le sacrifice des 300 clichés obtenus au cours de cette campagne, qui ne seront utilisés que comme renseignements[100]. »

1894-1900, tout est en place, ou presque…

Au cours de l'hiver 1893-1894, de retour à Paris, Henri et Joseph Vallot étudient et mettent au point le phototachéomètre, un instrument perfectionnant le photothéodolite. Il associe une chambre photographique destinée à fournir les perspectives et un tachéomètre donnant les paramètres des prises de vues. L'appareil est construit en combinant un appareil photographique spécial et le tachéomètre Goulier. La construction a été confiée à la société *Brosset Frères*, constructeurs d'instruments de mesures qui produisent déjà le tachéomètre. La mise au point de cet appareil, et sa description accompagnée de photographies, fait l'objet d'une longue et précise communication publiée dans le deuxième tome des *Annales* [101]. En introduction, les auteurs rappellent l'état antérieur de la technique, analysent, pour les écarter, les objections généralement faites à l'encontre de cette méthode, et listent les perfectionnements nécessaires. Parlant de la contribution de chacun, Henri écrit : « ...l'un s'est chargé de tout ce qui concerne la partie optique et photographique : chambre noire, objectif, châssis, plaque sensible, etc. ; l'autre a étudié les organes géodésiques, le support, les conditions de résistance des pièces et de stabilité de l'appareil, et en a fait les dessins[102]. »

Cet article illustre parfaitement la complémentarité soulignée par Henri. Sa lecture permet de se faire aussi un idée de l'ingéniosité, du sens de l'organisation et de la ténacité nécessaires pour mener à bien ce projet, en seulement quelques mois. Henri y démontre ses qualités d'ingénieur : discerner et poser les problèmes avec clarté, connaître dans ses moindres détails l'état antérieur et actuel de la technique pour, à partir de ces connaissances, perfectionner les appareils et les méthodes dans le but de résoudre avec efficacité les problèmes posés. Il faut aussi créer avec les constructeurs les conditions d'une bonne coopération. L'appareil, constitué par la combinaison de dispositifs connus n'a pas été breveté : « Nous n'avons aucunement la prétention d'avoir inventé des organes nouveaux. Nous avons seulement employé un certain nombre de dispositions dont la plupart existaient déjà, disséminées sur des appareils très divers. C'est la réunion de ces dispositions sur un même instrument qui nous a permis d'atteindre le but que nous nous proposions. »

Le phototachéomètre, son pied, et les trente-six plaques prévues pour une journée de travail étaient rangés dans une caisse qui pesait au total dix-huit kilogrammes. En y associant plus tard le « *folding block system* » de Gaumont, cinq mille clichés au format 13x18, ont été produits avec les deux phototachéomètres construits[103]. Deux exemplaires de l'appareil furent acquis en 1901 pour la Mission française géodésique de l'Équateur chargée de la mesure de l'arc méridien de Quito.

Quand débute la campagne d'été 1894, les travaux menées depuis trois ans ont fourni des résultats, la triangulation principale est en place, la période des tâtonnements s'achève, les levés photographiques en haute montagne sont réalisés dans de meilleures conditions et les cousins peuvent envisager, pensent-ils, l'aboutissement prochain de leur entreprise.

Joseph Vallot doit assurer, avec son appareil plus fonctionnel le travail photographique sur le terrain, puis procéder au développement en laboratoire. Il a pu, pendant l'été 1894, réaliser 400 clichés « tous susceptibles de fournir des données absolument certaines. ». Henri qui doit exploiter les résultats a mis au point les méthodes permettant la restitution des clichés et leur traduction en données utilisables pour la réalisation de la carte détaillée. Il assume la totalité des calculs. Il se réserve tout ce qui concerne « l'interprétation géométrique ou topographique des épreuves, la partie matérielle des constructions graphiques et des calculs élémentaires qui les accompagnent est confiée à un dessinateur, dont le travail se trouve constamment vérifié par des procédés de contrôle approprié[104]. »

On peut suivre l'avancement des quatre campagnes d'été, de 1894 à 1897, par les comptes rendus publiés, en 1896[105] et 1898[106]. Rédigés par Henri, ils font état d'un avancement satisfaisant des travaux en haute montagne, même si la campagne de 1896 a été contrariée par des conditions météorologiques difficiles. Henri signale bien quelques petits retards du côté de son collaborateur, mais il n'omet pas de souligner les difficultés rencontrées par Joseph en raison des conditions un peu extrêmes dans lesquelles il doit opérer.

Il est difficile de savoir, dans le détail, comment se sont déroulées les campagnes suivantes, car rien ne sera publié avant 1903 (imprimé en 1904). Depuis 1896, Joseph Vallot est en relation avec l'entrepreneur Saturnin Fabre qui a sollicité son expertise pour la construction d'un chemin de fer des Houches au Mont-Blanc. En 1898, Henri Vallot intervient sur la partie technique du projet, du tracé de la ligne à sa réalisation, mais aussi, ce qui entrait dans ses compétences d'ingénieur des *Arts et Manufactures*, du choix du matériel, et des conditions d'exploitation. On peut penser que les travaux de cartographie ont été, à partir de l'été 1897 ou 1898, compromis, ou du moins, orientés vers l'élaboration de ce projet. L'avant-projet, présenté dans ce document, se distingue, comme toutes les entreprises d'Henri, par sa précision et sa minutie. Il a dû faire l'objet de travaux méticuleux sur le terrain pour en déterminer le tracé. Henri qui est le seul concepteur de la partie purement ferroviaire y a sans doute consacré de longues heures d'études. C'est peut-être une des raisons de l'absence de compte rendu sur l'avancement de la carte, mais rien ne permet de l'affirmer…

1900 - 1907, des turbulences avant la publication d'une première feuille, provisoire !

Si Henri occupe tout son temps, pendant ses séjours d'été à Chamonix, à la topographie et à la cartographie, il n'en est pas de même pour Joseph qui entend mener à bien d'autres recherches. Certes ses études glaciologiques de la Mer de Glace entreprises dès 1891, nécessitent l'utilisation de méthodes précises de localisation des repères, mais pour lui, la cartographie et la topographie ne sont que des outils. Pour Henri, c'est un objectif en soi, aussi se montre-t-il exigeant et perfectionniste. Il en résulte, après quelques années de travail sur le terrain, un décalage entre l'avancement des levés réalisés par Henri et ceux réalisés par Joseph qui ne peut pas s'expliquer uniquement par les difficultés du terrain, mais aussi par une conception différente du projet. Cette différence est parfaitement assumée par Joseph qui l'évoque clairement dans une lettre d'août 1900.

Henri Vallot vient d'être nommé chevalier de la Légion d'Honneur, par décret du 14 août 1900, au titre du ministère du Commerce. Il a obtenu cette distinction en raison de ses travaux de cartographie ; son dossier porte d'ailleurs la mention « cartographe », et non « ingénieur ». Joseph qui est déjà chevalier depuis 1896, félicite son cousin. Il lui explique pourquoi la carte n'est pas sa première préoccupation :

« À présent que tu as la récompense que la carte pouvait t'apporter, tu ne trouveras pas étonnant, je pense, que je donne la plus grande partie de mon temps aux travaux qui peuvent me mener plus loin et que je n'attache qu'un importance secondaire à la carte, déjà récompensée, comme je le fais déjà depuis quelque temps, l'exposition me faisant entrevoir la solution. Je continuerai à m'occuper de la carte comme je le faisais ces temps derniers, sans chercher à réparer le temps perdu ni à abandonner mes travaux pour liquider l'arriéré.

Je ne sais pas si tu connais bien mon opinion à ce sujet, et si tu sais pourquoi je montre peu d'enthousiasme pour la carte depuis quelque temps. Pourquoi ne te dirais-je pas franchement? D'un côté est le travail de la carte, travail que tu as amené progressivement à une précision très grande que je n'avais pas prévue, et qui n'est pas dans mes moyens, car on ne se refait pas. Pour ce travail, je n'ai que des reproches, mes opérations n'étant jamais assez précises. Ces reproches sont mérités, mais ils sont décourageants. D'un autre côté sont les travaux de l'observatoire, où je travaille dans le neuf et où je n'ai pas besoin de cette précision qui n'est pas dans mes cordes. Ces travaux sont appréciés (grand prix à l'Exposition) et ne m'amènent que des agréments, en dehors des rhumatismes et autres infirmités. Tu dois comprendre que les derniers m'attirent plus que le pouvoir. Ceci, non pour récriminer mais pour m'excuser de ne pas faire plus de travail, mon excuse me paraissant valable.[107] »

On découvre, à la lecture de cette lettre, un Henri Vallot directif et exigeant, bien loin du personnage secondaire que la différence de notoriété des deux cousins pouvait laisser présager. L'exposition dont il est question dans cette lettre est l'*Exposition universelle* de Paris 1900.

En octobre de la même année, Joseph tient à rassurer Henri, il soignera ses rhumatismes au mois de juin 1901 pour être de nouveau opérationnel et disponible pour la carte au mois de juillet. « Jusqu'au 15 août, j'aurai le temps de faire un travail sérieux. Je tiens beaucoup à continuer l'œuvre, sauf sous les réserves que j'ai faites, et je ne te laisserai pas en plan, surtout sur le terrain, où tu serais embarrassé pour me remplacer[108]. »

Au moment où il rédige ces courriers, Joseph a déjà réalisé, depuis 1894, 1 460 clichés, mais commençant à souffrir de rhumatismes et de problèmes oculaires, il ne peut tenir sa promesse pour des raisons de santé. À l'automne 1902, sa santé s'est améliorée, mais pas au point de reprendre du service pour les levés photographiques en haute montagne. Il propose de confier ces levés à des tiers. Voici le courrier par lequel il suggère à Henri de le remplacer.

« Je crois que j'arriverai, dans quelques mois, à pouvoir aller et venir comme tout le monde. Mais il me paraît douteux que je puisse jamais supporter les grandes fatigues nécessaires pour la confection de la carte. Il faut donc aviser. Tu peux donc t'occuper de chercher un jeune ingénieur pour aller sur le terrain pendant les deux mois de la belle saison, comme nous avons dit. On trouvera bien quelque Central content d'utiliser ainsi ces deux mois de vacances. Ses honoraires seront à ma charge, ainsi que les guides et son séjour dans la montagne[109]. »

Joseph suggère d'employer, pendant les vacances un jeune ingénieur, et pourquoi pas « quelque Central », c'est à dire un élève de l'école d'Henri. Il y aura bien un Centralien parmi les topographes alpinistes qui prennent le relais dès la campagne de 1902 : Louis Lecarme, promotion 1901, alpiniste, membre de la section de Lyon du *Club Alpin*. Il fait équipe avec son frère Jean, également scientifique. Ils seront rejoints et relayés un peu plus tard à partir de 1911 par le physicien Albert Sénouque, puis par Henri Brégeault, et Charles Vallot, le fils d'Henri. En 1903, c'est la création de la *Commission de topographie* du *Club Alpin* au sein de laquelle, comme nous le verrons, Henri Vallot va jouer un rôle primordial pour la formation de topographes alpinistes qui opéreront dans plusieurs massifs, plus ou moins indépendamment de sa tutelle, mais en adoptant ses méthodes.

La troisième note sur la carte du massif du Mont-Blanc paraît, neuf ans après la deuxième, dans l'*Annuaire du Club Alpin*[110], suivie d'un article sur l'avancement des travaux, publié dans les *Annales de l'Observatoire*[111]. Henri, seul rédacteur du texte, fait le point de ce qui a été réalisé et explique la raison des retards pris dans les régions glaciaires et les levés photographiques : « notre collaborateur, entraîné par son ardeur au travail et sa passion pour la science a malheureusement dépassé les limites que la nature impose au séjour de l'homme dans les hautes altitudes... » Le collaborateur étant toujours son cousin Joseph. Il annonce l'arrivée en renfort des frères Lecarme, « deux jeunes ingénieurs de talent, fervents alpinistes, déjà familiarisés avec le Mont-Blanc ».

En 1903, le réseau comporte 410 points trigonométriques, sur 530 kilomètres carrés. 120 sont situés à plus de 3 000 mètres. Henri Vallot précise : « 334 ont été déterminés par nous, 76 par notre collaborateur, ces derniers surtout dans les régions les moins accessibles du massif. »

Malgré l'arrivée des jeunes topographes alpinistes, il faut encore attendre quatre ans, 1907, pour que soit publiée la première feuille des environs de Chamonix [112], et encore s'agit-il d'un extrait provisoire de la carte du massif du Mont-Blanc à l'échelle 1/20 000ème qu'Henri a condescendu à publier. Elle couvre le territoire de la Flégère à Bel-Achat (Bellachat), et des chalets de la Pendant à la Montagne de la Côte. Henri Vallot présente son œuvre à la *Commission de topographie* du *Club Alpin*, comme une « édition, exécutée par des moyen rapides et économiques, d'après un calque d'étude, [qui] est loin d'avoir la finesse qu'on serait en droit de demander à la gravure sur pierre d'après une minute définitive; cependant, telle qu'elle est, cette carte peut rendre des services aux touristes, parce que le figuré du terrain y est correct, la planimétrie exacte, et les altitudes absolument sûres[113]. »

1907 - 1913, sept nouvelles campagnes estivales.

1907, l'année de la publication de la feuille « Environs de Chamonix », est une année d'intense activité. Joseph, a recouvré sinon la totalité de ses capacités physiques du moins assez de forces pour monter au Mont-Blanc. Au mois d'août, il fait cette ascension en compagnie de son fils aîné, de sa fille et de son gendre. Charles Gaumont les accompagne pour filmer « *l'ascension du Mont-Blanc par la cordée de Monsieur Vallot* ». Joseph était en relation avec Léon Gaumont depuis 1895. Cette année là, Max Richard[114] qui l'avait accompagné au Mont-Blanc en 1887 voulait céder son entreprise, *Le Comptoir Général de la Photographie,* à Léon Gaumont qui la dirigeait. Joseph Vallot, Gustave Eiffel et Alfred Besnier, qui sont ses clients vont créer avec Léon Gaumont une société en commandite qui reprend l'affaire de Max Richard pour fonder sous le nom de *L. Gaumont et Cie,* la première société française de cinéma.

Joseph est président du *Club Alpin*. Il le restera jusqu'à sa nomination en 1909 à la direction des observatoires du Mont-Blanc. Henri lance les bases d'une nouvelle entreprise, la *Société générale d'études et de travaux topographiques,* qui sera fondée l'année suivante. Cette société est sans doute une des toutes premières sociétés de service dans ce domaine. Elle permettra à ses fondateurs de tirer un profit de toute l'expérience acquise sur le terrain.

La nouvelle carte est commentée dans la presse et les revues spécialisées. Les rédacteurs des célèbres guides allemands Karl Baedeker rencontrent Henri et Joseph. Ils citent leur carte tout en continuant de recommander la carte au 50 000ème de Xavier Imfeld. Publiée pour la première fois en 1896, elle a été établie d'après des documents existants et les levés de Louis Kurz. En 1905, elle a fait l'objet d'une réédition, avec courbes de niveau. Henri Vallot avait commenté cette carte dans sa troisième note de 1903, soulignant son utilité mais réaffirmant la nécessité de disposer dans ces régions d'une carte au 20 000ème. Les ouvrages de cette grande maison d'édition de Leipzig, publiés en allemand, en anglais et en français se réfèrent, à partir de 1909, aux altitudes communiquées par Henri Vallot. Ils désignent sous son nom le sentier qui relie le Plan de l'Aiguille (du Midi) au Montenvers (Mer de Glace) et signalent la présence d'une table d'orientation réalisée par Henri. C'est la marque d'une discrète mais certaine notoriété pour le cousin de Joseph.

La troisième édition de la carte de la chaîne du Mont-Blanc, au 50 000ème des Suisses Albert Barbey, Louis Kurz, Xavier Imfeld, publiée en 1910 tient compte des travaux d'Henri Vallot. Louis Kurz l'a rencontré pour unifier la nomenclature de la chaîne du Mont-Blanc, afin que les noms figurant sur cette réédition soient en concordance avec ceux de la future carte Vallot. Les noms des sommets et cols de l'arête frontière ont été fixés en accord avec l'alpiniste

Adolfo Hess du *Club Alpin Italien*. Les nouvelles cotes et les cotes rectificatives, provenant des calculs d'Henri Vallot, sont marquées d'un signe distinctif. En exergue se trouve la reproduction de la carte schématique des Aiguilles de Chamonix, esquisse orographique réalisée par Henri Vallot[115].

Le succès de la carte provisoire semble avoir remis le projet sur de bons rails, mais rapidement Joseph Vallot a d'autres préoccupations. En 1909, après le décès de Janssen, on lui a confié l'observatoire du sommet, qu'il faudra finalement démanteler. À peine est-il libéré de ces soucis au Mont-Blanc en 1910, qu'il doit affronter une épreuve, personnelle cette fois. Sa femme entame en 1911, après trente années de vie commune, une procédure de divorce. Le couple formé par Gabrielle et Joseph a eu quatre enfants. Gabrielle est loin de répondre aux critères des femmes de son milieu, occupées à la seule bonne marche du foyer et à l'éducation des enfants. Elle forme avec Joseph un couple d'avant-garde. Gabrielle accompagne son mari au Mont-Blanc, « inaugure » l'observatoire, participe à ses études sur les glaciers et les torrents, publie des articles, seule ou avec lui. Elle est là quand ils explorent des avens dans les Causses. Gabrielle est, avec Madame Martel la femme du célèbre spéléologue, une des premières femmes pratiquant la spéléologie. Elles sont toutes deux membres du *Club Alpin*.

Pour Gabrielle, cette belle harmonie du couple, célébrée en 1904 par un journaliste de la *Revue Illustrée*[116], dans un article que l'on qualifierait de nos jours de *people*, s'est brisée, elle souhaite la séparation. On sait qu'à cette époque, il n'est pas possible d'obtenir le divorce sans apporter des preuves à charge justifiant la demande, quitte à grossir le trait et à apporter quelques démonstrations douteuses. Sans préjuger de la véracité des griefs de Gabrielle, la correspondance de Joseph à son cousin témoigne de l'aide qu'il lui a demandée pour tenter de contrer les arguments avancés par sa femme. Par exemple ce voyage évoqué dans une lettre de juillet 1911 au cours duquel Henri est allé récupérer des documents que Joseph souhaite présenter pour sa défense au tribunal.

« J'ai reçu les fameux documents. Je te renouvelle mes remerciements les plus sincères et je n'ai pas besoin de te dire quel grand service tu m'as rendu. Je n'ai pas douté un instant que tu ne fisses ce voyage pour moi; je savais que je pouvais compter sur toi, comme tu sais que plus de jamais, tu peux compter sur moi.

J'ai bon espoir d'obtenir une solution, car il y a de bonnes choses en ma faveur dans le dossier que tu m'as envoyé. Si le divorce est prononcé, mon avoir, bien que diminué, sera liquide, et je pourrai enfin réaliser le projet que j'ai depuis longtemps d'assurer, en cas de mort, la somme nécessaire pour terminer et imprimer la carte. Je suis depuis longtemps tourmenté par la crainte de te laisser en plan, si je venais à mourir, l'état des affaires ne me permettant pas de faires des dispositions inattaquables pour cela. Il n'en serait plus ainsi.

Merci encore. À mon arrivée je te rembourserai les dépenses de toute nature causées par mon manque de mémoire. »

Peine perdue, le divorce est prononcé, en mars 1912, aux torts et griefs de Joseph Vallot. Le financement de la carte a été un moment ralenti pendant la durée de la procédure, mais il n'a pas souffert de celle-ci, car comme l'écrit Joseph, il sera moins riche mais disposera de liquidités.

Henri poursuit son travail sur le terrain, en montant de plus en plus près des zones glaciaires et enneigées pour y faire des levés. Joseph est depuis 1911 relayé efficacement par Albert Sénouque qui fera au total cinquante-trois stations en haute montagne avec le phototachéomètre.

Plus rien ne devrait ralentir ou entraver le déroulement du projet, mais en 1914, la guerre éclate, les hommes sont appelés sous les drapeaux, les équipes, topographes alpinistes, guides, porteurs, sont dispersées. La carte est de nouveau en panne. Henri publie cependant un état d'avancement, qui s'ouvre sur une justification de la lenteur de l'entreprise : « Dans la présente nous rendons compte sommairement du travail effectué dans les sept dernières années ; travail plus ou moins intermittent dans certaines de ses parties, fréquemment interrompu par des obligations professionnelles ou autres incidents auxquels ne peut échapper une œuvre dont l'exécution repose entièrement sur la bonne volonté d'un très petit nombre de collaborateurs ! Si ceux qui ont entrepris la carte du Mont-Blanc au 20 000ème avaient pu y travailler d'une manière continue et avec des ressources pécuniaires suffisantes, comme cela a lieu dans les opérations officielles, il y a longtemps que cette œuvre serait achevée[117].»

Henri était, avant la déclaration de guerre, en relation avec l'administration des *Eaux et Forêts*, dans le cadre de nivellement géométrique de l'Arve et du Bon-Nant. Les travaux de la carte étant suspendus, il supplée à la pénurie de personnel de l'administration et entreprend ce nivellement, gratuitement, pour le compte du *ministère de l'Agriculture.*

1913 - 1916, campagnes de nivellement géométrique pour le Service des Forces hydrauliques des Eaux et Forêts.

Les bonnes relations des cousins avec les cadres des *Eaux et Forêt* se sont renforcées depuis la catastrophe de Saint-Gervais-les-Bains où l'expertise de Joseph en matière de glaciologie a été sollicitée et appréciée. Le *Service des grandes forces hydrauliques* fondé en 1904 dépend, au sein du *ministère de l'Agriculture*, du *Service des Eaux et Forêts*. Il a été créé dans un souci d'exploiter au mieux les chutes d'eau pour la production d'énergie hydroélectrique. Les autorités souhaitent, en ce début de vingtième siècle, réduire la dépendance du pays vis-à-vis du charbon, l'énergie fossile du moment, par des travaux d'équipement des cours d'eau. Le territoire a été divisé en grandes régions, Chamonix fait partie de la région Sud-est placée sous la responsabilité de l'ingénieur en chef des *Ponts et Chaussées* René de La Brosse. Ce service ne dispose pas de personnel spécifique, il fait appel à des fonctionnaires de différents services du *ministère de l'Agriculture*. Cette région est très vaste, drainée de nombreux torrents et rivières, le personnel n'est pas toujours disponible. Henri Vallot va mettre gracieusement ses compétences à leur service.

Il a commencé dès 1912 en exécutant, d'accord avec le *Service du Nivellement Général de la France*, le rattachement de ses propres opérations avec celles exécutées par l'administration, pour l'établissement du profil en long du Bon-Nant et de ses principaux affluents. Les méthodes d'Henri étant différentes de celles qui avaient été adoptées depuis 1904 dans d'autres bassins (Isère par exemple), par l'ingénieur René de la Brosse, il s'agissait de vérifier, par une comparaison directe, si ses levés à la planchette pouvaient être utilisés pour l'établissement du profil en long du cours supérieur de l'Arve, un torrent qui prend sa source dans le massif du Mont-Blanc, et rejoint le Rhône à Genève, et de ses principaux affluents.

Dès 1913, Henri Vallot effectue des levés destinés au *Service des grandes forces hydrauliques*. Il poursuit ce travail bénévole, quasiment seul, en 1914, 1915 et 1916, et termine l'exécution des profils en long des cours d'eau de la vallée de l'Arve, au dessus du Fayet. Le Bon-Nant, dont il étudie aussi le profil est un affluent de l'Arve, c'est par ses gorges que le torrent d'eau charriant de la boue et des rochers a atteint l'établissement thermal lors de la catastrophe de juillet 1892. Le développement des nivellements de précision effectués par Henri Vallot est de 138 km. Le compte rendu détaillé en a été publié par le *ministère de l'Agriculture*[118].

Plusieurs témoignages rapportent qu'il a reçu en 1816, le prix Gay de l'Institut, en récompense. Cependant le compte rendu de la Séance de l'*Académie des Sciences* au cours de laquelle ce prix lui a été attribué le justifie par l'ensemble de son œuvre, le nivellement en question n'est présenté que comme une incidente : « Le choix de la Commission s'est fixé sur M. Henri Vallot, ingénieur des *Arts et Manufactures*, secrétaire de la *Commission de topographie* du *Club Alpin Français*. Depuis 25 ans, M. H. Vallot consacre la meilleure part de son activité à l'étude topographique des Alpes françaises, dans la région de Chamonix.[…] Les données numériques recueillies par M. H. Vallot, au cours de travaux dans le massif du Mont-Blanc, offrent une telle sécurité que, sans retourner sur le terrain, il a pu en extraire, pour les principaux torrents de la région, les éléments de profils en long, dont la précision ne le cède en rien à celle des profils directement relevés par les meilleurs des procédés classiques. […] La Commission estime donc amplement justifiée sa proposition d'attribuer le prix Gay à M. H. Vallot. L'Académie adopte la proposition de la Commission[119]. »

---

[83] N. Guilhot, *Histoire d'une parenthèse cartographique, Les Alpes du nord dans la cartographie topographique française aux 19e et 20e siècles*, thèse, doctorat d'Histoire, Université Lyon II- Lumière, 29 novembre 2005, p. 228.
[84] H. Vallot, Premières études pour la carte du massif du Mont-Blanc de MM. Joseph et Henri Vallot, en cours d'exécution à l'échelle du 20 000ème, *Annales de l'Observatoire météorologique du Mont-Blanc*, tome 1, 1893. p. 73-87.
[85] J et H Vallot, Note sur la carte du massif du Mont-Blanc à l'échelle du 20 000ème, *Annuaire du Club Alpin Français*, 1892, Paris Hachette 1893, p. 4-28.
[86] M. Heid, in Ch. Vallot (sous la direction de), *Op. cit.*, p. 27.
[87] H Vallot, Emploi de la règle à éclimètre du Colonel Goulier dans les excursions topographiques, *Annuaire du Club Alpin*, vol. 15, 1888, Paris, Hachette 1889, p. 519.
[88] H Vallot, Emploi de la règle à éclimètre du Colonel Goulier dans les levés géographiques, *Annuaire du Club Alpin*, vol 17, 1890, Paris, Hachette, 1891, p.485-497.
[89] Ch. Girardin, in Ch. Vallot (sous la direction de), *Op. cit.*, p. 39.
[90] L. Lecarme, *Ibid.*, p. 31 32.

[91] N. Guilhot, *Histoire d'une parenthèse cartographique*, *Op. cit.*
[92] J et H Vallot, Note sur la carte du massif du Mont-Blanc à l'échelle du 20 000ème *Annuaire du Club Alpin Français,* 1892, Paris, Hachette 1893, p. 4 à 28.
[93] H. Vallot, lettre à Paul Helbronner du 6 décembre 1902, citée par Léon Maury, *L'œuvre scientifique du Club Alpin Français* (1874-1922), club Alpin Français, 1936, p. 129.
[94] J. Vallot, H. Vallot, Deuxième note sur la carte du massif du Mont-Blanc à l'échelle du 20 000ème, et étude des Aiguilles de Chamonix, *Annuaire du Club Alpin Français 1894*, Paris, Hachette, 1895, p. 3-4.
[95] H. Vallot, Mesure de la base de Chamonix, servant de départ à la nouvelle triangulation du massif du Mont-Blanc, *Annales de l'Observatoire météorologique du Mont-Blanc*, tome 2, 1896. p. 189-211.
[96] H. Vallot, Premières études pour la carte du massif du Mont-Blanc de MM. Joseph et Henri Vallot, en cours d'exécution à l'échelle du 20 000ème, *Annales de l'Observatoire météorologique du Mont-Blanc*, tome 1, 1893. p. 83.
[97] H. Vallot, État d'avancement des opérations de la carte du massif du Mont-Blanc à l'échelle du 20 000ème, *Annales de l'Observatoire météorologique du Mont-Blanc*, tome 3, 1898. p. 138.
[98] N. Guilhot, *Op. cit.*, p.249, 250, 253.
[99] J. Vallot, H. Vallot, Application de la photographie aux levés de détail de la carte du massif du Mont-Blanc à l'échelle du 20 000ème, *Annales de l'Observatoire météorologique du Mont-Blanc*, tome 2, 1896. p. 225.
[100] H. Vallot, J. Vallot, Deuxième note sur la carte du massif du Mont-Blanc à l'échelle du 20 000ème, et étude des Aiguilles de Chamonix, *Annuaire du Club Alpin Français 1894*, Paris, Hachette, 1895, p. 5.
[101] J. Vallot, H. Vallot, Application de la photographie aux levés de détail de la carte du massif du Mont-Blanc à l'échelle du 20 000ème. In: *Annales de l'Observatoire météorologique du Mont-Blanc*, tome 2, 1896. pp. 213-249.
[102] *Id.*, Note p. 227.
[103] P. Girardin, in Ch. Vallot (sous la direction de), *Op. cit.*, p. 36.
[104] H. Vallot, Troisième note sur la carte au 20 000ème du massif du Mont-Blanc , *Annuaire du Club Alpin*, vol 30, 1903, Hachette, 1904, p. 386.
[105] H. Vallot, État d'avancement des opérations de la carte du Mont-Blanc à l'échelle du 20 000ème, *Annales de l'Observatoire météorologique du Mont-Blanc*, tome 2, 1896. p. 251-255.

[106] H. Vallot, État d'avancement des opérations de la carte du massif du Mont-Blanc à l'échelle du 20 000ème, *Annales de l'Observatoire météorologique du Mont-Blanc*, tome 3, 1898. pp. 135-139.
[107] Archives privées, lettre de Joseph Vallot à Henri Vallot, datée du 21 août 1900.
[108] Archives privées, lettre de Joseph Vallot à Henri Vallot, datée du 6 octobre 1900, passage souligné dans l'original.
[109] Archives privées, lettre de Joseph Vallot à Henri Vallot, datée du 13 octobre 1902.
[110] H. Vallot, Troisième note sur la carte au 20 000ème du massif du Mont-Blanc, *Annuaire du Club Alpin Français*, vol 30, 1903, Hachette, 1904, p. 378-387.
[111] H. Vallot, Etat d'avancement des opérations de la carte du massif du Mont-Blanc à l'échelle du 20 000ème, *Annales de l'Observatoire météorologique du Mont-Blanc*, tome 6, 1905. p. 203-216.
[112] H. Vallot, J. Vallot, *Environs de Chamonix, extraits de la Carte du massif du Mont-Blanc, Feuille provisoire*, Échelle 1 : 20 000ème, Paris, Henry Barrère, 1907.
[113] H. Vallot, Commission de topographie, compte rendu de la séance du 4 novembre 1907, in Maury Léon, *L'œuvre scientifique du Club Alpin Français (1874-1922)*,Paris, club Alpin Français, 1936, p.190-191.
[114] Félix-Maxime Richard avait créé cette société à la suite d'un conflit avec ses frères. Il souhaitait s'en retirer en raison de difficultés familiales (procès).
[115] H. Vallot, Esquisse orographique des aiguilles de Chamonix du Col du Plan à l'aiguille de l'M, *La Montagne*, vol 5, N°11, novembre, 1909, p. 648 -656, schéma p. 651.
[116] P. de Lacroix, M. Joseph Vallot, *La Revue Illustrée*, N°15, 15 juillet 1904, NP.
[117] H. Vallot, État d'avancement des opérations de la carte du massif du Mont-Blanc, *Annales de l'Observatoire météorologique du Mont-Blanc*, tome 7, 1917, p. 165-178.
[118] Arch. nat., Ministère de l'Agriculture, Direction de l'aménagement, *Compte rendu des études et travaux du Service des grandes forces hydrauliques de la région Sud-Est*, tome VIII, 19910718/2-16 SH 2.
[119] Comptes rendus hebdomadaires des séances de l'Académie des Sciences, Séance du 18 décembre 1916, tome 163, juillet-décembre 1916, Paris, Gauthier-Villars, 1916, p. 804-805.

Chamonix, la carte, 1919-1925
Charles Vallot prend la relève.

Après une guerre éprouvante pour tous, pendant laquelle les travaux en haute montagne ont été interrompus, et les activités topographiques d'Henri uniquement consacrées à ses travaux pour l'administration des *Eaux et Forêts*, la reprise est difficile. Il faut reconstituer les équipes. Joseph, qui finance l'opération, doit relancer ses affaires avant d'engager de nouvelles dépenses. Les deux cousins sont sur le terrain depuis près de trente ans, ils sont maintenant tous les deux sexagénaires, ils ont cependant à cœur de terminer l'œuvre commune. Cela ne va pas sans certaines oppositions surtout en 1920.

Trois lettres de Joseph, datées du 25 mars, du 8 avril et du 10 mai de cette année, témoignent des tensions qui accompagnent la reprise d'activité. La lettre du 8 avril 1920[120] les aborde toutes. Elle nous éclaire, mieux que tout autre document, de la crise qui risque à tout moment de mettre un terme à cette longue entreprise et, à ce titre, en dépit de sa longueur, douze pages manuscrites, elle mérite d'être en grande partie reproduite. Elle évoque aussi, à plusieurs reprises, l'engagement de Charles, le fils aîné d'Henri qui est, depuis son retour de la guerre, de plus en plus impliqué dans le projet et qui finalement le conduira à son terme après le décès d'Henri (1922) puis de Joseph (1925).

1920, le projet redémarre.

Certains passages de ce long courrier adressé par Joseph à Henri, en forme de mise au point, ont choqué Henri, forçant Joseph à s'en expliquer dans une lettre rédigée en mai de la même année. À défaut de connaître la teneur du courrier d'Henri, nous pouvons juger de ses réactions par les annotations qu'il a portées en marge du texte, elles sont indiquées ci-dessous entre crochets à la fin des paragraphes visés. Nous avons précisé, en tête de paragraphe le sujet abordé.

Financement : Joseph est en position de l'assumer en puisant dans son capital. En vendant des actions, il pourra à la fois financer la dot de l'aîné de ses fils, André, et la carte. Même l'incendie de sa maison de la rue de Thorigny à Paris s'avère être plutôt une bonne nouvelle !

« Je pense qu'il n'est pas trop tôt pour envisager dans son ensemble le travail d'été de la carte. Ainsi que je te l'écrivais dernièrement, la situation est devenue propice de mon côté, et cela depuis très peu de temps.

L'année dernière, je ne pouvais pas encore envisager une grande dépense. Mes Suez étaient encore trop bas pour que je pusse songer à les vendre sans grosse perte. Depuis un mois, mes titres sont tangents à 4 000, tantôt au dessus, tantôt au dessous. Bien qu'ils soient encore susceptibles de monter, c'est le prix que je me suis fixé pour commencer à vendre, et j'ai commencé. C'est le prix que j'attendais pour verser sa dot à André, et c'est aussi celui que j'envisageais pour vendre un peu de capital nécessaire pour un gros effort appliqué à la carte.

La vente de la maison incendiée, faite dans des conditions heureuses, me permettra de boucher ce trou dans mon capital, quand je pourrai en toucher le prix. »

Joseph réaffirme son intérêt pour leur entreprise commune. Il revendique une part de travail, moins importante mais plus dangereuse que celle accomplie par son cousin. Elle rend légitime la présence de son nom à la suite de celui d'Henri sur l'œuvre finale.

« Il ne faudrait pas croire que je me désintéresse de la carte. Je tiens beaucoup, au contraire, à notre œuvre commune qui fera honneur à nos efforts. Si j'ai évité d'en faire état généralement dans mes titres scientifiques, c'était parce que, ayant d'autres cordes à mon arc, je voulais que les récompenses aillent de ton côté. Je considérais cela comme un devoir de justice et d'amitié. Mais je tiens beaucoup à ce que cette œuvre se termine et qu'elle porte mon nom à la suite du tien. Ma collaboration a été très effective tant qu'elle a été possible. Ton travail a été plus scientifique et de beaucoup plus longue durée; le mien a été plus court, mais beaucoup plus difficile et plus dangereux. J'y risquais ma peau et c'est bien quelque chose. J'estime que nos efforts si différents ont la même valeur totale. »

Joseph accepte de prendre sa part de responsabilité dans les retards, mais pointe celles de son cousin en premier lieu son perfectionnisme et des changements de méthodologie.

« L'œuvre a traîné. J'ai été malade; je n'y puis rien. J'ai essayé de me faire remplacer; je l'ai été mal, sur le terrain. Il eût fallu, pour faire bien, des moyens financiers qui me faisaient défaut.

Oui, l'œuvre a traîné, mais là, tu as une grave part de responsabilité. Je te l'ai déjà dit, tu as changé les idées primitives, tu as voulu trop bien. J'avais envisagé une carte par la photographie, c'est à dire bonne sans exactitude rigoureuse. Tu as voulu plus tard une exactitude aussi grande que celle des meilleurs topographes, et cela dans les régions difficiles que constituent les glaciers. Cela se peut, mais c'est long, et l'on vieillit. Le temps passe, et il arrive un tas de choses imprévues, maladies, guerres, etc. Puis les forces disparaissent. »

[En marge de ce paragraphe, Henri qui n'est pas prêt à faire son autocritique dans ce domaine a noté 'Je m'en félicite hautement']

On retrouve les divergences et malentendus sur les objectifs et les moyens qui existaient déjà en 1900, vingt-ans auparavant. La formulation nous révèle qu'Henri est bien à l'origine du projet.

« Si j'avais su, dès le commencement, où tu voulais me mener, je ne m'y serais pas engagé, car je suis de ceux qui ne cherchent pas à péter plus haut que leur cul[121]. Ce n'est que plus tard que tu m'as dit qu'il fallait lever entièrement à la planchette des régions considérables de glacier. Je l'ai fait, puisque ça te faisait plaisir, mais pendant ce temps, songe à la quantité de stations photographiques que j'aurais pu faire ! Je ne pouvais pas être partout. »

L'avenir : il faut pour terminer l'œuvre commune que chacun prenne ses responsabilités et qu'Henri assume les siennes en fixant les tâches et en donnant les directives pour les régions qui auraient dû être couvertes par Joseph.

« À présent, il faut [?] et faire le nécessaire pour terminer. Si nous voulons y arriver, il faut que chacun de nous s'impose, sans arrière pensée, la part qu'il <u>peut</u> fournir. Tu es obligé [Henri qui n'apprécie pas cette expression l'a entourée d'un trait de crayon] à un travail de direction qui n'était pas prévu, relativement aux régions qui m'incombaient. De mon côté, je suis obligé à des dépenses infiniment plus considérables que je ne le prévoyais. Actuellement, mon concours ne peut être que <u>financier</u>. Je ne puis même pas former une opération à la planchette. j'ai perdu de vue ce genre de travail depuis la guerre; pour donner des leçons, il me faudrait d'abord refaire un peu de ce travail sur le terrain et je n'en aurais pas la force, je crois. Je craindrais d'être inférieur dans l'établissement et le calcul des stations par relèvement, d'où dépend tout le travail. Quant au travail courant et aux méthodes à employer sur le glacier, ça, je me rappellerai. Il faut donc que ce soit toi qui donnes les directives pour le travail dont j'ai parlé. »

[Henri gratifie cette dernière proposition à laquelle il ne semble pas adhérer, d'un ? et d'un !]

« Si tu me dis "cela n'est pas mon affaire", je n'ai qu'à mettre la clé sous la porte. je fais ce que je peux; on ne peut pas mon cher demander davantage […] Si chacun de nous

fait ce qu'il peut, nous pouvons finir en peu de temps l'œuvre commune. Pour terminer, je vois trois manières d'opérer bien différentes:
    1° On peut terminer d'abord ce qui est presque fini.
    2° On peut pousser plus activement ce qui est en retard, de manière à ramener ces parties au niveau des autres.
    3° On peut chercher à terminer les parties de l'œuvre les plus importantes pour l'œuvre elle-même, sans tenir compte des questions de personnes. »

Henri aurait-il eu des velléités de faire cavalier seul en publiant la carte des régions autour au pied du massif ? Joseph conseille de mettre de côté les questions personnelles et de s'accorder sur le périmètre géographique de la carte.

« Si tu veux que nous arrivions vite, il faut surtout mettre de côté les questions personnelles. Si tu cherches à publier les parties périphériques sous prétexte que tu en es l'auteur, si tu tournais autour du massif du Mont-Blanc en te désintéressant de ce massif, tu te trouverais en face d'une personnalité qui a les intérêts contraires; on n'en sortirait pas.

Il faut considérer les choses de plus haut. Nous faisons une carte du Mont-Blanc, et c'est ce nom qui lui donne une valeur particulière. Il faut donc publier le plus tôt possible <u>le massif du Mont-Blanc</u>. La carte a été étendue aux régions voisines, mais celles-ci ne sont qu'accessoires et leur intérêt est moindre; même pour les Aiguilles Rouges, qui ont un intérêt tout particulier, bien supérieur à celui de Servoz, par exemple. <u>Toutefois, les Aiguilles Rouges paraissent susceptibles d'être finies cette année, et il faut les finir</u>. Après cela, ou même en même temps , il faut s'adonner au massif du Mont-Blanc lui-même, c'est-à-dire à la haute région qui va du Mont-Blanc au glacier du Tour. Voilà ce qui me semble logique. »

    Organisation et financement de la campagne de photographies.

« Maintenant, j'en viens à la <u>grande expédition des stations photographiques</u> destinées à compléter d'abord le lever du massif, et, par la suite, les parties périphériques. <u>Pourrais-tu trouver un opérateur?</u>

Tu me dis que le projet est tout préparé, en détail, pour terminer toute la carte. Parfait, mais c'est dans ton tiroir, et je n'y suis, mon vieux, dans ton tiroir. Je ne demande pas d'en connaître le détail, <u>mais les grandes lignes me feraient plaisir.</u> je vais peut-être t'étonner en te disant que je crois que ton projet doit être singulièrement incomplet, puisque il est fait depuis longtemps, <u>car la partie financière de ce projet</u> a été chamboulée par les changements de prix »

[Il n'y a pas de partie financière] a écrit Henri, en marge.

« Il faudrait donc un projet financier établi à nouveau, grosso modo, pour savoir <u>le travail de cet été en perspective et la dépense prévue</u>. Tu me dis, avec raison, que le crédit et le personnel te paraissent dans une atmosphère singulièrement nébuleuse. Pour le personnel, c'est toi qui as la clé de la situation; pour le crédit, il dépend des indications que tu pourras me donner. C'est toi qui sais dans quelles régions on opérera et qui peux me dire la dépense qu'on doit prévoir. Sans être Crésus, je crois bien que je pourrais t'aider à sortir au dessus de nuages, dans la région du ciel pur, dont le bleu sera celui des billets de banque. Du moment que j'en suis à prendre sur le capital, un peu plus, un peu moins… Mais il faudrait avoir une première approximation pour pouvoir préparer la somme en temps utile. Est-ce 37 francs ou dix mille? »

Charles qui effectue déjà des travaux de restitution aurait besoin du renfort d'un dessinateur, au moins pendant un an à mi-temps. Henri est plus en situation de trouver un dessinateur, dans le cadre des sociétés qu'il administre ou dans son réseau d'ingénieurs Centraliens que Joseph. Par contre ce dernier est prêt à financer la dépenses engendrée par ce renfort.

« Ce n'est pas tout; il y a la restitution. Charles est dessus; ça va bien pour chaque année courante, mais il y a le retard. Si on pouvait lui adjoindre un collègue, travaillant la demi-journée pendant un an, je crois que ce serait la solution. L'un ferait les points, l'autre les désignerait sur les photos et dessinerait le terrain. Tu as eu parfois dans tes bureaux quelque dessinateur pouvant faire des demi-journées lorsqu'il n'y a pas trop de travail; peut-être en aurais-tu un. Les prix se sont stabilisés au taux élevé, mais mes actions ont remonté, et je puis accepter les prix actuels. Du reste, on ne peut pas faire autrement. Au bout d'un an, on verrait où on en est.

Tu vois que je suis décidé à marcher en grand, mais toujours en commençant, comme la logique l'indique, par les parties centrales, avec adjonction des Aiguilles Rouges. Le Mont-Blanc, c'est la tête de la carte, et le corps ne doit pas aller sans sa tête. Regarde Saint Denis: décapité, il prit sa tête et la porta devant lui. Comme il avait les mains liées derrière le dos, il la ramassa… avec les dents!»

Quelques informations sur son état santé.

« Enfin voilà. Je regrette de ne pas pouvoir t'être d'un plus grand secours, mais, dans mon état de santé, je vis au jour le jour et je ne puis pas répondre de l'avenir. L'année dernièrement, j'étais très touché physiquement et je sentais que mes facultés baissaient, moralement. Le Dr Bayeux m'a tiré de là. Mais il m'écrivait dernièrement qu'il serait prudent de refaire une tournée de piqûres au printemps, et ce traitement pénible m'enlève toute activité physique pendant quelque temps, de sorte que je ne sais pas comment je serai cet été et je ne puis m'engager à rien. Quant aux facultés morales, elles sont revenues complètement… à moins que ce soit le gâtisme final et que je ne m'en aperçoive pas. Je travaille et je rédige facilement, mais il me faut éviter les fatigues physiques, qui me procurait un supplément de maux de tête. Ainsi, dans quelques jours, je dois présider la météorologie aux congrès de Monaco; je m'établirai pendant quatre jours à Monaco, pour éviter le trajet en chemin de fer chaque jour.

Je pense que mes propositions te donneront satisfaction. C'est dans ce but que je les fais.

Ton bien dévoué J. Vallot »

Un mois plus tard, nouvelle lettre de Joseph[122]. On a pu décrypter les principales réactions d'Henri, à la lecture de ce courrier, par ses annotations au crayon, elles peuvent être complétées par la réponse de Joseph datée du 10 mai. Retenons ce passage dans lequel il cherche une explication, voire une excuse à son cousin qui semble le soupçonner de vouloir l'entraîner dans un traquenard.

« Il y a pourtant assez longtemps, que nous nous connaissons et que nous connaissons nos caractères! Tu as beaucoup souffert de la guerre, et cela t'a aigri, aussi je ne saurais t'en vouloir de me prêter de vilaines idées que je n'ai pas. J'ai été moins mal traité, je le sais. Je remonte plus tôt à la surface, et je me suis empressé de te dire: je peux marcher, utilise-moi pour l'œuvre commune. Je l'ai fait de tout cœur et sans arrière-pensée. Je t'ai dit mes idées sur l'exécution: j'ai bien le droit d'en avoir. Je t'ai prévenu aussitôt que j'ai vu que j'avais des moyens d'exécution : à toi de pêcher le poisson qui te conviendra, si tu peux te procurer les filets. »

Joseph évoque la guerre qui vient de s'achever, ni lui ni son cousin n'ont eu à déplorer la disparition de membre très proche de leur famille, mais les affaires ont périclité. Pour Henri, un monde s'est écroulé. Ses dernières années sont assombries par les séquelles économiques et morales du conflit et une évolution du monde qu'il déplore. Peu avant sa mort en 1922, il écrivait : « La guerre a tout bouleversé, dans tous les domaines, aussi bien dans le domaine matériel et technique que dans celui intellectuel. Dans le domaine des instruments de précision, le prix excessif de la main-d'œuvre, la désaffection des jeunes gens pour les métiers qui ressortissent à l'art plutôt qu'à l'industrie, la disparition de la génération d'avant-guerre, l'oubli des traditions, etc., ont rendu impossibles aujourd'hui des réalisations qui, déjà avant guerre, avaient coûté beaucoup d'efforts, de patience et de désintéressement[123]. »

La correspondance du printemps 1920, dans laquelle Joseph aborde, dans un style direct et familier, et avec franchise tous les sujets de désaccord entre les deux cousins tout en avançant des solutions a été citée dans son intégralité, sauf certains passages concernant le rôle de Charles Vallot qui depuis son retour de la guerre est de plus en plus impliqué dans le projet.

Charles Vallot, acteur indiscutable du projet.

Avant d'évoquer les tensions existantes entre les deux cousins au sujet des missions à confier à Charles, en 1820, il est nécessaire de rappeler comment le fils aîné d'Henri s'est formé et initié à la topographie dans le giron paternel, et comment il a progressivement pris sa place dans l'équipe.

Les années de formation.

Des sept « héritiers Vallot », une fille et deux garçons chez Henri, une fille et trois garçons chez Joseph, Charles est le plus motivé (sans doute le seul) et le plus qualifié. Orphelin de mère dès l'âge de six ans, il est très proche de son père et n'a pas eu, semble t-il, d'autre vocation ou centre d'intérêt professionnel que la topographie à laquelle son père l'a formé. Par extension, il va s'intéresser à la montagne, au tourisme en milieu montagnard et même à l'histoire du Faucigny et de Chamonix. Il exercera, pendant quelques années, les fonctions de conservateur du *Musée*.

Henri évoque pour la première fois les travaux de son fils, en 1907, devant la *Commission de topographie*[124]. Charles Vallot, tout juste âgé de vingt-ans, a effectué avec lui le levé direct à la planchette de la région du col du Bonhomme et de la haute Vallée des Glaciers.

En 1908, il va tester dans la région de l'Esterel, où il n'est pas nécessaire d'attendre l'été pour opérer sur le terrain, un nouvel appareil basé sur l'éclimètre de Goulier, la règle-alidade métallique. Elle a été conçue par son père pour la réalisation d'un canevas serré, servant de base à une carte au 20 000ème. Elle est utilisable par un opérateur ne disposant ni d'un théodolite, ni d'instruments coûteux et travaillant sans assistant. L'appareil et les premiers résultats obtenus dans le massif de l'Esterel, sont présentés par Henri au cours de la séance du 15 mai 1908 [125]. La même année, Charles a commencé le levé des environs de Cannes. L'objectif est d'établir une carte au 20 000ème, à partir de levés de détail au 10 000ème. Au cours de cette campagne, il a non seulement testé la nouvelle règle-alidade de son père mais aussi un dispositif qui permet à un opérateur de porter « sa charge (instruments et nourriture) ». Henri Vallot en présente un exemplaire à la *Commission* : « Le crochet avec ses agrès pèse 1 kilogramme, et la charge complète environ 8 kilogrammes. Cette organisation topographique pourrait être recommandée dans le cas spécial d'un opérateur isolé ». La carte a été éditée par Barrère, en 1909 [126]. On pourrait assimiler cette expérience, en solitaire, hors du massif du Mont-Blanc, à celle de certains compagnons ou fils d'artisan qui s'éloignent de l'atelier familial pour leur apprentissage !

Pendant l'été 1908, Jacques, le fils cadet d'Henri est aussi présent sur le terrain quand ils rencontrent Helbronner à proximité du Mont-Joly. En 1909, Jacques aide officiellement son frère à Chamonix. Les jeunes gens effectuent le levé de toute la plaine de Servoz et des versants occupés par les villages situés au nord de la localité [127]. À cette époque, Jacques âgé de 22 ans, est élève à *l'École Nationale Supérieure des Mines de Paris*. Ingénieur diplômé de cette école, il poursuivra une brillante carrière dans l'industrie automobile. Les quelques travaux d'été effectués en 1908 et

1909, et peut-être jusqu'en 1912, seront ses seules contributions à l'œuvre cartographique familiale. Le 1er juin 1910, Charles a épousé, à Marseille, Jeanne Caroline Marie de Jordan. Cette union n'entrave en rien ses travaux sur le terrain, à Chamonix, d'autant que Joseph apprécie la compagnie de Charles et de son épouse. Il pratique comme Joseph la photographie et publie à cette époque une monographie intitulée « *La photographie documentaire dans les excursions et les voyages d'études* ». Il ne s'agit pas encore de photographie artistique, mais le pas a été franchi, car l'appareil photo n'est plus uniquement considéré comme un outil dont on se sert pour des tours d'horizon topographiques, mais le témoin des paysages. Cependant, la réalité de la carte le rattrape ; en 1911, il réalise une soixantaine de clichés sur Servoz et Les Houches[128]. En 1912, employant un appareil photographique Gaumont, de même format et pourvu du même objectif que le phototachéomètre du Mont-Blanc, il réalise « 166 clichés 13x18 bien réussis, en un grand nombre de stations, particulièrement destinées à la représentation des détails des versants, dans les régions des Houches, du col de Voza, de Bionnassay et des Contamines[129] ». La même année, lorsque l'exploitation des levés effectués dans les Pyrénées par Meillon stagne, Henri confie les calculs à Charles qui les effectue évidemment sous la direction de son père[130]. Henri rend régulièrement compte de l'avancement de ce travail devant la *Commission*.

L'aventure topographique dans le massif du Mont-Blanc s'interrompt le 2 août 1914. Charles est sous les drapeaux jusqu'au 20 janvier 1919. Après un passage au Front, où il est blessé, ses connaissances en topographie font de lui un auxiliaire intéressant pour l'artillerie. Les cours qu'il donne aux artilleurs seront publiés en 1921[131]. Ce document comporte une vingtaine de pages. Son introduction décrit bien l'état d'esprit de son auteur : « Cet exposé est, en somme, un extrait des instructions que nous avons faites au cours de tir du *Groupe des Armées de l'Est*, de septembre 1917 à mars 1918, sous la direction du colonel Milleret, dont nous ne saurions écrire le nom sans rendre hommage a la science et à la sagacité exceptionnelles avec lesquelles il sut provoquer et soutenir les initiatives de ses collaborateurs ».

Le tournant de 1920.

Au printemps 1920, le rôle de Charles est un des sujets de tensions entre Joseph et Henri, le premier apprécie sa collaboration et le rétribue pour l'aide qu'il lui apporte. Il souhaite l'avoir à ses côtés pour la campagne d'été. Le second semble très réticent car il a d'autres missions à lui confier et peut-être voudrait-il rester maître des activités confiées à son fils. Dans la lettre datée du 25 mars, Joseph évoque les futurs travaux de Charles, il est satisfait de l'intérêt que son petit cousin prend à ce travail et propose même d'associer son nom à l'œuvre commune.

« Nous pouvons envisager dès à présent le travail de la carte de l'été prochain. Ainsi que je te l'ai dit, je serais particulièrement désireux de voir avancer la partie glaciaire du massif du Mont-Blanc, qui est la partie la plus importante. Je pense que Charles pourrait faire la carte du glacier d'Argentière, à la planchette, sans préjudice de stations photographiques dont tu pourrais avoir besoin pour terminer tes régions. Tu peux sans difficulté prévoir pour cet été une dépense de quatre ou cinq mille francs sur le terrain. Si tu as besoin, en outre, d'un autre opérateur, établir un projet; l'important est d'avancer, même en augmentant la dépense. Ma maison de la rue de Thorigny ayant été anéantie par un incendie, je puis tenir le coup. Donc, marchons. Je vois avec grand plaisir Charles s'intéresser de tout cœur à l'achèvement de ce grand travail. Je ne sais pas quel est ton avis, mais je serais heureux de voir son nom ajouté aux nôtres comme auteur. Je ne lui en parle pas; c'est à toi à décider. L'objection qu'il reçoit des émoluments pour me remplacer est sans valeur à mes yeux. Je l'aide à faire ce travail comme j'aiderais mon fils[132]. »

Henri a répondu rapidement. Faute de connaître la teneur de ce courrier, nous ne pouvons que nous référer à la réponse également rapide de Joseph, la longue lettre déjà partiellement citée. Voici le passage principal concernant Charles [133], dans lequel les annotations d'Henri ont été introduites, comme précédemment, entre crochets. Les phrases soulignées sont celles également soulignées par Henri.

Comme on l'a vu dans la lettre précédente, Joseph qui apprécie beaucoup Charles lui verse des émoluments, dans ces conditions, il semble logique que ce soit lui qui fixe les tâches du jeune homme, le libérant éventuellement pour des travaux demandés par son père. Henri, en soulignant ces passages, traduit son agacement...

« Pour les Aiguilles Rouges, je mets à ta disposition Charles pour me remplacer, pendant le mois de juillet, avec une subvention de 2 000 francs pour les dépenses. Est-ce assez ?

Pendant le mois d'août, je réclamerai Charles pour le massif du Mont-Blanc, glacier d'Argentière ou autre. Pourquoi le glacier d'Argentière ? Parce que tu m'avais dit, en 1914, que c'était le plus urgent à faire dans le massif et qu'il fallait lever ce glacier à la planchette. » [Non la partie plate].
« Pourquoi Charles ? Parce qu'il s'est proposé pour ce travail [du glacier d'Argentière] et que j'ai compris qu'il avait fait du travail analogue avec toi [Non]. J'aurais voulu aller en course avec toi l'été dernier, mais étant très souffrant, immobilisé dans un fauteuil par un traitement intensif, cela ne m'était pas possible d'autant plus que tu ne rentrais que très tard chaque soir. Marie[134] m'a dit qu'elle avait arrangé la chose avec toi. »
[Quelle chose ? Quel travail ? Celui photo]
« Charles tenait beaucoup à faire ce travail, et comme j'ai beaucoup d'affection pour lui, je suis toujours porté à lui faire plaisir. D'un autre côté, j'y voyais cet avantage que si tu

trouves un opérateur pour les expéditions photographiques complémentaires dans le massif, on ne retomberait plus dans l'ancienne faute d'arrêter la photographie pour la planchette, puisque les deux travaux marcheraient en même temps. »

Le paragraphe suivant souligne les réticences, pour ne pas dire plus d'Henri Vallot. Il a semble-t-il pris ombrage de dispositions déjà prises entre son cousin et son fils, au point de mettre en doute ses capacités et de refuser son aide.

« Mais tes deux dernières lettres m'ont donné à réfléchir. Tu ne parais pas bien emballé sur la perspective du travail de Charles. Ton opinion est-elle qu'il ne saurait pas le faire ? Il me semble qu'il serait bien plus à même que moi de faire ce que je faisais. Seulement, le sait-il ? Tes lettres m'indiquaient que tu te chargeais de la fixation de la station l'année dernière, je me demande si Charles est au courant de ce travail primordial. Tu sembles me dire que puisque je me suis arrangé avec lui, je dois me débrouiller et que tu n'as pas à t'en mêler. Si c'est au point de vue de l'organisation des expéditions, il se débrouillera bien lui-même. Au point de vue pécuniaire, je lui donnerai les sommes nécessaires. Mais s'il a besoin d'un enseignement et que je ne puisse pas le lui donner, si tu ne veux pas t'en mêler, c'est la panne, et la panne pour tout ce qui me concerne, car je n'irais pas dépenser des sommes considérables pour une carte où il resterait au milieu un trou comme le glacier d'Argentière.

Si tu penses que Charles n'est pas l'homme qu'il faut pour ces opérations, c'est autre chose. Si tu as quelqu'un pour le remplacer, la chose doit être prise en considération, car l'intérêt de la carte prime les questions de personnes. <u>Dis-le moi franchement</u>. En ce cas, j'emploierais Charles, au mois d'août, à des travaux glaciaires qui m'intéressent et qui l'intéresseraient aussi certainement. »

Quelle a été la réponse d'Henri ?

En juin 1920, les deux hommes ont trouvé un accord. Un courrier met en évidence quelques divergences au sujet de la représentation des glaciers, mais il s'agit de questions techniques où les points de vue ne sont finalement pas difficiles à concilier après argumentation. D'autres lettres adressées par Joseph à Henri en 1921 montrent un climat apaisé. Charles qui, cette année là, a 37 ans est complètement intégré à l'équipe. Il est sans doute plus autonome que ne le laissent croire ces discussions auxquelles il semble avoir été étranger, mais où sa femme est citée. Les travaux glaciaires dont parle Joseph seront bien conduits par Charles qui publie en 1922, un article, rédigé avant le décès de son père, consacré aux glaciers de la vallée de Chamonix[135]. Cet article porte la marque de son double héritage, la topographie (Henri) et la photographie au service de la glaciologie (Joseph).

Le travail sur le terrain et au bureau est de nouveau sur les rails. La campagne 1921 se déroule sans incidents. Pendant l'été 1922, Henri réside chez Joseph à Chamonix, il est âgé de soixante-neuf ans. Les cousins évoquent leurs souvenirs, Henri procède aux derniers contrôles avant la publication de la première feuille définitive de la carte du massif. Ce séjour à Chamonix est le dernier, Henri s'éteint chez lui, à Versailles, le 16 octobre 1922.

La carte du massif du Mont-Blanc au 20 000ème n'est toujours pas terminée, le flambeau passe dans les mains de son fils aîné. Pour bien marquer cette passation de relais, Charles publie, quelques mois après le décès de son père, un article intitulé « *Quatrième note sur la carte au 20 000ème du massif du Mont-Blanc* [136] ». Faisant suite aux trois notes publiées par Henri sur l'avancement de la carte, la première en 1892, cosignée par Joseph, la deuxième en 1898, la dernière en 1903, cet article se veut dans la continuité du travail de son père.

1925 - 1935 Publication de la carte du massif du Mont-Blanc au 20 000ème.

Soutenu et aidé par Joseph, Charles reprend la maîtrise du chantier. Rien n'a été publié depuis la carte provisoire de 1907, mais tout est, semble-t-il prêt après les ultimes vérifications menées sur le terrain par Henri au cours de l'été 1922. Il faut cependant encore attendre...

Charles Vallot travaille avec Étienne de Larminat, membre *Club Alpin* et directeur de la *Société générale d'Études et de Travaux topographiques*. Plus âgé que Charles, (il est né en 1863), Il a été, dès l'origine, un des membres correspondants de la *Commission de topographie*. Très proche d'Henri Vallot, il appartient au premier cercle de son réseau topographique. Très expérimenté, c'est un renfort de qualité. Charles trace les courbes de niveau, Larminat excelle, comme Schrader, dans la représentation du rocher. La première feuille, (Talèfre) est gravée en 1925. Selon le souhait exprimé par Joseph en 1920, l'intitulé de la couverture cite Charles Vallot, ingénieur Topographe, à côté d'Henri Vallot, ingénieur des Arts et manufactures et de Joseph Vallot, fondateur de l'Observatoire du Mont-Blanc, précisant que la carte a été établie d'après leurs triangulations et levés originaux. Le nom de Larminat, qui n'a pas participé aux levés sur le terrain, mais a réalisé certains éléments apparaît, en marge de la carte. La parution de neuf feuilles définitives, sur vingt-quatre prévues, s'échelonne jusqu'en 1935.

Nicolas Guilhot, qui a étudié cette aventure cartographique en la replaçant dans un cadre plus large considère que : « Même si tous les amateurs de cartographie reconnurent dans la carte des Vallot le chef-d'œuvre des topographes-alpinistes, l'entreprise resta toujours trop coûteuse pour être rentable. Carte de prestige au public limité, elle fut surtout utilisée pour dresser d'autres cartes à des échelles inférieures.[...] Reconnue comme un travail remarquable par les savants, elle servit surtout de base à la réalisation de cartes géologiques ou de croquis glaciologiques représentant les avancées de la science, comme par exemple la Carte géologique du massif du Mont-Blanc au 1 : 20 000 par Paul Corbin et Nicolas Oulianoff[137].»

L'édition a été précédée en 1924 d'un ouvrage qui, servant de préface, donne les coordonnées (longitude, latitude, altitude) de six cents points du massif du Mont-Blanc et des Aiguilles-Rouges, des informations qu'Henri avait déjà communiquées au *Service géographique de l'Armée* et qu'il avait prévu de publier depuis longtemps. Une carte au 50 000ème, jointe au document, donne tous les points trigonométriques de la triangulation. On y fait une distinction entre les points stationnés et les points intersectés, ce qui permet de juger du volume de travail réalisé sur le terrain. L'ouvrage présente aussi le tableau d'assemblage des vingt-quatre feuilles, dont seulement neuf seront réalisées. Le titre, dans lequel le rôle de chacun est bien précisé, est manifestement le fruit d'un arbitrage entre les cousins avant la disparition d'Henri[138] !

L'évocation du coût de l'entreprise n'a guère de sens, même si parfois des difficultés financières ont pu retarder ou entraver l'entreprise. Pour Henri Vallot, il ne s'agissait pas de réaliser une carte pour les touristes, pour qui l'édition de 1907 était bien suffisante, mais de proposer aux alpinistes et aux scientifiques une carte originale, approchant au plus près et avec la meilleure précision sa « vérité topographique ». Si la carte au 20 000ème reste confidentielle et n'est utilisée que par les savants, la carte au 50 000ème dessinée par Charles Vallot et Étienne de Larminat à partir des levés Vallot, complétés de données de cartes étrangères, connait le succès. Les différentes feuilles de la carte du massif seront aussi déclinées par Charles, au 60 000ème, pour ses carte-itinéraires, intitulées « Tour du Mont-Blanc ».

Le travail sur le terrain, les notes, les photos, toutes les informations collectées pour ce projet serviront à la grande entreprise éditoriale de Charles connue sous le nom de *Guides Vallot*, qui est, parmi d'autres, une des retombées positives de ce travail considérable sur le terrain.

Un projet aux nombreuses retombées positives.

Henri et Joseph Vallot n'avaient pas quarante ans quand ils se sont lancés dans cette aventure. Ils savaient qu'elle serait longue mais ils n'imaginaient pas qu'elle ne serait pas encore terminée trente ans après, et qu'aucun d'entre eux n'en verrait l'aboutissement. Les raisons de ce qu'il faut bien considérer comme un semi-échec, si on se borne à comparer les résultats aux objectifs, sont connues, et Joseph nous livre lui-même quelques explications dans les lettres déjà citées.

Le projet était sans doute trop ambitieux en raison de l'échelle choisie qui nécessitait un travail démesuré sur un terrain très difficile.

Les exigences de rigueur et l'intransigeance d'Henri qui rendaient la tâche encore plus compliquée et longue à réaliser.

La nécessité, toujours en raison de l'échelle, et du terrain souvent inaccessible d'utiliser en altitude, le système Laussedat de préférence à l'orographe de Schrader et de concevoir et d'adapter le matériel aux conditions particulières de la haute montagne.

Les flottements dus à la maladie de Joseph et parfois à son manque de disponibilité.

Les limites du financement assuré personnellement par Joseph.

L'interruption due à la guerre.

Toutes ces raisons auraient pu provoquer l'abandon du projet. Il n'en fut rien. Le géographe Robert Perret qui fut l'élève d'Henri Vallot et collabora par la suite avec son fils fournit l'explication suivante : « Qu'il ait fallu un peu plus de trente ans avant l'apparition de la première feuille définitive, celle qui concerne la région de Talèfre, c'est ce qui n'étonnera que ceux qui ignorent quel modèle Henri Vallot voulait réaliser. Il ne travaillait pas hâtivement en vue d'un succès passager, mais patiemment pour satisfaire sa conscience. On peut dire qu'aucune carte n'a été levée avec un tel souci de vérité et de précision[139]. »

L'établissement de cette carte a certes été très long, mais il ne faudrait pas juger cette entreprise à ce seul critère. Des résultats intermédiaires ont été régulièrement publiés. La conduite de ce projet a eu des retombées positives dans le domaine de la topographie de montagne. Les altitudes sont communiquées, les éditeurs les prennent en compte dans leurs guides. Les points trigonométriques peuvent être consultés dans un registre mis à disposition de ceux qui en font la demande. Ce fut aussi une entreprise exemplaire de coopération entre des topographes civils et les militaires du *Service géographique de l'Armée*. Depuis le début, Henri a collaboré avec les cartographes militaires et échangé des informations. En 1921, il remet officiellement, avec l'aval de Joseph, les coordonnées des six cent dix points trigonométriques, dont près de cinq cents qu'il a personnellement stationnés sur le terrain. N'oublions pas les campagnes des étés 1913 et 1916 pendant lesquelles il effectue les relevés pour le *Service des Eaux et Forêts*. Enfin, une somme considérable d'informations et notes prises au cours des levés sont consignées et seront exploitées ultérieurement par Charles.

Henri Vallot a été contraint, pour surmonter les difficultés sur le terrain, d'apporter des perfectionnements, aux instruments et aux méthodes. Excellent technicien, il avait une très bonne connaissance des instruments et appareils tant sur le plan de leur utilisation que de leur conception. Il pouvait au besoin les perfectionner, en établir les plans et même en construire lui-même ; il travaillait en étroite collaboration avec des constructeurs auprès desquels il avait su s'introduire et se faire apprécier. Il savait aussi adapter les méthodes d'utilisation aux conditions du terrain.

Il a réalisé une quinzaine de perfectionnements plus ou moins innovants dont certains auraient pu être brevetés. Il les présentait régulièrement à la *Commission de topographie* du *Club Alpin*. Quelques-uns ont été commercialisés, sans qu'il en tire, à notre connaissance, le moindre profit. On peut noter qu'il travaillait le plus souvent pour alléger le matériel qui devait être transporté à dos d'homme, pour en faciliter l'utilisation dans les terrains souvent escarpés où ils étaient utilisés, et bien sûr pour améliorer la précision des mesures, sa constante préoccupation. On pourrait résumer les objectifs d'Henri Vallot en matière d'outils mis à disposition des topographes de montagne par les trois mots suivants : légèreté, commodité, précision…

La liste de ces appareils a été établie et publiée par Charles Vallot. Trop technique pour être développée ici, mais intéressante, elle est donnée en annexe dans une version complétée par des informations figurant dans d'autres sources, essentiellement les procès-verbaux de la *Commission de topographie*.

Les travaux d'Henri et Joseph Vallot qui font appel à la photographie, ont contribué à faire sortir les procédés Laussedat de l'ostracisme officiel exercé jusque là en France à leur encontre, alors qu'à l'étranger cette méthode s'était répandue rapidement. Pour Charles Vallot : « La description photographique détaillée du massif du Mont-Blanc (1804-1921), constituée par cinq mille clichés 13x18, a été décidée en vue de l'établissement de la carte des régions non parcourables du massif ; en réalité, les possibilités documentaires d'une pareille collection dépassent le but topographique primitivement seul envisagé[140]. »

Indirectement, les acquits de l'aventure topographique des cousins Vallot se sont répandus, comme nous le verrons, via la *Commission de topographie* au sein de quelques sections du *Club Alpin*. Enfin, il faut aussi porter à l'actif du projet la création d'une société valorisant le savoir-faire de ses fondateurs dans le domaine de la topographie : La *Société générale d'Études et de Travaux topographiques*, est une des toutes premières sociétés, sinon la première, proposant ses services dans un domaine généralement réservé aux militaires et à l'administration.

Charles Vallot, tout en concrétisant la fameuse carte du massif, a d'autres projets dont l'aboutissement sera la collection des *guides Vallot*, très connus et utilisés dans les Alpes jusque dans les années 1970. Une petite monographie [141] publiée avec Henri en 1921 préfigure les articles de ces futurs guides. Charles est plus littéraire que son père : il a témoigné, dès 1919, de ses années de guerre, dans un livre publié avec un écrivain dessinateur normand[142], et il a rédigé, également en collaboration, dans les années dix-neuf cent trente, des volumes consacrés aux écrivains à la montagne[143].

Charles a eu l'idée, dès 1920, d'une encyclopédie consacrée à la partie française du massif du Mont-Blanc. Ce devait être une description complète précise et fidèle des montagnes « dans quelque ordre d'idées que ce soit, géographique humain, historique, littéraire ». Il a l'appui et l'aide financière de Joseph Vallot. Il contribue au premier volume, publié après sa mort. La collection comprendra deux séries d'ouvrages :

La première dans l'esprit encyclopédique comporte trois parties : une description générale du massif, une description de la moyenne montagne qui emprunte aux travaux d'Henri Vallot et une description de la haute montagne par des membres du *Groupe de Haute Montagne* du *Club Alpin Français*[144].

La seconde, à partir de 1947, est exclusivement consacrée aux ascensions et à l'alpinisme [145]. Elle n'est signalée ici qu'à titre documentaire.

Le premier volume de ce qui va immédiatement être connu sous le nom de *Guide Vallot* paraît en 1925. La *Description générale du massif du Mont-Blanc* [146] est le premier fascicule d'un ensemble de trois dont les deux autres, *Le massif du Mont-Blanc dans la littérature et dans la science*, et *Cartographie, nomenclature et altitudes du massif du Mont-Blanc* ne paraîtront jamais. Charles traitera vers 1930 du sujet de la littérature dans un autre cadre, et le troisième volume aurait peut-être fait double emploi avec l'ouvrage de présentation de la carte.

Ce premier fascicule est un ouvrage collectif, comportant quatre cartes, auxquelles Joseph Vallot et sa fille Madeleine Namur-Vallot ont contribué aux côtés de Charles. Les autres contributeurs sont Gaston Bonnier pour la végétation de la vallée de Chamonix, le docteur L. de Chanbanolle pour la climatologie, Léon W. Collet pour la géologie. Madeleine Vallot a rédigé la notice sur les observatoires, Joseph rédige un article sur la paléogéologie des régions centrales du Mont-Blanc et l'article sur les glaciers. Charles Vallot rédige les deux articles les plus longs : le tableau historique et le tableau géographique.

La *Description de la moyenne montagne* en deux volumes est l'œuvre de Charles, c'est celle qui emprunte le plus à l'expérience et aux notes accumulées sur le terrain pendant ses excursions topographiques et celles de son père. Le premier volume [147] couvre Chamonix-Mont-Blanc, le second[148] Saint-Gervais, Val Montjoie. Paul Gayet-Tancrède, alias Samivel a collaboré à ce deuxième fascicule avec vingt-cinq itinéraires d'hiver dans le Val Montjoie. Au total les deux volumes présentent quarante-quatre cartes et plans. Le premier est illustré de deux panoramas et trente-deux planches, le second de dix dessins à la plume. Ce sont les premiers topoguides Vallot. La *Description de la haute montagne,* présente des itinéraires, destinés aux alpinistes. Le premier volume, *Les Aiguilles de Chamonix* paraît en 1925, il est suivi de *La chaîne de l'Aiguille Verte* (1926), *Le Mont-Blanc et la Tour Ronde* (1930), *Les Aiguilles Rouges de Chamonix* (1930), *Les Aiguilles de Tré la tête et de Miage,* (1933), *Les Aiguilles de Triolet et d'Argentière* (1936), *Les Aiguilles du Chardonnet et du Tour* (1937). Le volume sur les Grandes Jorasses n'a pas été publié.

Charles Vallot, comme son père, ne pratique pas l'alpinisme, aussi ces volumes très spécialisés sont-il rédigés par des membres du *Groupe de Haute Montagne* du *Club Alpin.* Ce groupe s'était constitué en 1919, son Comité de direction était alors composé de Henri Brégeault, Paul Chevalier, Jacques de Lépiney, Victor Puiseux et Édouard Sauvage. Nous retrouverons plusieurs de ces noms parmi les membres d'autres commissions du *Club* (Brégeault à la *topographie*, Sauvage aux *Refuges…*). On peut noter la présence dans ce groupe de Paul Chevalier, qui est un peu de la famille puisqu'il est le neveu du frère d'Henri Vallot.

---

[120] Archives privées, Lettre à l'en-tête Observatoire du Mont-Blanc, J Vallot 5 rue François Aune Nice, de Joseph Vallot à Henri Vallot, datée du 8 avril 1920.
[121] Joseph emploie volontiers cette expression dans sa correspondance familière.
[122] Archives privées, Lettre de Joseph Vallot à Henri Vallot, datée du 10 mai 1920.
[123] Ch. Vallot, *Henri Vallot, Op. cit,* p. 13.
[124] H. Vallot, Commission de Topographie, séance du 4 novembre 1907, in Maury, Léon, *Op. cit.* p. 190.
[125] *Ibid*, séance du 15 mai 1908, in Maury Léon, *Op. cit.*, p. 199.
[126] Ch. Vallot, *Environs de Cannes*, Carte à l'échelle de 1 : 20 000ème, Paris, Henry Barrère, 1909.

[127] H. Vallot, Commission de Topographie, séance du 22 octobre 1909, in Maury Léon, *Op. cit.,* p. 215.
[128] *Ibid.,* séance du 27 octobre 1911, in Maury Léon, *Op. cit.,* p. 242.
[129] *Ibid.,* séance du 21 novembre 1912, in Maury Léon, *Op. cit.,* p. 279.
[130] *Ibid.,* séance du 10 février 1913, in Maury Léon, *Op. cit.,* p. 289.
[131] Ch. Vallot, Revue de Géographie Annuelle, T. IX., 1916-1921, *La Topographie dans l'artillerie, pendant la Guerre (1914—1918)*, Paris, Librairie Delagrave, 1921.
[132] Archives privées, Lettre de Joseph Vallot à Henri Vallot, datée du 25 mars 1920.
[133] *Ibid.,* datée du 8 avril 1920.
[134] Il s'agit sans doute de la femme de Charles, Jeanne Caroline Marie, née de Jordan.
[135] Ch. Vallot, Sur les variations de longueur des glaciers de Chamonix, *Revue de géographie alpine*, Vol. 10, N° 1, 1922, p.167-189.
[136] Ch. Vallot, Quatrième note sur la carte au 20 000ème du massif du Mont-Blanc, *Revue Alpine*, 1er trimestre 1923, 24, 1, p. 13.
[137] N. Guilhot, *Op. cit.*, p. 254.
[138] H. Vallot, J. Vallot, *Réseau trigonométrique du massif du Mont-Blanc, établi et calculé par H.V. d'après les stationnements de J.V. pour les sommets de la haute chaîne, et de H.V. pour tout le reste du massif,* Paris, Fischbacher, 1924.
[139] R Perret, in Maury Léon, *Op. cit.*, p. 147.
[140] Ch. Vallot, Sur les variations de longueur des glaciers de la vallée de Chamonix, (1894-1921), *Revue de géographie alpine*. 1922,Tome 10, N°1. pp. 167-179.
[141] H. Vallot, Ch. Vallot, *Parcours et vallées des hauts alpages*, Versailles, Dufay, 1921.
[142] Ch. Vallot, J Quesnel, *Tout en faisant la guerre... (2 août 1914-20 janvier 1919)*, Maurice Mendel, 1919, 306 p.
[143] C.-E. Engel, Ch. Vallot, *Tableau littéraire du massif du Mont-Blanc*, Chambéry, Dardel, 1930 ; *Les Écrivains à la montagne*, volume 1, *Ces monts affreux*, 1650-1810 Paris, Delagrave, 1934 ; *Les Écrivains à la montagne*, volume 2, *Ces monts sublimes*, 1803-1895, Paris, Delagrave 1936.
[144] Les guides Vallot publiés par l'éditeur Fischbacher de 1924 à 1946 - Revue du GHM, Cimes 2007.
[145] : Voir à ce sujet : Un historique des guides Vallot publiés par l'éditeur Arthaud de 1946 à1979, *La Montagne & Alpinisme 4/2000*.

[146] Ch. Vallot et all, *Description générale du massif du Mont-Blanc*, fascicule 1, Paris, Fischbacher, 1925.
[147] Ch. Vallot, *Description de la moyenne montagne dans le massif du Mont-Blanc*, Guide Vallot, Fasc. 1. *Chamonix-Mont-Blanc*, Paris, Fischbacher, 1927.
[148] Ch. Vallot, *Description de la moyenne montagne dans le massif du Mont-Blanc*, Guide Vallot, Fasc. 2, *Saint-Gervais, Val Montjoie*, Paris, Fischbacher, 1932.

Paris-Chamonix, au Club Alpin

« Cheville ouvrière » de la Commission de topographie du Club Alpin

Pédagogue et totalement ouvert à la transmission de ses connaissances et de son savoir-faire, Henri Vallot en fait profiter la communauté des topographes de montagne, une communauté qu'il a largement contribué à former et à rassembler. Technicien de référence reconnu dans ce domaine, auteur de plusieurs ouvrages, il a transmis son enseignement, et imposé ses méthodes et sa rigueur.

Nous allons voir comment Henri Vallot a exercé, pour reprendre une expression de Nicolas Guilhot[149], un véritable « prosélytisme technique » via la *Commission de topographie* du *Club Alpin Français*.

Le *Club Alpin Français* a été fondé en 1874. Certains des membres fondateurs (Édouard de Billy, Adolphe Joanne, Abel Lemercier…) avaient fait une première tentative de création en 1870, mais ils y avaient renoncé en raison de la guerre. En mars 1874, rejoints par d'autres personnalités, dont Maunoir le secrétaire général de la *Société de Géographie*, et Viollet-le-Duc, ils créent le club dans la perspective du renouveau national qui a suivi le désastre de la guerre de 1870. Cet objectif est totalement assumé par les fondateurs, comme en témoigne cette profession de foi d'Abel Lemercier, premier secrétaire général de la toute nouvelle association : « Le sport des excursions de montagne n'est plus une spécialité anglaise ; les voyages en zigzag, les caravanes scolaires prennent faveur, se multiplieront et porteront leurs fruits : la santé, la vigueur, l'énergie, la science et ses richesses se trouvent dans la montagne ; les querelles de toutes sortes, politiques ou religieuses, se rapetissent et s'éteignent pour ceux qui se rapprochent des hautes cimes[150]… »

La référence à l'Angleterre terreau de nombreuses sociétés savantes et professionnelles, imitées ensuite dans les autres pays, est évidente. Les fondateurs s'inspirent de l'*Alpine Club* fondé à Londres en 1857, dix-sept ans plus tôt ! Ils se réfèrent aussi au *Clubo Alpino Italiano* fondé en 1863 à Turin. Dès sa création, le club devient le lieu de rencontre des scientifiques intéressés par le milieu montagnard.

En 1888, après son premier séjour à Chamonix, Henri a rejoint Joseph, membre depuis 1880, et sa femme Gabrielle à la *Section de Paris*. Joseph est aussi membre correspondant, auprès de la Direction Centrale, de la *Section du Mont-Blanc*; il sera plus tard président. Henri, lui, est membre correspondant, pour la *Section du Midi* dont le siège est à Montpellier, et à laquelle est rattachée Lodève, ville natale de son cousin. L'adhésion d'Henri a, peut-être, été initiée et encouragée par Joseph, mais il n'est pas homme à accepter des responsabilités qu'il n'assumerait pas. La *Section du Midi*, comparée aux sections voisines n'est certainement pas des plus actives mais Henri fait preuve d'une grande assiduité dans sa représentation, depuis sa nomination en 1888 jusqu'à la réorganisation de la représentation des sections en 1909. Il participe avec efficacité et engagement, aux travaux de deux commissions, dont la *Commission de topographie* qu'il a contribué à créer, et dont il est, selon l'expression de Schrader, « la cheville ouvrière et l'âme ». En 1903, le frère et le fils aîné d'Henri le rejoignent, portant à cinq les membres de la famille Vallot, membres du *Club Alpin*.

Les travaux, menés dans les Alpes par les deux cousins, correspondent bien à l'objectif de l'institution : « faire progresser la connaissance scientifique des régions montagneuses ». *L'Annuaire du Club Alpin*, publication annuelle (1875 à 1904), qui peut comporter certaines années jusqu'à 800 pages, ouvre largement ses colonnes aux scientifiques. On y trouve des articles traitant de tous les domaines, botanique, géologie, hydrologie, glaciologie, météorologie, toponymie, spéléologie. La cartographie, au travers des travaux de Schrader et Prudent dans les Pyrénées, tient déjà une place importante bien avant l'arrivée des cousins Vallot. Ils vont rapidement faire partager leurs connaissances et leurs expériences en publiant, entre 1886 et 1894, cinq articles séparément (trois pour Joseph, deux pour Henri) et deux articles cosignés. Quand l'*Annuaire* disparaît, remplacé par la revue *La Montagne*, Henri continue d'apporter régulièrement son concours à cette nouvelle publication du *Club*. Il fera même partie pendant quelques années du comité de rédaction.

Une étude consacrée à l'œuvre scientifique du club, publiée sous la direction de Léon Maury recense la totalité des travaux entrepris, soit directement par des membres du *Club Alpin*, soit initiés par l'institution, sur la période 1874-1922, c'est-à-dire la période qui précède le décès d'Henri Vallot et la création d'une commission spécifique, dite des *Travaux scientifiques,* incluant la topographie[151]. Il distingue deux périodes avant et après la création de la *Commission de topographie*. Avant, jusqu'en 1903, il n'existe au sein du club aucun organisme chargé de la centralisation des travaux scientifiques, en particulier cartographiques et seules quelques initiatives isolées de membres de la *Direction centrale* (le colonel Goulier, le lieutenant-colonel Prudent et Franz Schrader) tentent de coordonner les travaux de cartographie dans les Pyrénées. Avec la création de la *Commission de topographie,* véritable commission scientifique, l'influence d'Henri Vallot devient prépondérante jusqu'à la déclaration de guerre de 1914.

1903, naissance de la Commission de topographie du Club Alpin Français.

L'idée de créer au sein du *Club Alpin Français* une commission, dont l'objet serait l'étude topographique de la haute montagne revient à Paul Helbronner. Polytechnicien, tout juste trentenaire, il a fait un rapide passage dans l'artillerie au *Service géographique de l'Armée*. Il a déjà effectué plusieurs ascensions du Mont-Blanc, et il est à l'époque proche de Joseph Vallot. En 1893, il a fait un séjour d'une semaine à l'observatoire des Bosses[152]. En 1894, il participe à l'expédition montée par Joseph, avec cinq guides sous la direction d'Alphonse Payot, pour la remise en état de la cabane de l'Aiguille du Midi. Située au Col du Midi, à 3 564 mètres, elle avait été vandalisée trois ans auparavant. Preuve que quelques ascensionnistes de l'époque n'étaient guère plus scrupuleux que certains alpinistes contemporains ! La consultation du *Bulletin*, organe interne du *Club*, nous révèle que les vols, dégradations et autres 'incivilités' n'étaient pas rares. Paul Helbronner est fortuné. Il a épousé en 1898 Hélène Fould, dont la famille possède les Forges de Pompey. Bon alpiniste, excellent dessinateur, ayant de solides bases mathématiques, il choisit la topographie pour vivre sa passion de la montagne l'été, et exprimer de réels talents artistiques. À partir de 1902, il met ses compétences au service d'une meilleure représentation de la montagne par des cartes et des panoramas.

En novembre 1902, la *Direction centrale* du *Club* lance l'idée (sur une suggestion d'Henri Vallot) d'une *Caisse d'Action en montagne*. Il s'agit de lever des fonds qui pourront être utilisés pour des travaux en montagne. Henri, qui sait par son cousin que le fortuné Paul Helbronner serait disposé à participer lui écrit pour le solliciter. Il répond le 2 décembre, exposant dans une longue lettre son souhait de voir les fonds utilisés à l'amélioration de la cartographie :

« Puisqu'il est loisible de désigner l'emploi qu'on préfère pour ces versements permettez moi de vous soumettre une idée à laquelle je travaille depuis quelques années. Frappé de la faiblesse et de l'incorrection de nos cartes dans la région des Alpes, je me suis souvent demandé s'il n'y aurait pas très grand intérêt à inscrire, dans le programme général des études du *Club Alpin* un ensemble de travaux tendant à l'établissement d'une carte à grande échelle (40 000 ou 50 000) de cette région.[…] Sans souhaiter aujourd'hui un travail aussi considérable qui doit être préparé de longue main, avant toute exécution, permettez-moi de m'adresser, à vous, qui êtes, certes, un des mieux qualifiés pour entendre et transmettre mes observations à ce sujet pour vous demander la création, dans la *Direction Centrale*, d'une *Commission de topographie*, qui s'adjoindrait au besoin des membres de bonne volonté, et qui aurait pour mission de pousser au développement des études topographiques dans les Alpes ou les Pyrénées[153]. »

Helbronner précise qu'il ne s'agit pas de se lancer dans des travaux de « l'envergure de valeur » de la carte du Mont-Blanc en cours de réalisation, mais « de prendre comme modèles les magnifiques levés de M. Schrader dans les Pyrénées ou de M. Duhamel dans l'Oisans. » L'occasion est trop belle pour Henri Vallot de placer la topographie, déjà présente depuis la création du *Club Alpin*, au premier rang des activités de l'institution. Il répond favorablement à la demande du jeune Helbronner, dont il apprécie autant la proposition que l'argumentaire. Après avoir émis deux réserves, sur l'échelle, car il tient fermement au 20 000ème et sur Duhamel, dont il ignore, dit-il, tout des conditions dans lesquelles il a effectué ses levés, mais qui a « massacré » ses travaux topographiques en publiant une carte au 100 000ème, il annonce à Paul Helbronner qu'il lira sa lettre à l'occasion de la prochaine réunion et qu'il appuiera sa demande : « … Mais vous ne vous êtes pas contenté d'émettre l'idée, vous l'avez supérieurement développée et soutenue en trois pages, par des arguments d'une justesse et d'une force qui ont frappé même un vieux géodésien et topographe comme moi ! Aussi ne puis-je mieux faire que de les reprendre en les suivants pas-à-pas. »

Le courant passe d'autant mieux entre l'ancien et son cadet qu'Henri Vallot voit immédiatement, et ne s'en cache pas, tout le parti qu'il pourrait tirer pour diffuser et imposer ses méthodes. Débordant largement le champ des propositions d'Helbronner, il formule clairement ce que cette commission doit faire et comment elle doit le faire : « Je suis convaincu comme vous qu'une *Commission de topographie* qui contrôlerait les efforts, préconiserait certains instruments, certaines méthodes, appellerait l'attention sur les points les plus obscurs, sur les régions les plus mal traduites, puis recevrait les fragments de levés, les chiffres recueillis, les photographies prises dans les conditions requises, mettrait les levés au point, ferait exécuter les calculs, construire les perspectives, enfin coordonnerait l'ensemble pour en rétablir autant que possible l'homogénéité en vue de la formation d'un tout, arriverait, avec l'aide de bonnes volontés à constituer une œuvre pouvant rivaliser avec les meilleures œuvres officielles[154]. »

Les expressions « contrôler, préconiser, mettre au point, faire exécuter, coordonner » traduisent bien l'état d'esprit centralisateur et normalisateur de son auteur. Car, pour Henri, la feuille de route est toute tracée. Il n'a déjà aucun doute sur les méthodes et les instruments qu'il entend préconiser, ni sur les régions qu'il faudrait lever. Il a certainement son idée sur la coordination et l'exécution des calculs, et même des cartes.

La *Direction centrale* accepte la création de la commission. Les membres, géodésiens et topographes, nommés par cette instance se réunissent le 2 février 1903, sous la présidence du lieutenant colonel Prudent. Les autres membres sont : le commandant Bourgeois, Paul Helbronner, Franz Schrader, Joseph Vallot, et Henri qui se réserve le poste de secrétaire. Ce choix n'est pas innocent, car contrairement à son cousin, Henri ne brigue jamais aucune présidence, préférant les situations moins honorifiques, moins exposées, mais plus stratégiques où il faut certes fournir du travail, ce qui ne le rebute pas, mais où l'on garde la main sur le fonctionnement et l'information, et d'où l'on peut généralement imposer ses vues. Ils seront rejoints peu de temps après par le géologue Emmanuel Jacquin de Margerie.

Le bureau de la commission désigne les premiers membres correspondants ; il s'agit de personnalités connues pour leurs travaux. Elles ne sont pas obligatoirement membres du *Club Alpin*. Sont désignés : Henry Duhamel pour ses travaux de cartographie dans le massif du Pelvoux ; le comte de Saint-Saud, qui a cartographié les Pyrénées espagnoles avec le lieutenant colonel Prudent ; Maurice Paillon, rédacteur en chef de la revue *La Montagne*, la revue mensuelle du *Club Alpin* qui a remplacé l'*Annuaire* ; Henri Ferrand, historien des Alpes, auteur de travaux sur la toponymie ; le capitaine Godefroy, professeur de géographie à *l'École d'Application de Fontainebleau*.

D'autres professionnels et amateurs, toujours nommés par les membres titulaires de la commission, viendront se joindre progressivement à ce noyau de base constitué de membres titulaires et de membres correspondants. Le commandant Bourgeois promu directeur du *Service géographique de l'Armée* en 1911, sera remplacé par Étienne de Larminat, déjà membre correspondant. À cette époque, Larminat est le directeur de la *Société générale d'études et de travaux topographiques,* dont Henri Vallot et Schrader sont administrateurs.

En 1913, la commission comptait trente-neuf adhérents, dont une bonne partie d'actifs sur le terrain. Henri Vallot a accumulé beaucoup de connaissances pratiques, il sait mieux que quiconque les partager, il a l'expérience et la ténacité pour imposer ses vues. Il va réussir, en raison de ce professionnalisme, à imposer son autorité et à balayer les résistances qui viennent généralement de membres non titulaires (Maurice Paillon et Henry Duhamel), trop éloignés de Paris pour venir défendre leur point de vue.

Avant de lancer le projet de carte du massif du Mont-Blanc au 20 000ème, Henri s'était posé la question de savoir s'il était préférable de corriger les cartes existantes ou s'il fallait faire table rase de ce qui existait pour repartir sur des bases totalement nouvelles. Il avait choisi la deuxième option. Lorsque la question se pose au sein de la commission, Henri n'a pas changé d'avis. Certains membres, peut-être effrayés par l'ampleur du travail, ou inquiets en raison de la lenteur du déroulement des opérations dans le massif du Mont-Blanc, et pour certains en raison de leurs travaux en cours, penchent vers une simple correction de l'existant. Pour Henri, la carte au 80 000ème ne peut être ni révisée ni corrigée par des topographes alpinistes peu familiarisés avec la géométrie. À chaque fois que l'entreprise a été tentée, on a certes corrigé des erreurs, mais on en a introduit d'autres. D'autre part, cela reviendrait à s'appuyer sur des points douteux, conditions dans lesquelles, le meilleur opérateur, équipé des meilleurs instruments ne peut pas « atteindre la vérité topographique ». Henri Vallot fort du soutien « énergique » du commandant Bourgeois, rappelant l'expérience d'une tentative ratée de correction de la carte du Briançonnais[155], l'emporte.

La question de l'échelle des levés se pose. Henri continue de préconiser le travail à grande échelle (20 000ème), plus facile pour un débutant. Les erreurs sont de même grandeur quelle que soit l'échelle, mais plus l'échelle augmente plus leur importance relative diminue. Si les levés sont faits à cette échelle, les cartes pourraient, concède-t-il être publiées au 50 000ème. C'est pour lui, comme il l'écrivait à Helbronner, « la plus petite échelle tolérable pour la haute montagne ». Il reçoit encore sur ce point le précieux soutien du commandant Bourgeois.

Les objectifs sont clairement définis, les topographes alpinistes prendront le relais des services de cartographie officiels pour établir des cartes à grande échelle de la haute montagne. Les membres se réunissent quatre fois par an, trois fois entre janvier et juin. La quatrième réunion se tient au mois de novembre, c'est l'occasion de faire le point des levés exécutés pendant l'été. On peut suivre l'avancement du travail sur le terrain, pour la période 1903-1914, grâce aux comptes rendus rédigés scrupuleusement par Henri Vallot. Le budget constitué d'une réserve spéciale des fonds versés par les donateurs pour la *Caisse d'Action* en montagne, est toujours resté modeste, mais il a permis d'imprimer et de diffuser des publications et des manuels, et d'acheter quelques instruments mis à disposition de topographes alpinistes. Il y a eu aussi des dons, faits localement pour l'achat d'appareils. Mais les fonds n'étaient pas toujours suffisants, il fallait emprunter du matériel aux professionnels. On prélevait aussi sur cette caisse pour la publication des procès-verbaux des séances, dont de larges extraits étaient aussi reproduits dans la revue du *Club Alpin* ; les opérateurs étaient totalement bénévoles et finançaient personnellement les guides, porteurs et autres aides locaux. Par exemple, Helbronner réunissait autour de lui, à ses frais, de véritables équipes, mais d'autres travaillaient quasiment en solitaire ou en équipe avec d'autres membres.

Après les objectifs, il fallait se mettre d'accord sur la méthode. La proposition d'Henri Vallot est adoptée après de longues discussions qui sont toujours closes par Henri avec autorité. Un article publié en 1906, à propos de la représentation des zones de montagne sur la nouvelle carte de France au 50 000ème est l'occasion de souligner la différence d'approche et de méthodes entre la topographie officielle d'où est issue cette carte et celle des topographes alpinistes : « Répondant directement à l'objectif de la topographie alpine, la conception du canevas est entièrement différente de celle des levés de précision du Génie ; ce canevas est constitué par des triangulations au théodolite, appuyées exclusivement sur les points de premier ordre du réseau géodésique français [des ingénieurs géographes, les seuls points d'une précision jugée toujours satisfaisante] ; il fournit ainsi des points trigonométriques absolument sûrs, tout comme position que comme altitude, à raison d'un en moyenne par 2 km^2.

L'ensemble des crêtes, les points de rattachement dans les vallées et tous les points de la région ayant quelque importance topographique se trouvent ainsi définis avec des garanties de précision qu'on ne peut demander ni aux points de 3ème ordre de l'ancienne triangulation française, ni aux opérations graphiques quelles qu'elles soient. Mais ce n'est pas tout : pour achever cette définition des crêtes, pour "habiller" ce canevas, le topographe alpiniste dispose des procédés photographiques, qui lui sont familiers, qu'il a constamment à sa disposition et auxquels il a recours le plus volontiers, parce qu'il s'en sert aisément et presque sans dépense supplémentaire, ni éducation préalable ; étant entendu qu'il s'agit ici de régions le plus souvent inaccessibles où les procédés par intersection sont seuls admissibles et où l'emploi des perspectives acquiert son maximum de rendement[156].»

Ce texte est un peu technique, mais on peut retenir de cette méthode quasi officielle, imposée par Henri Vallot quelques règles simples :

Les topographes alpinistes réalisent sur un territoire donné un canevas d'ensemble exécuté au théodolite, s'appuyant sur les seuls point vraiment sûrs du réseau géodésique français.

Ils évitent d'utiliser, sauf cas particuliers, les procédés graphiques plus délicats à exécuter par des non professionnels. Cette première étape sera suivie de levés de détail à la planchette pour les régions accessibles et de la photographie pour les escarpements.

Il faut remarquer, que tout en restant très courtois, Henri Vallot défend l'utilité des levés exécutés par les alpinistes, car plus précis que ceux de l'administration. Cet article a été rédigé avant la réalisation et la publication de la carte, la *Commission* se chargera ultérieurement de donner son avis, assez critique, lorsque la carte officielle, établie par le *Service géographique de l'Armée*, pour les environs de Tignes, sera publiée.

Former les hommes, et adapter l'équipement.

La formation à la topographie d'alpinistes volontaires est la première préoccupation d'Henri Vallot. Il va tout naturellement jouer le rôle central dans ce domaine, transformant la *Commission de topographie du Club Alpin* en véritable centre de formation. Il met l'accent sur ce point dès la première réunion : « …Pour pouvoir compter sur un personnel instruit, il faut d'abord le former ; cela est d'autant plus délicat que nous n'aurons à notre disposition que des bonnes volontés qu'on peut conseiller, et non commander, comme l'a maintes fois constaté le lieutenant-colonel Prudent.» Il est appuyé par Prudent qui « demande surtout que des instructions précises soient rédigées et mises à la disposition des opérateurs, en vue de les guider dans l'exécution des itinéraires, des tours d'horizon à l'alidade et à la planchette, et enfin des levés complets [157] ». Schrader évoque la possibilité de créer une véritable école ou au minimum de donner des cours.

Henri Vallot, servi par sa capacité de travail, animé par le désir d'imposer des méthodes et des techniques qu'il juge les plus adaptées au travail en montagne pour les avoir expérimentées, se met immédiatement à l'ouvrage et présente dès la séance du 27 mars 1903, un texte de soixante-douze pages intitulé *Instructions de topographie alpine.* L'année suivante, il publie son *Manuel de topographie alpine* [158]. Préfacé par le lieutenant-colonel Prudent, cet ouvrage comporte cent-soixante douze pages. Il est diffusé à tous les membres titulaires et correspondants de la commission. Voici l'analyse qui en a été faite par le géographe Paul Girardin professeur à Fribourg, membre correspondant de la commission :

« En intitulant son livre « Manuel » et non « Traité », M. Henri Vallot a voulu marquer son but avant tout pratique : mettre dans les mains des alpinistes des méthodes pratiques de levé, leur permettant d'utiliser tous les instruments, depuis les plus élémentaires, comme l'appareil photographique et le baromètre de poche, jusqu'aux plus précis. À quelles conditions doivent satisfaire ces instruments pour être utilisables ? À quels principes doit s'astreindre l'observateur pour retirer de ces instruments toute la précision qu'ils comportent ? Quelles sont les méthodes compatibles avec l'emploi de chacun de ces instruments et quels sont les instruments qui constituent ensemble un équipage topographique approprié au but et à la science de chacun ? C'est à remplir cet objet que M. Vallot a fait servir sa vieille expérience de topographe et sa connaissance de la haute montagne[159]. »

Le 10 juin 1904, il présente les épreuves de ses *Instructions pratiques pour l'exécution des triangulations complémentaires en haute montagne*[160], un ouvrage de cent trente-deux pages basé sur la méthode utilisée pour ses travaux dans le massif du Mont-Blanc.

Les alpinistes ont maintenant les outils pour l'exécution des triangulations dans tous les terrains accessibles, mais il faut compléter les méthodes basées sur l'utilisation de la photographie qui ne sont abordées que superficiellement, comme par exemple pour la réalisation de tours d'horizon. Le manuel, rédigé avec Joseph, qui est le spécialiste de la photographie, est présenté à la séance de novembre 1906, il paraît en 1907, sous le titre *Applications de la photographie aux levés topographiques en haute montagne*[161]. Pour les auteurs, « il doit servir de guide, aussi bien pour les opérations sur le terrain que pour le travail de bureau à tous ceux qui veulent faire de la photo-topographie régulière, non seulement au moyen des instruments photographiques de précision, mais encore avec les appareils ordinaires, moyennant que l'opérateur s'astreigne à quelques précautions très simples. Il y a, en effet, beaucoup d'amateurs, qui ne se doutent pas qu'à très peu de frais, ils pourraient donner à leurs photographies un caractère documentaire, et en tirer ainsi des restitutions topographiques très intéressantes. »

Il n'est pas possible de mettre à disposition le photothéodolite qu'il a conçu avec Joseph, un appareil coûteux et qui nécessite la présence d'au moins deux opérateurs, aussi Henri a-t-il édicté quelques règles pour l'utilisation de l'appareil photo. En mars 1909, il présente un petit livre intitulé *Levés à la planchette en haute montagne*[162]. Il s'agit d'un complément au *Manuel de topographie alpine* dans lequel il traite plus longuement des procédés d'exécution de canevas. Il propose aussi une codification des signes conventionnels utilisés pour les cartes de haute montagne à grande échelle.

Henri Vallot présente régulièrement à la commission des équipements perfectionnés destinés aux travaux de topographie en montagne. Certains ont déjà été utilisés pour ses opérations dans le massif du Mont-Blanc, d'autres sont conçus spécialement pour ces amateurs qui partent souvent sans assistant. On retrouvera tous ces dispositifs dans l'annexe consacrée au matériel du présent ouvrage. Les maîtres mots sont toujours commodité, légèreté, et précision.

La situation dans les deux grands massifs montagneux situés en France, les Alpes et les Pyrénées est différente. Lorsque Schrader et Prudent, épaulés par quelques amateurs avaient entrepris, en 1874, leurs premiers travaux dans les Pyrénées, la cartographie y était inexistante et ils avaient pu se contenter de levés de reconnaissance au $100\,000^{\text{ème}}$ en utilisant l'orographe inventé par Schrader. Dans les Alpes, mieux connues, où l'on disposait de cartes même imparfaites, la reconnaissance était déjà faite, il fallait passer aux levés de précision. Les topographes amateurs opérant dans les Pyrénées, qui avaient généralement bénéficié des conseils du capitaine Prudent (lieutenant-colonel lorsqu'il prend la présidence de la commission), étaient plus avancés que les quelques opérateurs de bonne volonté comme Duhamel qui avaient opéré dans les Alpes, mais compte tenu des nouveaux objectifs fixés par Henri Vallot, les pyrénéistes vont devenir ses élèves, comme en témoigne le docteur Maurice Heid : « C'est vers cette époque que son influence commença à se faire sentir sur la topographie officieuse pyrénéenne, s'affirmant avec les années. D'abord, par ses livres. Instruire et former des topographes bénévoles ; enseigner aux plus aptes à faire des levés sur le terrain pendant leurs loisirs de vacances ; aux autres à recueillir correctement des documents utilisables dans la suite de la restitution des détails[163]. »

Cependant, l'influence d'Henri Vallot sur les équipes engagées dans les Pyrénées, qui rencontrent régulièrement Schrader et le capitaine Maury, s'exerce moins directement que sur les topographes alpins qui le côtoient directement. La nature des travaux est aussi différente, dans le massif du Mont-Blanc le réseau trigonométrique (canevas) déjà établi par Henri Vallot déborde du strict massif, ce qui permet d'asseoir les travaux personnels des topographes alpinistes sur ce canevas exact et homogène. Paul Helbronner qui a entrepris la triangulation générale des Alpes françaises depuis le Léman jusqu'à la Méditerranée, exception faite du Mont-Blanc et de ses abords immédiats, élargit, avec la publication des premiers résultats, les zones couvertes par un canevas, dont les points de départ ont été déterminés par Henri Vallot.

Il n'existe dans les Pyrénées aucun levé intégral de ce type, et ce sont les mêmes opérateurs qui établissent le canevas puis les triangulations complémentaires. Les volontaires sont plus nombreux sur le terrain que dans les

Alpes, mais il n'y a pas assez de membres capables d'effectuer les calculs et la restitution, aussi Henri sera-t-il amené à confier quelques-uns de ces travaux à son fils et c'est Étienne de Larminat qui réalisera des cartes en interprétant et utilisant les résultats de levés auxquels il n'a pas contribué.

Représenter et dénommer ou désigner les lieux.

Après le travail sur le terrain, il y a les calculs, la restitution et le dessin. Le rôle de la *Commission* ne se limite pas à la définition des objectifs, des méthodes, des instruments c'est-à-dire au seul travail de terrain. Pour construire une carte, il faut définir non seulement l'échelle, mais aussi le mode de représentation cartographique de la montagne, en particulier de la haute montagne : hypsométrie (altitude), courbes de niveaux, hachures, représentation du rocher et de la végétation, couleurs... Toutes choses qui font l'objet d'études, de discussions avant de conduire à l'établissement de règles.

Il y aussi sur la carte des noms de lieux, ce qui nécessite de définir des règles en matière de toponymie. L'ensemble des travaux du *Club Alpin* dans ce domaine, avant la création de la *Commission de topographie*, 1874-1903, puis sous l'égide de ladite commission, 1903-1923, et plus tard, par la *Commission Scientifique*, jusqu'en 1929, a fait l'objet d'une publication de Léon Maury[164]. La question avait été posée dès 1903, par Henry Duhamel, lors de la deuxième réunion de la *Commission de topographie*. Résidant dans la région de Grenoble, il n'est pas présent à la réunion, mais il avait, dans une lettre lue par Henri Vallot, demandé que « la *Commission* se considère comme saisie de toutes les questions relatives à l'orthographe des noms de lieux, dans les pays de montagnes ; que, dans chaque cas particulier, elle fasse une enquête en s'entourant de tous les avis autorisés, notamment des personnes les mieux qualifiées, et qu'enfin elle adopte une orthographe définitive que tout le monde s'engagerait à respecter. »

L'adoption de cette proposition a conduit à la désignation, comme membres correspondants de personnalités, possédant une expertise dans ce domaine. Ce fut le cas par exemple de François Arnaud, notaire à Barcelonnette auteur d'un important travail sur la toponymie des vallées de l'Ubaye et du Haut Verdon, ou le linguiste Jules Ronjat. C'est aussi le domaine de Maurice Paillon, membre titulaire, qui pose la question pour les zones frontalières et les cartes officielles, questions qui seront reprises plus tard.

Le rôle de la commission est décrit dans un texte de 1906, cosigné par le président (Prudent) et le Secrétaire (Henri Vallot) : « Enfin, elle s'occupe de toponymie alpine, en vue de doter les cartes de haute montagne d'une nomenclature aussi complète que peuvent le souhaiter les alpinistes, et en même temps respectueuse des dénominations locales, dans la mesure où cela est pratiquement admissible[165]. »

Schrader et Saint-Saud, avaient déjà intégré cette préoccupation dans leurs travaux bien avant la création de la *Commission de topographie*, et les pyrénéistes restent pionniers. En 1906, la *Fédération des Sociétés pyrénéistes* crée une *Commission de topographie et de toponymie*. Alphonse Meillon en est le principal animateur.

Henri Vallot intervient, mais ce sujet sortant de son domaine de compétence, il reste en retrait. Puisqu'il n'a pas la main sur les noms anciens de lieux, il joue l'originalité en faisant des propositions sur l'attribution des noms nouveaux en haute montagne. En novembre 1909[166], il constate que « les grimpeurs de profession n'ont pas toujours été bien inspirés dans le choix des noms qu'ils croient pouvoir appliquer aux sommets dont ils ont les premiers (autant qu'on peut le savoir) foulé la cime... ». Il fait remarquer que l'attribution de noms appropriés est une tâche difficile pour le cartographe qui nécessite de connaître le massif tout entier et la région pour éviter répétitions et confusions. Il doit faire une bibliographie sérieuse car certains noms ont pu être utilisés dans des publications, et même s'il n'est pas tenu de les adopter, il devra dans tous les cas en tenir compte. Il faut à la fois être « toponymiste et géographe » pour trouver le nom le mieux adapté. La responsabilité du cartographe est grande car il «dispose d'une puissance avec laquelle il faut bien compter et qui assurera probablement le triomphe définitif de sa nomenclature : cette puissance, c'est la carte, la carte que tout le monde possède, lit ou consulte, que tout le monde copie... ». Il préconise « une entente commune entre les intéressés, alpinistes et cartographes. Cette entente résulterait de l'organisation de groupements locaux formés entre les spécialistes les plus qualifiés d'une même région... ».

Les règles proposées par Henri pour le choix des noms entièrement nouveaux sont les suivantes :

« Lorsqu'il s'agit de dénommer un sommet ou un col, ce qui est le cas le plus fréquent, on doit autant que possible tenir compte de sa situation : par exemple, chercher à lui appliquer le nom du hameau, du lieu-dit, de la "montagne", du torrent situé au pied et d'où cet objet est visible ; car, souvent, c'est ainsi que les indigènes ont procédé, et il est tout naturel de suivre leur manière de faire. Un col, dans les hautes crêtes, emprunte quelquefois le nom de la sommité voisine.

L'aspect, la forme, la couleur d'une sommité peut aider à la dénommer, à la condition de compléter la désignation par l'adjonction d'un nom de lieu, car les qualificatifs rond, carré, blanc, rouge, noir, etc., sont tellement répandus qu'ils ne sauraient suffire à caractériser les objets auxquels on les applique ; et il serait préférable, justement à cause de leur profusion, d'en user à l'avenir le moins possible.

Lorsqu'on est obligé d'introduire un nom complètement étranger et sans aucun rapport avec la situation ou l'aspect de l'objet, ce nom résulte parfois d'un incident d'ascension, parfois aussi de la simple fantaisie ; assurément, c'est un pis aller que l'on accepte faute de mieux. Enfin, on emploie fréquemment, aujourd'hui surtout, le procédé usité pour désigner les rues dans les villes, c'est-à dire les noms d'hommes dont on veut honorer et perpétuer la mémoire, soit d'alpinistes célèbres, soit du premier qui a gravi la cime ou le col en question. Cette manière, quoique critiquée par quelques-uns, est cependant défendable et, dans tous les cas, assez usitée.»

Il appelle les alpinistes, et plus particulièrement les « grimpeurs » à « faire part de leurs propositions avant de donner un nom à leur conquête ou tout au moins avant de le publier ». Il souhaite la formation d'une organisation inspirée de celle existant dans les Pyrénées, qui se consacrerait à la toponymie des massifs alpins.

L'année suivante, les propositions d'Henri sont formalisées par le capitaine Godefroy, qui propose des grilles pour le recueil d'information sur place et pour la description des lieux. Des membres référant sont nommés pour les Alpes, Henri Mettrier pour les massifs de Tarentaise et Maurienne, Henry Duhamel pour ceux du Dauphiné et Victor de Cessolle pour ceux de la Haute-Provence et des Alpes-Maritimes.

Henri Vallot qui s'est beaucoup impliqué pour mettre sur les rails les travaux de la commission dans le domaine de la toponymie limite sa participation à la présentation, en sa qualité de secrétaire, des travaux des collègues absents. Son fils Charles par contre s'impliquera plus. Il faut cependant porter à l'actif d'Henri, le fait d'avoir posé la question des noms attribués aux sommets nouvellement conquis, et d'avoir proposé des règles pour les dénommer.

1912, La Commission de topographie et la feuille de Tignes (carte de France au 50 000ème).

En novembre 1907, le commandant Bourgeois, ancien membre de la commission et directeur du *Service géographique de l'Armée*, juge nécessaire de rappeler dans un courrier adressé à Henri Vallot, les objectifs en matière de cartographie. Henri y souscrit, et l'approuvant complètement, donne lecture de la lettre : « Ce que j'aurais voulu pouvoir dire, c'est exprimer le désir qu'on ne perde pas de vue la topographie, le but de la *Commission*, à son début, ayant été d'arriver à dresser des cartes à grande échelle des hautes cimes à partir de la zone où la petitesse des échelles ordinaires rend les cartes des Services Publics inutiles à l'alpiniste. Nous en sommes loin à l'heure qu'il est, et je crois qu'il ne faudrait pas perdre de vue le programme de la *Commission*[167]. »

Cependant, quand en 1912, est publiée la feuille « Tignes » de la nouvelle carte de France au 50 000ème, la commission, à l'initiative d'Henri Vallot sort de son domaine réservé, l'établissement de cartes à grande échelle de régions plus ou moins inaccessibles, pour se livrer à l'étude de la nouvelle carte, qui est la première feuille officielle couvrant une région de haute montagne. Remarques, désidératas, critiques émanant de membres de la *Commission de topographie* et de personnalités extérieures compétentes furent émis lors de la réunion du 8 mai 1912[168].

Pour Nicolas Guilhot, cette réunion « constitue un moment crucial dans l'évolution de la *Commission :* dans le ton des critiques – et même des louanges –, impérieux et plein de supériorité, s'affirmait pour la première fois l'ambition des membres de la *Commission* de représenter non plus seulement une alternative à la cartographie officielle, mais bien l'autorité absolue en matière de topographie de la haute montagne. Les participants ne se positionnaient pas seulement comme des experts – dont l'avis reste seulement consultatif –, mais émettaient de véritables condamnations, jugeant du « bon » ou du « mauvais » emploi des méthodes et des éléments cartographiques. La présence prestigieuse des plus grands noms de la géomorphologie française, Emmanuel de Martonne et Emmanuel de Margerie, donnait d'ailleurs un poids considérable aux jugements émis [169] ». Il y voit la volonté, sous l'impulsion d'Henri Vallot, auquel il prête « une ambition scientifique démesurée », d'incarner l'autorité française en matière de cartographie de haute montagne.

Le compte rendu de cette réunion, publié in extenso comporte près de trente pages. Les texte des interventions ont été classés par ordre alphabétique des intervenants. Le mot de la fin appartient au secrétaire. Henri Vallot rappelle son article de 1906[170] qui constituait une sorte « d'avertissement discret de ce qu'on constate aujourd'hui. », et ne manque pas de souligner « une fois de plus que, comme il le disait il y a six ans, "la Carte de France au 50 000ème ne saurait nous dispenser des cartes locales précises, à grande échelle, que les topographes-alpinistes sont seuls en mesure d'établir en conformité avec leurs vues et leurs besoins" ».

Une brèche a été ouverte, les amateurs de la *Commission de topographie* critiquent ouvertement les professionnels du *Service géographique de l'Armée*, s'attirant mises au point et réponses. Quand Henry Barrère, critique la carte de France 200 000ème, lors de la séance du 19 novembre 1913[171], le capitaine Léon Maury, membre correspondant de la *Commission* et du *Service géographique de l'Armée* rédige une réponse officielle, lue en séance le 13 mars 1914[172]. Ce qui n'éteint pas les critiques de Barrère, dont on peut rappeler qu'il édite les cartes établies par les topographes alpinistes. Au cours de cette même séance de mars 1914, Emmanuel de Margerie s'est ému d'un possible abandon par les militaires d'une partie de leur programme cartographique. Henri Vallot se renseigne et c'est lui qui apporte la réponse du service

« officiellement chargé » de la réalisation de la carte de France au 50 000$^{\text{ème}174}$.

En invitant ses collègues de la *Commission de topographie* et des experts extérieurs à une étude détaillée de la feuille de Tignes de la carte de France, publiée en 1912 par les services officiels, Henri Vallot voulait apporter la preuve de la suprématie, pour la représentation des zones de montagne, des topographes alpinistes. Il ne souhaitait pas pour autant se brouiller avec les militaires de ce service qu'il connaissait bien et dont plusieurs appartenaient ou avaient appartenu à la *Commission*, et avec lesquels il avait toujours entretenu de très bonnes relations. À des objectifs et des besoins différents, devaient répondre des solutions cartographiques différentes, chacun devait y trouver sa place. Henri Vallot n'était certainement pas fâché de l'expertise de la *Commission*, qui confirmait ses craintes et confortait ses vues, mais il était sans doute gêné des tensions générées entre les membres du *Club Alpin* et le *Service géographique de l'Armée*.

La déclaration de guerre ayant appelé les militaires sur d'autres théâtres d'opération et mis fin aux travaux de la *Commission de topographie*, toute nouvelle source de conflit se trouva de facto éliminée.

1913, le dixième anniversaire de la Commission de topographie.

Paul Helbronner, auquel les premiers résultats de son travail sur le terrain confèrent une certaine notoriété, convie ses collègues chez lui, à Paris, le 10 février 1913, pour commémorer, à l'occasion de la première réunion de l'année, le dixième anniversaire de la fondation de la *Commission de topographie*[174]. En l'absence du lieutenant-colonel Prudent qui est très âgé et souffrant, la réunion est présidée par Franz Schrader. Il introduit la séance par un discours dans lequel il salue l'initiative de leur hôte et adresse ces remerciements à Henri Vallot : « Remercions aussi notre collègue et ami Henri

Vallot, qui, avant d'être le zélé secrétaire de la Commission, en a été dès le premier jour l'esprit vivant et l'énergie motrice. »

Au cours de cette séance, à laquelle de nombreux membres résidants en Province, dont Joseph Vallot qui passe l'hiver à Nice, n'ont pas pris part, seul Henri intervient pour parler de ses travaux dans le massif du Mont-Blanc et de ceux de Charles qui a été chargé d'exécuter des calculs pour la triangulation effectuée par Alphonse Meillon dans les Pyrénées. Les autres membres de la *Commission* qui étaient dans la confidence n'ont préparé aucune intervention. La réunion se termine autour d'un repas organisé par Madame Helbronner. Le couple inaugure par la même occasion sa nouvelle installation au 46 de l'avenue Kléber. Au dessert, Paul Helbronner prononce une allocution.

Faisant un tour de table, il présente cette « réunion de montagnes » : « Et je dirai à la manière d'Hubert de Latour-Latour dans l' Habit Vert : Les montagnes qui sont autour de cette table, c'est le Mont-Blanc, avec Henri Vallot, ce sont les Pyrénées avec Schrader, l'abbé Gaurier et Barrère, ce sont les Alpes-Maritimes avec Lee Brossé et Noetinger, ce sont les Alpes de Savoie avec Perret et Charles Vallot, c'est l'Atlas marocain avec Gentil, ce sont les Andes avec Schrader et de Larminat, ce sont même, avec ce dernier, certaines montagnes administratives surgies pendant quelques jours sur les quais de Constantinople, ce sont toutes les montagnes de la Face de la Terre avec de Margerie! »

Après cette présentation, un peu laborieuse, qui fait référence à une pièce de théâtre de Robert de Flers et Gaston Arman de Caillavet, à l'affiche, à Paris depuis 1912, Helbronner rend hommage à Henri Vallot : « Malgré les blessures que je vais infliger à votre extrême modestie que nous connaissons tous, je dois être, avec une joie intense, l'interprète de tous les membres de la *Commission*, en vous remerciant de nous avoir donné notre âme. Oui, par vos écrits, par vos lettres particulières, par vos conseils toujours affectueusement et inépuisablement prodigués à qui les sollicitait, vous avez constitué un organisme puissant — étendant son influence au-delà même du territoire de la métropole — organisme dont l'ossature est formée des principes de la plus précise, de la plus honnête, de la plus pure conscience, dont les artères donnent passage à des courants infiniment vivifiants et créateurs de la plus noble activité, dont les nerfs et les muscles ont encouragé des convictions qui soulèvent les montagnes. et quelquefois les rabaissent aussi — mais de quelques mètres seulement, heureusement![…] Aussi, en ce jour de fête familiale, suis-je bien heureux, au plus profond de mon cœur, d'être le porte-parole de tous vos collègues, amis et disciples, en vous remettant de leur part un petit souvenir matériel de cette reconnaissance qu'ils ont unanimement tenu à témoigner. Je vous prie donc d'accepter cet instrument, un baromètre enregistreur à poids de la maison Jules Richard. Si son style devait marquer les sentiments que nous professons pour vous et l'affection que nous vous portons, le cylindre ne serait jamais assez haut pour enregistrer le diagramme; et, en tout cas, celui-ci, développé, ne pourrait être qu'une courbe horizontale, dont la dérivée toujours nulle traduirait la constance de notre amitié. »

  Henri qui n'avait pas prévu que la réunion se transformerait en une fête d'anniversaire dont il serait le héros et qu'il recevrait un cadeau, aussi embarrassant qu'utile, a simplement prononcé le mot « merci », en réponse à l'allocution d'Helbronner. Une réponse qui en dit long sur l'extrême réserve, voire la timidité et la sensibilité du personnage.

  L'année 1913 se déroule normalement, les topographes alpinistes occupés dans divers massifs des Alpes et des Pyrénées ne semblent pas avoir été retardés, comme cela se produisait certains étés, par des conditions météorologiques exécrables. Ils font remonter des rapports d'activité encourageants à l'occasion de la réunion de novembre 1913. L'année 1914 s'annonce bien, le compte rendu de la séance du 26 mai 1914 est très fourni, Helbronner y expose un projet déjà avancé de *Commission de topographie franco-italienne*. Pour Schrader, c'est la parution prochaine de sa carte de Gavarnie et du Mont Perdu, dont il avait présenté les minutes en début d'année... La *Commission* débute bien sa deuxième décennie.

Le 3 août 1914, la déclaration de guerre surprend sur le terrain des hommes jeunes qui sont pour la plupart mobilisés. Tout s'arrête, ou presque et il faudra encore du temps après l'armistice pour que les travaux scientifiques reprennent avec l'intensité qu'ils avaient en 1913. Le colonel Ferdinand Prudent s'est éteint en 1915 à l'âge de quatre-vingts ans. Joseph Vallot et Franz Schrader, délaissant le terrain, ont, chacun dans sa région, participé à une Ambulance[175]. Henri Vallot poursuit les travaux commencés pour le *Ministère de l'Agriculture,* un renfort bienvenu en cette période où le personnel des *Eaux et Forêts* se retrouve dans sa grande majorité au Front.

Henri Vallot sort de cette épreuve de la guerre désabusé, persuadé que tout ne sera plus comme avant. La réunion chez Helbronner, dont il avait été le héros, est le point d'orgue d'une période pendant laquelle il a mis toute son énergie et son savoir-faire au profit des grands desseins de la *Commission de topographie* ; la paix revenue, il la délaisse. De 1919 à 1922, la commission ne se réunit pas, ce qui n'empêche pas les membres les plus actifs de reprendre leurs projets. Cette mise en sommeil n'a pas freiné son activité éditoriale, mais, avec la guerre, les temps ont changé, et on ne voit pas émerger de nouveaux programmes, jusqu'à la renaissance de la commission sous la forme élargie de *Commission scientifique.*

Les cartes publiées juste avant le conflit ou en préparation sont présentées, des articles sont publiés dans *La Montagne* qui reparaît régulièrement, à partir de 1919. Henri Vallot sans se tenir complètement à l'écart n'en n'est plus le moteur, il se concentre sur ses propres travaux, la carte du massif du Mont-Blanc! Un nouvel élan sera donné en 1923, après sa disparition avec la création d'une *Commission scientifique* qui englobe la topographie. Il n'est plus là mais son héritage intellectuel subsiste.

Cartographie : Le bilan de dix années sur le terrain.

Du premier levé sur le terrain à l'impression de la carte, il s'écoule généralement une période très longue, souvent plusieurs années. La durée dépend de l'ampleur du projet, mais aussi des objectifs de son promoteur ; les campagnes sur le terrain sont limitées aux seuls mois d'été. Leur déroulement est tributaire de la disponibilité et de la ténacité des opérateurs, mais aussi de conditions climatiques qui peuvent certaines années être catastrophiques. Après les levés, les calculs, et la restitution topographique à partir de photographies, nécessitent des connaissances que seuls quelques topographes alpinistes possèdent, et il faut souvent faire appel à d'autres bonnes volontés pour réaliser ce travail nettement moins agréable que le travail de terrain. Enfin, la réalisation de la carte requiert de réels talents de dessinateur et d'interprète du terrain que tous ne possèdent pas. Il y a aussi les années de guerre qui ont bien évidemment allongé les délais. En ne retenant que les projets engagés pendant l'ère Henri Vallot, effective, c'est-à-dire avant 1914, nous trouvons quelques cartes au $20\,000^{ème}$, qui répondent totalement aux directives de la *Commission*. Elles se répartissent entre les grands massifs alpins et pyrénéens, avec une escapade dans l'Esterel.

La première carte publiée, avant la guerre, en 1911 est celle des Aiguilles de l'Argentière, massif des Sept-Laux de Régis du Verger. La même année est parue la carte des

Environs de Cannes de Charles Vallot. La zone cartographiée n'est pas une région de haute montagne, mais en raison de son terrain escarpé, elle fait partie du corpus de documents établis dans le cadre de la commission. En 1914, paraît la carte du massif de Gavarnie et du Mont-Perdu de Franz Schrader.

Buisson, l'auteur de la carte du massif de la Chartreuse n'a pas été mobilisé, il poursuit son travail sur le terrain, sa carte est publiée en 1918. Celle de Robert Perret, la carte de la Vallée de Sales et du Cirque des Fonts, déjà bien avancée au moment de la déclaration de guerre est publiée en 1922. À partir de 1925 et s'étalant jusqu'en 1935, c'est la carte du massif du Mont-Blanc d'Henri et Joseph Vallot, terminée par Charles Vallot et Étienne de Larminat. Les trois cartes d'Alphonse Meillon, d'Étienne de Larminat, et d'autres intervenants selon les parties représentées du massif de Vignemale et la région de Cauterets paraissent en 1929, et 1933.

On peut citer, à titre de contre exemple les cartes réalisées à l'échelle 1/100 000 par le capitaine Léon Maury, sur des relevés d'Aymar de Saint-Saud, pour illustrer sa *Monographie des Picos de Europa, Pyrénées Cantabriques et Asturiennes*, publiée en 1922. Les méthodes utilisées pour compléter les travaux précédents de Saint-Saud sont celles préconisées par Henri Vallot, mais l'échelle est trop petite pour entrer dans le corpus des cartes répondant aux critères imposés par la *Commission de topographie*. Par contre, toujours dans les Pyrénées, la carte du massif de Néouvielle, de Léon Maury, éditée en 1948, mais commencée une cinquantaine d'années plus tôt peut figurer dans cette liste. Il faut ajouter à ces cartes, des travaux de topographie menés par les glaciologues dont certains se réfèrent explicitement à Henri Vallot.

Helbronner n'a pas réalisé de carte à grande échelle, il a cependant entrepris son œuvre monumentale dans le cadre de la *Commission* et établi le canevas préconisé par Henri Vallot : Sa *Description géométrique détaillée des Alpes françaises,* en douze tomes a été publiée entre 1910 (tome I) 1925, (tome VIII) 1929 (tome IX), puis de 1930 à 1939, la publication ne respectant pas la numérotation des volumes. Les résultats ne correspondent peut-être pas aux objectifs ambitieux affichés, mais ils sont significatifs. Ils constituent les marqueurs intéressants et utiles d'une époque où certains ont tenté de concilier, plaisir de l'escalade, ou de la randonnée, et travail bénévole pour la collectivité. Des hommes que Franz Schrader a décrit en ces termes, lors de la séance de février 1913, chez Helbronner : « C'est l'amour et la fréquentation des montagnes qui ont fait de nous tous des topographes, c'est-à-dire des hommes, qui n'ont pas séparé l'admiration de l'étude, et qui, à travers le beau, ont cherché le vrai. Voilà pour le sentiment. Quant à l'orientation d'esprit, elle a consisté, pour nous tous, et consistera, je l'affirme, pour tous ceux qui viendront se joindre à nous, à ne rien mettre au-dessus de la conscience, et à considérer les montagnes, non comme l'escalier de la gloire, mais comme le chemin qui, au prix de bien des efforts désintéressés, parfois même de quelques dangers, nous a permis de nous élever jusqu'à la conquête, bien plus précieuse, de quelques parcelles de vérité. Voilà pourquoi nous sommes réunis ici. »

---

[149] N. Guilhot, *Op.cit.*, p. 344.
[150] A. Lemercier, Clubs Alpins étrangers, *Annuaire du Club Alpin Français 1874*, Paris, Hachette, 1875, p. 532.
[151] L. Maury, *L'œuvre scientifique du Club Alpin Français (1874-1922)*, Paris, Club Alpin Français, 1936.
[152] P. Helbronner, *Une semaine au Mont-Blanc*, Août 1893, G. Steinheil, 1894, 61 p.
[153] P. Helbronner, in Maury Léon, *Op. cit.*, p. 129.
[154] H Vallot, in Maury Léon, *Op. cit.*, p. 131.
[155] H. Vallot, Commission de topographie, séance du 27 mars 1903, in Maury Léon, *Op. cit*, p. 156-157.

[156] H. Vallot, La nouvelle carte de France au 50 000ème. Ses rapports avec la haute montagne, La Montagne, vol II, Paris, Plon-Nourrit, 1906, p. 228-229.
[157] H. Vallot, Commission de topographie, séance du 2 février 1903, in Maury Léon, *Op. cit.* p. 153.
[158] H. Vallot, *Manuel de topographie alpine*, Paris, H. Barrère, 1904.
[159] P. Girardin, Le Manuel de Topographie Alpine de M. Henri Vallot, *Annales de Géographie,* 13ème année, N°72, 15 novembre 1904, Paris, Armand-Colin, p. 455-457.
[160] H. Vallot, *Instructions pratiques pour l'exécution des triangulations complémentaires en haute montagne*, Paris, G. Steinheil, 1904.
[161] H. Vallot, J. Vallot, *Applications de la photographie aux levés topographiques en haute montagne*, Paris, Gauthier-Villars, 1907.
[162] H. Vallot, *Levés à la planchette en haute montagne*, Paris, H Barrère,1909.
[163] M. Heid, in Ch. Vallot (sous la direction de), *Op. cit.*, p. 28.
[164] L. Maury, *Les noms de lieux des montagnes françaises*, Paris-Bergerac, Castanet, 1929.
[165] F. Prudent, H. Vallot, lettre du 15 décembre 1906, in Maury Léon, *Op. cit.,* p. 127.
[166] H. Vallot, L'attribution des noms nouveaux en haute montagne, *La Montagne*, vol 5, N° 11, 20 novembre 1909, p. 637 à 647.
[167] H. Vallot, Commission de topographie, séance du 4 novembre 1907, in Maury Léon, *Op. cit.*, p. 192.
[168] *Ibid.* séance du 8 mars 1912, in Maury Léon, *Op. cit.*,p. 250-274.
[169] N. Guilhot, *Op. cit.*, p. 341.
[170] H. Vallot, La nouvelle carte de France au 50 000ème. Ses rapports avec la haute montagne, *La Montagne*, vol II, Paris, Plon-Nourrit, 1906, p. 228-229.
[171] Commission de Topographie, séance du 19 novembre 1913, in Maury Léon, *Op. cit.*, p.298.
[172] *Ibid*, séance du 13 mars 1914, in Maury Léon, *Op. cit.*, p.304-305.
[173] *Ibid*, séance du 7 avril 1914, in Maury Léon, *Op. cit.*, p.311.
[174] *Ibid*, séance du 10 février 1913, in MauryLéon, *Op. cit.*, p. 286-292.
[175] Etablissement civil improvisé en hôpital pour le soin des blessés et des convalescents.

Émules, disciples et élèves…
au Mont-Blanc et ailleurs.

Chaque année, la dernière réunion de la *Commission de topographie*, qui se tient en octobre ou en novembre est l'occasion de communiquer sur les travaux réalisés pendant l'été. L'examen de ces rapports permet de faire émerger quelques personnalités et de comprendre quelles étaient leurs relations avec le maître incontestable et incontesté de cette commission. La plupart sont des hommes jeunes, nés après 1870, souvent vers 1880. Ils sont issus des milieux sociaux aisés, voire fortunés et instruits, dans lesquels se recrutaient les membres du *Club Alpin*. Avant de devenir topographes, ils sont alpinistes ou au minimum d'excellents randonneurs et tous adeptes de la photographie.

C'est Henri Vallot qui parle de topographe alpiniste[176], mais dans tous les cas, sauf quelques ingénieurs ou anciens élèves de *Polytechnique* ou de *Saint-Cyr*, qui ont reçu une instruction plus ou moins approfondie dans le domaine de la topographie au cours de leurs études, ils sont alpinistes avant d'être topographes. Pour plusieurs d'entre eux, leur activité dans ce domaine n'est qu'une parenthèse de quelques années, mais certains s'attèlent à la tâche toute leur vie ! Parmi les topographes alpinistes certains étaient sur le terrain bien avant Henri Vallot, comme Schrader, qui officiaient déjà dans les Pyrénées. Il se sont en général ralliés, quelquefois en les interprétant, aux prescriptions de la commission. Les plus jeunes, ont été formés à l'école de la *Commission de topographie* du *Club Alpin,* mais ils ont, selon les massifs dans lesquels ils officiaient, bénéficié sur le terrain d'une plus ou moins grande autonomie. Quelques-uns transmettent leur savoir.

Ce tour d'horizon présente les acteurs de la topographie de montagne exercée en dehors des services cartographiques officiels. Ils sont majoritairement scientifiques et leurs travaux bien que divers et plus ou moins approfondis, présentent une certaine cohérence car ils ont été réalisés dans le cadre défini par Henri Vallot. Avant d'examiner quel a été, pour chacun de ceux qui ont participé, sur le terrain, avant la déclaration de guerre, à l'aventure topographique du *Club Alpin*, le rôle direct ou indirect joué par Henri Vallot, il faut faire connaissance avec les jeunes alpinistes, topographes et photographes qui ont participé à la réalisation de la carte du Mont-Blanc.

Photo topographes du Mont-Blanc.

Nous avons vu dans quelles conditions, Joseph a conseillé à Henri de faire appel à des renforts extérieurs pour suppléer aux difficultés dues à son état de santé déficient. Si on laisse de côté le tour d'horizon réalisé en 1910 par deux membres du *Club Alpin*, Maurice Toutain et Gabriel Cellérier, et les travaux de Charles Vallot qui fait là ses premières armes avant de reprendre le projet à son compte pour le terminer, on connaît quatre topo-photographes mobilisés sur le projet. Trois d'entre eux avaient rencontré Joseph Vallot dans le cadre de leurs recherches avant d'accepter de donner un peu de temps pour la carte. Le quatrième était un membre très actif du *Groupement de Haute Montagne*.

Jean et Louis Lecarme

Jean, né en 1876, licencié es sciences, et Louis né en 1877, ingénieur, Centralien, connaissent bien Joseph Vallot. En août 1899, il a mis à leur disposition pendant plus de quinze jours l'Observatoire des Bosses, pour des essais de téléphonie sans fil avec la vallée. Gabrielle et Madeleine Vallot se sont chargées d'exécuter pour eux les expériences, dans la vallée, à Chamonix pendant leur séjour en altitude[177]. L'année suivante, ils se livrent avec Joseph à des essais de télégraphie sans fil, entre la terre et un ballon libre. Les résultats sont présentés conjointement par les trois hommes devant l'*Académie des sciences*, (séance du 14 mai 1900). En 1902, ils commencent leurs travaux de topographie sur le terrain. Il réaliseront au total quatre-vingt-sept stations photographiques. Après quelques campagnes, Louis qui est l'industriel du binôme s'éloigne, rattrapé par ses obligations professionnelles, tandis que son frère Jean, plus scientifique, poursuit des travaux de physique en altitude jusque dans les années 1920. Il reste proche de Joseph Vallot, en particulier en participant avec lui à l'ascension du Mont-Blanc qui sera filmée, mais il ne semble pas avoir poursuivi les travaux de photo-topographie au-delà de 1908.

Albert Sénouque.

Le physicien Albert Sénouque rejoint le groupe à partir de 1911. Né en 1882, il se trouve enrôlé dans cette aventure cartographique, comme les frères Lecarme, après avoir rencontré Joseph Vallot dans le cadre de ses propres recherches. Il étudie le rayonnement solaire, sujet auquel s'intéressait aussi Joseph, et qui justifiait le séjour dans son observatoire du jeune chercheur. Il n'est pas encore trentenaire, mais il a déjà beaucoup voyagé. En 1901, assistant de l'astronome Aymar de La Baume Pluvinel, il l'a accompagné à Sumatra et au Caire pour observer des éclipses, il l'accompagnera de nouveau en 1905 en Espagne. Aérostier, esprit aventureux, il a participé en 1908 à la deuxième expédition Charcot (magnétisme terrestre, actinométrie, photographie). En mars 1911, il est le passager d'un vol piloté par Eugène Renaux. L'équipage relie Paris à Clermont-Ferrand (366 km) sur un biplan Farman et atterrit au sommet du Puy-de-Dôme, à 1 400 mètres d'altitude. Sa vocation n'est certainement pas la cartographie, mais il accède à la demande de Joseph Vallot, et réalise cinquante-trois stations de 1911 à 1913. Lui aussi est un très bon photographe.

Henri Brégeault.
Après l'interruption due à la guerre, Henri Vallot peut compter sur l'aide d'Henri Brégeault. Alpiniste, cofondateur du *Groupe de haute Montagne*, il réalise vingt-quatre stations. Ces travaux topographiques sont une parenthèse dans toutes ses activités au sein du *Club Alpin*.

Tous ces alpinistes topographes, scientifiques, sportifs, passionnés de photographie, prêtent pendant quelques saisons estivales leur concours en qualité d'opérateurs de terrains, chargés des levés de glaciers ou de zones en altitudes. Aucun n'exploite les clichés qu'il produit ; Henri se réserve tout le travail de restitution.

Cartographes sur le terrain, dans les Alpes.

Paul Helbronner et la triangulation des Alpes.

Paul Helbronner, ancien élève de l'*École Polytechnique* possède une culture mathématique qui lui donne une grande aisance dans le domaine de la géodésie, il est aussi un excellent dessinateur et aquarelliste. Dès la fin de l'année 1902, lorsqu'il propose la création de la commission, il a l'ambition de doter la France de l'équivalent de l'atlas en cours de publication en Suisse, depuis 1870, par le *Bureau topographique fédéral*, sous la direction d'Hermann Siegfried. Il y voit le meilleur exemple « *de la combinaison de la science et du sentiment artistique*[178] ». Peut-être a-t-il déjà en tête son ambitieux projet de *description géométrique détaillée des Alpes françaises* auquel il va s'atteler pendant plus de vingt ans et qu'il aura la satisfaction de voir publié, sauf un volume, avant sa mort.

Cette somme compte douze gros volumes commentés. Helbronner qui est aussi un artiste y a joint deux albums d'aquarelles, l'un pour le Mont-Blanc, l'autre pour le Pelvoux, comportant des panoramas uniques. Le panorama du Mont-Blanc mesure six mètres de long, celui du Pelvoux, trois. Mais, c'est évidemment sur le terrain que cet excellent artiste et alpiniste a donné toutes la mesure de son talent de géodésien, en construisant un réseau dense de stations qui constituent, du Léman à la Méditerranée, conformément aux préconisations d'Henri Vallot, un canevas géodésique sur lequel peuvent prendre appui des travaux de topographie complémentaires pour la réalisation de cartes à grande échelle[179].

Il a d'abord mis ses moyens financiers personnels (ceux de sa femme), au service de son entreprise, sans lésiner, payant des équipes pour repérer et préparer le terrain avant sa venue, puis pour monter et installer le matériel. Par la suite, profitant des bonnes relations, nouées et entretenues en grande partie grâce à Henri Vallot, entre la *Commission de topographie* et les services de l'*Armée*, et de la nomination en 1911 du colonel Bourgeois, ancien membre titulaire de la *Commission*, il a pu bénéficier de l'aide matérielle (personnel, appareils) du *Service géographique de l'Armée*, en échange de données.

Dès l'été 1903, Helbronner s'attelle aux massifs d'Allevard, des Sept Laux et de la Belle-Étoile. Il publie un journal très détaillé de cette campagne de vingt-deux jours dans l'*Annuaire du Club Alpin*[180]. L'article se termine par cet hommage : « En terminant cette étude, je tiens à adresser à mon ami Henri Vallot l'expression de ma profonde gratitude pour les conseils dont il a entouré son exécution. Comme j'ai eu plusieurs fois l'occasion de le dire, ce sont ses méthodes qu'il a créées ou développées pour ses opérations trigonométriques dans le massif du Mont-Blanc qui ont été employées ici ; leur sûreté et leur rapidité ont permis d'obtenir les résultats mathématiques suffisamment à temps pour qu'ils puissent paraître dans le présent annuaire.[181] »

L'année suivante il réalise la triangulation géodésique des massifs de Belledonne, Grandes-Rousses, Taillefer et des Arves. À la fin de cette saison, Paul Helbronner prépare la campagne suivante qui doit le mener au Pelvoux, Henri Vallot lui fait valoir qu'il serait nécessaire d'asseoir les opérations sur un réseau parfaitement sûr, ce qui n'était pas le cas. Henri Vallot s'adresse au colonel Bourgeois qui lui communique les informations nécessaires, il effectue les calculs et transmet à Paul Helbronner les côtés de départ. Helbronner peut ainsi engager sur de bonnes base la triangulation du Pelvoux mais aussi toute la suite de son travail, l'établissement de la chaîne méridienne de Savoie et les opérations vers la Méditerranée. En 1905, il stationne sur trente-et-un des plus hauts sommets de l'Oisans. En 1906, il fait monter ses instruments au Pic de la Meije... Sa cinquième campagne en 1907 est consacrée à la chaîne méridienne de précision de Savoie[182].

L'aventure se poursuit chaque année par des campagnes qui peuvent s'étaler de juin à septembre. La déclaration de guerre le surprend à Samoëns au moment où il aborde les chaines du Haut Giffre. Mobilisé jusqu'en 1916, il revient et s'organise pour réaliser simultanément les triangulations de détail et les travaux relatifs à sa nouvelle méridienne, dite de Dauphiné-Provence. En 1928, Helbronner a passé plus de soixante-dix mois sur le terrain, ses travaux couvrant 18 500 km^2 à partir de mille cent dix-huit stations, dont soixante-douze au-dessus de 2 000 mètres, depuis lesquelles il a réalisé 15 500 clichés photographiques. Pour terminer son œuvre il réalisera la jonction géodésique entre Nice et la Corse, effectuée de nuit grâce à des signaux optiques éloignés de plus de trois cents kilomètres.

Helbronner communique abondamment sur ses travaux, utilisant, non seulement les supports du *Club Alpin*, mais aussi toutes les possibilités de la communication scientifique et grand public. Au début, il est proche d'Henri Vallot qu'il rencontre fréquemment, y compris sur le terrain. Par exemple, en juin 1905, c'est en sa compagnie qu'il passe sa dernière soirée à Paris avant de prendre le train qui le conduit vers les Alpes dans le massif du Pelvoux. En août 1908, Helbronner retrouve Henri et sa famille au chalet du

Nant-Borrant. Henri a tenu à être présent pour l'édification du signal du Mont-Joly qui sert avec celui de la Tête Nord des Fours à relier, comme l'écrit l'esthète Helbronner « la belle triangulation primaire qu'il a exécutée pour sa belle triangulation du massif du Mont-Blanc à ma grande chaîne de Savoie.[183] ». Les deux hommes correspondent beaucoup et Henri ne ménage pas ses conseils.

Dans les dix premières années, il ne manque jamais de remercier ou d'évoquer Henri, comme en 1908 lorsqu'il retrouve un point des géodésiens italiens sur le contrefort nord de l'Aiguille rouge du massif du Mont Pourri, et y installe son théodolite... : « Mon ami Henri Vallot comprendra la joie que je ressens lorsque je constate que les vingt séries de mon théodolite me donnent résolument les angles prévus ou calculés sur les signaux que j'ai à viser[184]. » On pourrait citer d'autres exemples, jusqu'en 1913, année où il organise chez lui la réunion, déjà évoquée, pour marquer le dixième anniversaire de la *Commission de topographie*, et qui se transforme en hommage à Henri Vallot.

L'interruption due à la guerre, l'éloignement géographique d'Helbronner qui descend vers la Méditerranée, tandis que Vallot reste à Chamonix, et la quasi mise en sommeil de la *Commission de topographie* jusqu'à la disparition de son secrétaire vont distendre les liens entre les deux hommes. Apparemment, l'attitude très personnelle d'Helbronner le coupe d'Henri Vallot et de son cercle amical le plus proche, ce qui va contribuer à occulter pendant longtemps le rôle d'Henri sur l'œuvre de Paul Helbronner.

Nicolas Guilhot dresse ce constat de l'attitude d'Helbronner : « ...son appropriation systématique de projets mûris par d'autres, sa volonté de reconnaissance, l'exploitation de nombreux collaborateurs dont les noms n'étaient presque jamais cités, le montraient comme un mégalomaniaque dictatorial, profitant de la fortune de sa femme pour assouvir une obstination que quelqu'un d'autre

(Henri Vallot) lui avait mis en tête. Du grand œuvre que tout le monde lui reconnaît, Helbronner ne réalisa en fait presque rien. Toute l'organisation fut pensée par Henri Vallot. […] Les calculs eux-mêmes furent exécutés par Henri Vallot, puis par Edith Helbronner, la fille de Paul licenciée en mathématiques, par Barth, licencié en sciences, ou par Reymond, géomètre-expert. Une partie de la rédaction technique fut assurée par Hasse, un ancien calculateur du SGA [*Service géographique de l'Armée*]. Helbronner se contentait d'effectuer les mesures angulaires et les clichés photographiques. […], il continua jusqu'à sa mort de s'accaparer tout le mérite de ce qui était un véritable travail collectif.[185] »

Cette analyse, basée sur l'étude de ses archives, en particulier les lettres conservées au *Musée dauphinois* de Grenoble, bien que corroborée par le jugement de quelques proches d'Henri Vallot, dont Joseph, semble cependant bien sévère.

On a pu aussi, a posteriori, discuter de l'intérêt du travail. Quelques topographes alpinistes ont profité, comme l'espérait Henri Vallot, du canevas défini par Helbronner pour asseoir des travaux topographiques personnels sur des zones plus restreintes. Ses levés ont aussi servi aux cartographes officiels de l'*Armée*. Ses notes sur le terrain et ses nombreux clichés photographiques constituent un témoignage, d'un grand intérêt documentaire, de l'état de la montagne au début du vingtième siècle. Son opiniâtreté, ses qualités de communiquant et ses dons artistiques justifient amplement son passage à la postérité.

Régis du Verger de Saint Thomas, et les Aiguilles de l'Argentière, dans le massif des Sept-Laux.

Si Helbronner, né en 1871, à Compiègne, a découvert la montagne à l'occasion d'une convalescence ou d'un voyage avec son oncle selon les sources, le baron Régis du

Verger appartient à la famille du Verger de Saint Thomas des Esserts, une ancienne famille noble de la Tarentaise. Il est né à Moûtiers en 1879. Militaire, sorti de *Saint-Cyr* en 1902, passionné de photographie, il est lieutenant au 97ème *Régiment d'infanterie alpine*, quand il entreprend dans le cadre du *Club Alpin* la cartographie des Aiguilles de l'Argentière, dans le massif des Sept-Laux. Sa démarche correspond exactement aux objectifs de la commission qui avaient été rappelés par le lieutenant-colonel Bourgeois, en novembre 1907[186], car il s'agit de la cartographie d'une zone limitée, située en haute montagne.

Il s'appuie sur le canevas, dix-huit points trigonométriques, défini pendant la première campagne d'Helbronner en 1903. Profitant d'une belle arrière-saison, il effectue ses premiers levés entre le 28 septembre et le 4 octobre 1908 ; il poursuit ses travaux en 1909, et en 1910, on peut annoncer que le dessin de la carte est très avancé et sera vraisemblablement terminé dans le courant de l'hiver. La carte au 20 000ème de Régis du Verger est la première carte de topographe alpiniste, présentée aux membres de la *Commission de topographie,* en mars 1911.

Le jeune militaire est un bon élève, qui reçoit ce satisfecit du secrétaire de la commission, Henri, qui dans ses comptes rendus parle de lui-même à la troisième personne : cette carte « est aussi remarquable par la fidélité de la représentation et la finesse du dessin que par la correction des éléments qui ont servi à l'établir. C'est la première fois que notre *Commission* se trouve en présence d'une œuvre établie de toutes pièces, par un topographe dont les débuts sont récents, entièrement et rigoureusement selon les principes et le mode opératoire qui conviennent aux levés de haute montagne et que M. H. Vallot a essayé de codifier dans ses ouvrages topographiques ».

Le travail qui a été réalisé constitue « un exemple qui, de tout point, peut être proposé comme type à tous nos topographes de haute montagne[187] ». Robert Perret compare, ce qui est flatteur, « le coup de plume » de du Verger à celui du cartographe suisse Imfeld[188]. En présentant sa carte, Régis du Verger, remercie Henri Vallot : « L'auteur de la carte est heureux de pouvoir adresser ici tous ses remerciements à M. Henri Vallot qui a toujours été pour lui un guide bienveillant et sûr, et dont la grande expérience, si généreusement offerte, lui a seule permis d'accomplir la tâche entreprise[189]. »

La carrière militaire et la guerre éloignent du Verger de la *Commission de topographie* du *Club Alpin*, mais en fin de carrière, il est au *Service géographique de l'Armée*.

Robert Perret et les Alpes de Sixt, en bordure du massif du Mont-Blanc

La famille du géographe Robert Perret, né en 1881, est originaire du Faucigny. Son père, Paul, membre du *Club Alpin* avait réalisé quelques premières dans les Alpes. Attaché à sa région, il va exclusivement consacrer ses travaux de vacances de topographe alpiniste, à la région de Sixt, en bordure du massif du Mont-Blanc. La proximité géographique lui permet d'être d'emblée en contact avec Henri Vallot ; Il en est certainement un des disciples les plus proches, même si une approche plus géographique dans la représentation des cartes lui permet de se démarquer.

Il présente une carte au 50 000ème des crêtes du Fer à Cheval et régions avoisinantes, au-dessus de Sixt, à l'occasion de la séance du 25 novembre 1910 de la *Commission de topographie*. Au cours de cette réunion, Henri Vallot « qui a eu l'occasion de suivre de près le travail […] fait ressortir le mérite qui s'attache à cette œuvre cartographique entièrement personnelle, représentant le premier essai topographique de l'auteur, et établie par ses seuls moyens, sans autre instrument qu'un appareil photographique. C'est un début fort encourageant et qui montre ce que pourrait faire notre collègue, spécialisé d'ailleurs dans les études de géographie physique, s'il entreprenait un 20 000ème régulier de ces intéressantes régions[190]. »

De juillet à septembre 1911, suivant le conseil d'Henri, il entreprend le levé régulier, à l'échelle prescrite, de la région comprise entre la vallée de Sixt, le Buet, le Col d'Anterne, les Fiz, le Désert de Platé. Sa campagne de 1912 reçoit un nouveau satisfecit : « ...notre collègue applique avec une extrême conscience les procédés qui lui ont été suggérés et a réussi, presque dès le début, à atteindre un degré de précision approchant de la limite que permettent les procédés graphiques[191]. » Dans un article publié en 1911, il avait rendu hommage à Henri Vallot en ces termes : « Remercier M. Henri Vallot avant de conclure cet exposé est pour moi un devoir... Je lui dois outre la communication de plusieurs résultats inédits, nombre d'excellents conseils[192]. »

Il y a bien une campagne en 1913, mais Robert Perret est mobilisé en 1914. La revue du *Club Alpin* publie l'introduction de sa thèse sur le cirque du Fer à Cheval, soutenue pour obtenir le grade de docteur ès lettres[193]. Il ne reprend ses travaux sur le terrain qu'en 1920, effectuant une dernière campagne avant la réalisation et la publication, en 1923, de la carte de la Vallée de Sales et du Cirque des Fonts, au 20 000ème. Elle est éditée chez Barrère, membre du *Club Alpin*. Henri Vallot n'est plus là pour en faire l'éloge, Léon Maury s'en charge, saluant au passage les mérites du *Club Alpin* : « L'œuvre de M. Robert Perret confirme avant tout ce fait que les « topographes volontaires », floraison ou fructification, comme on le préférera, du *Club Alpin Français*, sont devenus des maîtres; que leurs travaux comptent désormais parmi les productions vraiment scientifiques. C'est une vraie joie, pour les initiateurs, de penser qu'ils seront un jour dépassés par ceux qui viennent après eux[194]. »

Pour Perret, la cartographie n'est pas une fin en soi, c'est un outil indispensable à l'étude de sa région, et d'une façon plus générale, c'est un préalable à toute étude géographique. Certes, il a été épaulé et guidé par Henri Vallot, qu'il reconnait pour son maître en topographie, et dont il est, avec Charles Vallot, le disciple le plus proche, mais il fait œuvre de géographe. Il a conçu une carte utile aux alpinistes, mais qui comporte aussi des renseignements pour les géographes et les botanistes.

Charles Buisson, après l'abbé Rémy Fouilliand, et le massif de la Chartreuse

Les premiers levés effectués, de 1907 à 1913, dans le massif de la Chartreuse sont l'œuvre d'un prêtre, l'abbé Rémy Fouilliand, professeur à l'Institution des Chartreux (Lyon). Né en 1853, la même année qu'Henri Vallot, c'est avec Schrader et Saint-Saud un des topographes alpinistes actif de cette génération. Dans son rapport sur la campagne de 1909, l'abbé annonce qu'il compte, pour la prochaine campagne, sur la collaboration de monsieur Buisson de la section de Lyon du *Club Alpin*. Effectivement en 1910, ils lèvent ensemble une partie du plateau de la Dent de Crolles. L'année suivante, ils sont tous deux en relation avec Helbronner dont la triangulation en cours sert de base aux levés dans cette région, mais on ne sait pas s'ils sont ensemble sur le terrain ou s'ils se sont réparti sur des zones différentes. Ensuite, le nom de l'abbé disparaît. Pendant la guerre, Buisson, qui n'a pas été mobilisé, peut continuer ses travaux topographiques et au terme de huit campagnes, de 50 à 60 jours par an, il présente en 1918 une carte qui couvre une superficie de 252 km^2.

À cette époque la *Commission de topographie* est encore en léthargie, la revue *La Montagne* publie un article de l'auteur de la carte (daté du 11 novembre 1918 !), dans lequel il expose succinctement comment il a réalisé les cinq feuilles couvrant le massif de Chartreuse au 20 000ème. L'article se termine par un hommage à Paul Helbronner et à

Henri Vallot, mais il ne cite à aucun moment l'abbé Fouilliand[195] avec qui il avait fait ses premiers levés dans le massif de la Chartreuse : « Avant de terminer cet exposé, je manquerais à mon devoir si je ne rendais un public hommage de reconnaissance à M. P. Helbronner et à M. H. Vallot. M. P. Helbronner a été l'instigateur du travail que j'ai entrepris et je me plais à reconnaître hautement l'obligeance qu'il a mise, en interrompant le cours de ses campagnes géodésiques, à me fournir les éléments de base de mes travaux. M. H. Vallot, par ses conseils de haute valeur scientifique et nombreux, m'a permis de conduire mes opérations avec toute la précision désirable et que j'avais à cœur d'atteindre. Je le remercie vivement d'avoir bien voulu témoigner de l'intérêt qu'il attachait à mes travaux, en en faisant part, à plusieurs reprises, à la *Commission de topographie* du *Club Alpin Français*[196]. »

Il est vrai qu'Henri Vallot a régulièrement évoqué l'avancement des travaux en cours, mais faute de commentaires de sa part, nous ne savons pas s'il s'était associé aux critiques formulées par Robert Perret sur la représentation du rocher, sur la densité du canevas, trop faible à ses yeux pour une région recouverte de forêts… Des défauts qui, toujours d'après Perret, « ne doivent pas faire oublier certains mérites indiscutables ; la rédaction est d'une extrême clarté; facile à lire, la carte ne peut manquer de rendre des services aux nombreux touristes qui circulent dans la Grande Chartreuse; elle remplit donc son objet[197] ». Pour le géographe Perret, tout est dans la nuance, en considérant que cette carte est utile aux touristes, ne sous-entend-t-il pas qu'elle est insuffisante pour les scientifiques ?

Cartographes sur le terrain, dans les Pyrénées.

On a déjà souligné l'antériorité des activités de topographie des pyrénéistes. Parmi ceux-ci, Franz Schrader et Aymar de Saint-Saud, qui sont tous les deux membres titulaires de la *Commission de topographie*, dès sa création. Ils vont évidemment orienter leurs activités au sein de cette commission vers la cartographie et s'intéresser de près à la toponymie. Le programme de Schrader est indépendant. Saint-Saud, moins autonome que son collègue en matière de calculs, de restitution et de dessin, s'intègre au projet plus vaste du capitaine Maury qui, lui, est réellement un élève d'Henri Vallot. Pour connaître en détail les travaux des topographes pyrénéistes, il faut se référer aux articles qu'ils publient régulièrement dans le *Bulletin Pyrénéen,* une revue fondée en 1897 par la Section de Pau du *Club Alpin Français* et de la *Société des excursionnistes du Béarn.*

Franz Schrader, Maurice Heid et la carte de Gavarnie et du Mont Perdu

Franz Schrader, né en 1844, soit neuf ans avant Henri Vallot, occupe une place à part. Inventeur de la topographie de montagne, il pouvait se prévaloir d'une antériorité réussie, d'environ quinze ans par rapport à Henri Vallot, puisque sa carte du massif de Gavarnie-Mont-Perdu au 40 000ème, a été annexée (en rouleau) au premier *Annuaire du Club-Alpin*[198]. Il y avait aussi dans ce premier numéro de la revue une carte de Paul Édouard Wallon, décédé avant la création de la *Commission.* Schrader a réalisé d'autres cartes à diverses échelles et le colonel du génie Goulier, en personne, considère son œuvre comme « digne de figurer parmi les œuvres de topographie sérieuse[199] ».

Sa rencontre dans le massif pyrénéen, avec le capitaine du Génie Prudent (plus tard lieutenant-colonel), chargé d'établir une carte au 500 000ème pour le dépôt des fortifications, lui ouvre la carrière de géographe professionnel, puis de directeur du service de publication des cartes et atlas de la maison *Hachette*, à Paris. Membre très actif du *Club Alpin*, il s'intéresse dès le début aux projets de Joseph Vallot dans les Alpes. Une réelle amitié s'est nouée entre Schrader et les cousins Vallot.

Membre fondateur de la *Commission de topographie*, présidée par Prudent, Franz Schrader reprend, à partir de 1906, au retour d'une mission en Argentine, le chemin des montagnes pyrénéennes. L'objectif est de compléter et d'améliorer ses précédents travaux. La carte au 20 000ème, la seule échelle qui vaille aux yeux d'Henri Vallot, est publiée en 1914 ; mais, ce n'est qu'en 1919 qu'elle est présentée par Franz Schrader. D'emblée il rappelle ce que cette carte doit à la création de la *Commission de topographie*. Il précise qu'il a cédé aux instances d'Henri Vallot, la région concernée n'étant pas prise en compte dans le territoire concerné par le projet du capitaine Maury : « Sans l'impulsion donnée par le groupe de topographes et de géodésiens fondateurs de la *Commission de topographie*, les essais incomplets, vieux de quarante ans. et au delà, d'une représentation au 20 000ème du Cirque de Gavarnie et des montagnes voisines seraient demeurés dans l'oubli où je les avais relégués dès que l'expérience m'avait enseigné la modestie[200]. »

Il faut saluer l'extraordinaire humilité et la passion d'un sexagénaire, revenant, théodolite, orographe, et règle à éclimètre en main, sur le terrain, pour compléter ses travaux de jeunesse. À cette occasion, il ne fait pas seulement œuvre de topographe, mais aussi de géographe par exemple quand il étend le domaine de sa carte pour y inclure une vallée. Cela permettra « de suivre la continuité des érosions glaciaires superficielles, par delà cette vallée, depuis les sommets du Marboré et du Mont Perdu jusque dans la dépression tectonique de Fanlo ».

Il commence seul, mais il est rejoint par le jeune Maurice Heid, né en 1881, qui va l'épauler et même le remplacer sur le terrain en 1907 (chute) et en 1919 (indisposition). Maurice Heid est un disciple de Schrader et un élève d'Henri Vallot. Médecin, il est l'archétype de l'alpiniste topographe, qui a tout appris sur le terrain. Bon photographe, il va, pendant plusieurs années, avant et après la guerre, œuvrer dans les Pyrénées, se joignant aux équipes sans chercher à mettre son nom au premier plan.

Toujours soucieux de transmettre les savoirs, Henri Vallot avait demandé à Schrader, qu'il considérait comme un maître dans l'art de la représentation des rochers sur les cartes, de transmettre son savoir : « Savoir le faire est déjà bien ; ce qui serait mieux, c'est de nous dire de quelle façon vous vous y prenez[201]. » C'était en juin 1910, à l'occasion de la présentation de la carte de Gavarnie. Le 5 janvier 1911, le document de trente-cinq pages, était prêt.

Aymard de Saint-Saud, Léon Maury et les Picos de Europa, Pyrénées Cantabriques et Asturiennes.

Le périgourdin Aymar d'Arlot comte de Saint-Saud, né en 1853, alpiniste et photographe, devenu topographe après sa rencontre avec Schrader et Prudent, formé par ce dernier, était aussi sur le terrain bien avant la création de la commission. Il a publié en 1892, une brochure très documentée, accompagnée d'une carte en quatre planches au 200 000ème, de régions des Pyrénées espagnoles dont il a fait les levés[202]. En 1893, l'*Annuaire du Club Alpin* publie son étude orographique des Monts Cantabriques, document d'une vingtaine de pages qui fait l'objet d'une brochure tirée à part[203], accompagnée d'un canevas esquisse au 100 000ème. La carte avait été établie par le colonel Prudent d'après les données et renseignements recueillis sur place par Aymar de Saint-Saud et Paul Labrouche, un pyrénéiste ancien élève de l'*École des Chartes*.

Membre titulaire de la *Commission de topographie*, il repart sur le terrain comme Schrader, mais quand le premier se conforme aux prescriptions de la commission, Saint-Saud n'entreprend pas d'établir une nouvelle carte au 20 000ème, ni même au 50 000ème. Il veut élargir la zone géographique couverte et construire une carte plus précise, mais à la même échelle, des Picos de Europa (Monts Cantabriques). Il entraîne dans son entreprise deux jeunes topographes alpinistes le lieutenant Léon Maury et l'ingénieur des Ponts et chaussées Denis Eydoux avec qui il avait déjà travaillé sur le terrain. Saint-Saud, plus littéraire que scientifique, est un bon opérateur, précis et organisé, et un excellent photographe, mais dans ses précédentes campagnes, c'est Prudent qui a effectué les calculs et placé les points. Dans cette nouvelle campagne, il appartient à Maury, qui aurait dû être aidé par Eydoux, d'effectuer cette tâche, mais, entre-temps, son camarade a quitté Tarbes, et il y a la guerre ! La carte, terminée en mai 1914 ne peut être gravée qu'en 1921 et publiée en 1922. Compte tenu de l'échelle adoptée on peut dire que l'influence d'Henri Vallot s'est limitée aux méthodes sur le terrain.

Comme pour ses précédentes œuvres, Saint-Saud rédige une brochure [204], de 271 pages, véritable guide scientifique, géographique et touristique de la région. Une réduction de l'esquisse canevas au 100 000ème est insérée dans le document, quatre grandes cartes dépliantes à la même échelle étaient jointes dans un cartonnage. Le capitaine Maury qui a réalisé ces cartes, souligne les difficultés rencontrées pour la représentation du terrain, car à cette échelle, les courbes de niveau sont trop serrées : « Quant à l'équidistance[205], après avoir assez longtemps hésité, je me suis décidé à adopter celle de 50 m., car j'ai estimé que l'équidistance de 100 m. était insuffisante pour définir correctement le terrain. Mais, la carte étant dessinée au 100 000ème, cela conduisait à une équidistance graphique de un demi-millimètre. Or, les travaux de Henri Vallot ont nettement démontré que l'équidistance graphique de un millimètre est celle qu'il est préférable d'adopter en haute montagne, si on ne veut pas être entraîné à une trop grande minutie, pour éviter que les courbes ressemblent à des hachures horizontales. D'autre part, il est déjà très délicat, en tout état de cause, de dessiner au 100 000ème. Ces deux difficultés réunies ont augmenté, dans des proportions tellement considérables, le temps prévu pour le dessin du terrain, que cette partie du travail, à elle seule, s'est trouvée d'une longueur beaucoup plus considérable que tout le reste (construction du canevas, dessin de la planimétrie et de la lettre).[…] Mais cette expérience prouve, une fois de plus, la justesse de la règle posée par Henri Vallot et il y a lieu de s'y conformer, toutes les fois que ce n'est pas absolument impossible[206]. »

Cette règle, définie par Henri Vallot, évoquée par Maury est celle qui définit l'échelle la plus petite à adopter pour la cartographie de montagne, à savoir au 50 000ème.

Le capitaine Maury, l'ingénieur Eydoux et le grand projet de carte des Pyrénées.

Le lieutenant Léon Maury, né en 1880, a rencontré Aymar de Saint-Saud, en septembre 1900, dans un refuge pyrénéen. Ils sont tous les deux périgourdins. Élève en première année à *Polytechnique*, il vient d'être incorporé à Pau. L'hiver suivant, il est de retour à Paris, dans son école située à l'époque rue de la Montagne Sainte-Geneviève. Aymar de Saint-Saud le présente au colonel Prudent qui lui fait connaître Henri Vallot. Il apprend, dit-il, l'art des levés de montagne avec ces « deux maîtres de la topographie ». Peut-être est-il un des bénéficiaires des quelques cours qui ont été donnés en région parisienne ?

Avec Aymar de Saint-Saud et Denis Eydoux, polytechnicien, né en 1876, ingénieur des *Ponts et Chaussées*, en poste à Tarbes, il commence des levés pour une carte du massif de Néouvielle. Quand Saint-Saud entreprend de revoir sa carte au 100 000ème des Picos de Europa dans la Cordillère cantabrique, il abandonne le terrain de Néouvielle à ses deux jeunes collègues. Maury et Eydoux ne se contentent pas de ce projet local, ils envisagent de réaliser une ambitieuse cartographie des Pyrénées. En 1906, Léon Maury présente à la *Commission de topographie* le tableau d'assemblage (10 feuilles) d'un projet de carte des Pyrénées au 20 000ème. Il prévoit, avec l'aval d'Henri Vallot qui a supervisé le tracé sur un réseau de méridiens et de parallèles, de coordonner les travaux de membres de la commission qui prendraient en charge individuellement une région. Denis Eydoux est associé au projet. La méthode de levé choisie est celle désignée sous le nom de « mode expéditif », non pas parce qu'elle serait bâclée, pour marquer qu'elle est adaptée aux expéditions dans lesquelles on est limité pour le transport du matériel, dans le *Manuel de topographie alpine* d'Henri Vallot ; elle comprend des tours d'horizon à la règle à éclimètre, des vues photographiques et des itinéraires déclinés à la planchette à main.

Entreprenant, plein de bonne volonté, Léon Maury lui-même bien formé pendant ses études, fait des cours de triangulation et de topographie, il enseigne le maniement du théodolite et de la règle à éclimètre à plusieurs topographes alpinistes ou plutôt, pyrénéistes. En 1907, il perfectionne sa propre formation. Grâce à l'appui du commandant Bourgeois, il obtient d'être détaché du 29 mai au 28 octobre aux levés au 20 000ème, effectués par le *Service géographique de l'Armée,* autour de fortifications dans les Alpes.

Pendant les premières années, quelques équipes se forment et travaillent sur le terrain. En 1908, Denis Eydoux a été muté par son administration, Léon Maury, promu capitaine, a certes l'appui d'officiers membres du *Club Alpin*, mais il ne dispose plus du temps nécessaire pour faire les calculs, exploiter les photos et dessiner la carte. Il doit le reconnaître en 1910.

À défaut de dresser une nouvelle carte, Léon Maury révisera, après la guerre de 1914, la carte des Pyrénées centrales en six feuilles au 100 000ème dressée entre 1882 et 1892 par Franz Schrader. Il fait cette révision en utilisant les levés à grande échelle de Schrader (Gavarnie) et de Meillon

(Vignemale), et les levés qu'il a réalisés avec Saint-Saud et Eydoux (Néouvielle). Il prend aussi appui sur l'ancienne carte au 200 000ème de Prudent et Saint-Saud. Il complète avec des renseignements obtenus auprès d'autres topographes alpinistes (Maurice Heid, …). Il utilise aussi la carte militaire d'Espagne au 200 000ème. Cette compilation, assez éloignée des enseignements d'Henri Vallot, le conduit a effectuer des révisions sommaires, en 1928-1929, puis des corrections en 1932 et 1933, à la carte de Schrader.

Léon Maury est très présent et actif au sein du *Club Alpin*. Il fait œuvre d'historien quand il publie en 1936 un recueil des principaux documents, correspondances, procès-verbaux de réunions, articles, mettant en évidence l'œuvre scientifique du club [207]. Ce livre est une véritable mine d'information pour l'étude de cette période. Mais ce n'est qu'en 1948 après avoir repris le projet de Néouvielle, laissé en jachère depuis plus de trente ans, qu'il publiera une carte dont il aura effectué lui-même les levés, dans la ligne fixée par Henri Vallot.

Léon Maury et la carte du massif du Néouvielle (Nèu Biélhe)

Léon Maury, faisant preuve d'une extraordinaire ténacité va en 1945 et 1946 reprendre un chantier commencé par Saint-Saud entre 1899 et 1902, repris avec Eydoux de 1901 à 1906, puis seul en 1927 : La carte au 20 000ème du massif de Néouvielle [208]. Elle aurait pu être réalisée après cette dernière campagne, car le travail sur le terrain était terminé. Mais le temps nécessaire, pour la construction du canevas, des points photographiques et le dessin du terrain était trop important pour qu'il puisse les entreprendre, d'autant que Denis Eydoux s'étant retiré du projet après sa mutation, il était le seul calculateur et dessinateur.

Quand Léon Maury quitte l'armée, avec le grade de colonel, il dispose enfin de temps, mais il ne voit pas l'utilité de mener cet ancien projet à son terme. Quelque temps après, encouragé par Barrère qui avait vu les premiers travaux, et avait lui-même participé à des levés dans les Pyrénées, au début du siècle, il décide de reprendre le chantier. Le projet est de nouveau différé en raison de la déclaration de guerre de 1939. Finalement, la carte commencée par le lieutenant Maury en 1903 est publiée en 1948, par le colonel Maury ! Compte tenu de son échelle et de son mode de réalisation, elle appartient bien au corpus de cartes de montagne « inspirées » par Henri Vallot, et commencées sous l'égide de la *Commission*.

Alphonse Meillon, Étienne de Larminat, le massif de Vignemale et Cauterets.

Alphonse Meillon est né en 1862, dans les Hautes-Pyrénées, à Cauterets. Il est issu d'une famille d'hôteliers, et est lui-même hôtelier. Historien local de la vallée de Cauterets, il vient à la topographie après avoir entrepris l'étude toponymique de la vallée. Il s'adresse en 1906 au lieutenant Maury qui lui apprend, en quelques courtes séances sur le terrain, en 1906, 1907 et 1909, l'emploi de la règle à éclimètre, de l'appareil photographique et du théodolite[209]. Pour Maury, cette initiation jugée insuffisante est compensée grâce « à la conscience et à l'esprit de méthode d'Alphonse Meillon, celui [le travail] qui put être réalisé se trouva suffisant, surtout lorsque, ultérieurement, grâce aux conseils éclairés de Henri Vallot, il employa à peu près exclusivement le théodolite, pour le canevas de détail[210] ».

À partir de 1907 et jusque quelques années avant sa mort en 1933, il emploie tout son temps disponible, l'été, aux travaux de topographie sur le terrain. Il reçoit parfois le renfort d'autres topographes alpinistes : Francis Bernard, rédacteur en chef du *Bulletin pyrénéen*, Henry Barrère, éditeur géographe à Paris, Maurice Heid... À partir de 1910 jusqu'en 1913, il reçoit l'aide de l'abbé Gaurier, chargé d'une mission par la *Direction des Travaux hydrauliques*, consacrée aux lacs et aux observations glaciologiques. L'abbé est accompagné de son neveu Charles Vergne.

En 1912, se pose la question, également cruciale pour les levés de Saint-Saud, Maury, et Eydoux, de l'exploitation des nombreux documents graphiques et photographiques rassemblés depuis plusieurs années. Ces calculs auraient dû être exécutés par le lieutenant Maury, qui, théoriquement coordonnait tous les projets dans les Pyrénées. Pour les raisons déjà évoquées, il ne peut pas les prendre en charge. La question remonte à Henri Vallot qui accepte que les calculs soient réalisés par un spécialiste, sous sa direction. Il veut bien aussi se charger de la coordination des diverses triangulations. Henri n'a aucune difficulté à trouver des spécialistes de confiance, lui et son fils Charles.

Henri Vallot analyse les résultats du travail de terrain de Meillon et de ses compagnons. Il ont couvert une surface de 180 km^2, ce qui permet d'établir un canevas au 40 000ème. Il appelle de ses vœux de nouvelles stations et visées pour atteindre la densité de un point de repère précis par km^2, requise pour les levés au 20 000ème. Voici les enseignements qu'il tire du travail de Meillon, qui était au début, contrairement à Maury ou Eydoux, totalement novice en matière de topographie : « De la très intéressante expérience faite par M. Meillon se dégage un autre enseignement, sur lequel il nous paraît utile d'attirer l'attention des intéressés ; Un topographe amateur, connaissant particulièrement bien son pays, mais qu'aucune formation scientifique spéciale, aucun apprentissage préalable n'avait préparé à l'accomplissement d'une œuvre relevant essentiellement de la pratique des sciences d'observation, a réussi à établir, dans une région montagneuse étendue, par l'emploi du théodolite, un canevas très acceptable, susceptible de servir de base à une carte à l'échelle du 20 000ème. Ce résultat mérite d'être souligné, car nous ne craignons pas d'affirmer que l'opérateur, placé dans les mêmes conditions extérieures et personnelles, n'aurait jamais pu atteindre ce résultat, s'il n'avait eu à sa disposition que des procédés goniographiques ; ceux-ci, quels que soient leurs avantages propres, ne peuvent convenir, comme maints exemples l'ont prouvé, qu'à des topographes particulièrement exercés et avertis, et à des graphiqueurs (sic) d'une habileté consommée; nous insistons donc ici sur une opinion que nous avons déjà formulée ailleurs: En haute montagne, le théodolite est le seul instrument qui permette à un topographe débutant d'établir avec succès un canevas d'ensemble étendu[211]. »

Le projet sera finalement conduit à son terme avec l'aide d'Étienne de Larminat, trop tard pour qu'Henri Vallot puisse juger du résultat et surtout apprécier, lui qui était toujours en quête de progrès, l'apport de la photographie aérienne. En effet, pour compléter certains dessin de détails, mal vus sur les photographies terrestres, Étienne de Larminat a utilisé des photographies aériennes, prises en 1924, par le lieutenant Vignolle, basé à Pau. Ce qui lui a, non seulement permis d'affiner la précision de la carte, mais aussi d'étudier de nouveaux procédés utilisables pour des complétages de cartes de montagne. Outre ces levés complémentaires, c'est lui qui a effectué tous les calculs, construit et dessiné les deux feuilles de la carte de cette région : la première couvre le massif du Vignemale[212], la seconde, la région de Cauterets[213].

En 1915, Alphonse Meillon avait consacré un long article à ses travaux topographiques et toponymiques. Voici l'hommage qu'il rendait à cette occasion à Henri Vallot, montrant que malgré son absence sur le terrain, son influence était bien réelle : « Que M. Henri Vallot ne s'étonne pas si nous tenons à joindre son nom à celui des grands maîtres qu'il nous cite. Ses remarquables travaux de topographie en haute montagne restent les guides les plus sûrs que l'on puisse suivre. Comme la plupart des vrais savants, M. Vallot a la science aimable et lui donne cet attrait. Avec une complaisance sans bornes, il m'a prodigué conseils et avis, dont je lui demeure profondément reconnaissant. Je ne saurais séparer de lui, dans ma gratitude, son fils Charles Vallot, qui a bien voulu se charger d'effectuer les calculs de ma triangulation, calculs d'autant plus ingrats que le travail provenait d'un élève encore bien inexpérimenté[214]. »

Nous n'avons retenu que les topographes alpinistes ayant réalisé ou participé à la réalisation de cartes, dont les levés ont commencé avant 1914, dans le cadre de la *Commission de topographie*, répondant à la plupart des critères posés par Henri Vallot et réalisées avec les méthodes qu'il préconisait.

Glaciologues, nivologues.

À côtés des topographes alpinistes qui occupent leurs loisirs à dresser des cartes précises, il y a les glaciologues, souvent chargés de missions officielles, pour qui, un levé topographique détaillé constitue la base de toute étude glaciologique. Antérieurement à la création de la *Commission de topographie*, une *Commission française des glaciers*, rattachée à la *Commission internationale des glaciers*, s'était créée en 1901. Ce n'était pas une commission du *Club Alpin*, mais elle était placée sous son patronage. Elle était présidée par le Prince Roland Bonaparte. Joseph Vallot en était le vice-président, Charles Rabot, le secrétaire, également président tout puissant de la *Société de Géographie*. À sa création, Henri Vallot était membre de cette commission. Comme pour la *Commission de topographie*, les scientifiques alpinistes n'avaient pas attendu pour étudier les glaciers et *l'Annuaire du Club Alpin* avait largement ouvert ses colonnes à Charles Durier, à Venance Payot, au Prince Roland Bonaparte, ou à Joseph Vallot dont les travaux font encore actuellement référence.

Les chercheurs qui étudient les glaciers ressentent le besoin de disposer de repères cartographiques précis, à grande échelle, et c'est tout naturellement qu'ils coopèrent avec les membres de la *Commission de topographie*, quand ils n'en sont pas eux-mêmes membres. Pour Henri Vallot, qui participe aux travaux de Joseph dans ce domaine, le volet topographie de la glaciologie « une science nouvelle, et qui a besoin de se perfectionner[215] », entre tout à fait dans le rayon d'action de la *Commission*. Les glaciologues en mission officielle pour le *Ministère de l'Agriculture*, ou les universitaires, sont présents sur le même terrain que les topographes alpinistes, ce sont parfois les mêmes hommes, ils ont le même souci de représentation de terrains difficiles d'accès aussi adoptent-ils les méthodes de levés à grande échelle et de surveillance topographique de la progression des langues glaciaires préconisées par Henri Vallot.

Claudius Bernard à Tré La Tête, dans le massif du Mont-Blanc.

Nous avons déjà évoqué les bonnes relations tissées par Henri Vallot avec les ingénieurs des *Eaux et Forêts* chargés de la surveillance des glaciers dans le massif du Mont-Blanc. C'est le point de départ de la carrière de glaciologue et de nivologue, spécialiste des avalanches de Paul Mougin, né en 1866, et de son adjoint, Claudius Bernard, né en 1872. Les deux hommes qui appartiennent au service du reboisement, découvrent les grands glaciers et leur dangerosité à Chamonix, avec les cousins Vallot. Quand Paul Mougin propose à son administration un nivomètre pour mesurer les précipitations neigeuses, son dispositif est un modèle perfectionné du nivomètre construit par Henri et utilisé par Joseph Vallot. En 1908 Claudius Bernard est chargé d'étudier les variations de superficie du grand glacier de Tré-La-Tête. Il effectue une triangulation de la partie inférieure pour établir une topographie au $5\,000^{\text{ème}}$. Formé à l'*École de Nancy*, il a étudié la topographie pendant ses études, mais il profite de l'expérience transmise sur le terrain par Henri Vallot. Ses levés sont été exécutés en s'appuyant sur les signaux installés par son aîné et en suivant les recommandations de la *Commission de topographie*.

Cette surveillance du glacier, subventionnée par le *Service des grandes forces hydrauliques,* est interrompue par la guerre, mais après l'armistice, Claudius Bernard reprend ses observations. Henri Vallot et lui ont eu l'occasion de collaborer dans d'autres domaines, et plus tard, quand l'ingénieur des *Eaux et Forêts* rejoint le corps professoral de l'*École de Nancy*, il y donne un cours complet de topographie, dont la bibliographie [216] tient compte des travaux d'Henri (topographie), de Joseph et Henri (application de la photographie) et même de l'article de Charles sur l'artillerie.

Georges Flusin, Charles Jacob et Jules Offner, dans le massif des Grandes Rousses

Georges Flusin (né en 1872, physicien), Charles Jacob (né en 1878, géologue) et Jules Offner (né en 1873, docteur en médecine, botaniste), de l'Université de Grenoble, effectuent en 1905 et 1906 des levés en compagnie du conducteur des *Travaux Publics* Lafay, pour l'établissement d'une carte précise à grande échelle, au $10\,000^{\text{ème}}$ [217] du massif des Grandes Rousses, situé sur les départements de l'Isère et de la Savoie. Ce travail doit servir de base à des études glaciologiques pour le compte du *Ministère de l'Agriculture*. Le levé topographique est un préalable aux études glaciaires dont ils ont été chargés, il s'appuie sur le réseau de Paul Helbronner. « Au point de vue topographique, Monsieur H. Vallot a bien voulu, dans une correspondance suivie avec l'un de nous, nous prodiguer ses conseils et Monsieur Helbronner distraire à notre profit du colossal travail géodésique qu'il a entrepris dans les Alpes françaises, les coordonnées géographiques des points sur lesquels nous avons appuyé notre levé topographique[218]. »

Bien qu'il s'agisse d'une mission officielle, Georges Flusin qui est membre correspondant de la *Commission,* communique régulièrement des informations sur l'avancement de sa mission et fait parvenir une réduction photographique de la carte, ce qui lui vaut les félicitations pour le travail de son équipe. Leur carte a été publiée par le *Ministère de l'Agriculture*.

Paul Girardin en Tarentaise.

Paul Girardin, né en 1875, ancien élève de *l'École Normale Supérieure*, fait toute sa carrière universitaire, à partir de 1903, à la *Faculté des Sciences* de *l'Université de Fribourg* en Suisse. Membre du *Club Alpin* et de la *Commission de topographie*, il est proche d'Henri et Joseph Vallot, dont il suit avec intérêt les travaux. Il se forme à la topographie auprès d'Henri et adopte ses méthodes pour l'établissement de cartes dans le cadre de ses travaux de glaciologie.

Le géographe Jean Brunhes, dans un article consacré aux relations entre géographie, cartographie et topographie, la première ne pouvant se comprendre sans les deux autres car elle a besoin de représentations graphiques, présente Girardin en ces termes : « M. le Professeur Paul Girardin est lui-même l'élève de l'éminent topographe français M. Henri Vallot; il a apporté à notre *Institut géographique* l'esprit de méthode pratique et la discipline de représentation graphique qui ont été mises en œuvre par son maître[219]. »

Parmi ses travaux, citons des tours d'horizon à la règle à éclimètre et de nombreux panoramas photographiques aux environs de Bonneval en Haute Maurienne et en Haute Tarentaise, un levé au $5\,000^{ème}$ du front du glacier des Evettes; en 1906, des études en 1908, de trois glaciers des environs de Val d'Isère, dont le Glacier des Fours, et le Glacier des Lesières. Paul Girardin membre correspondant présente régulièrement ses travaux à la *Commission*.

L'abbé Ludovic Gaurier et Émile Belloc dans les Pyrénées.

Chargé d'une mission par le *Ministère de l'Agriculture* sur les lacs et l'hydrologie, et de l'observation annuelle de glaciers dans les Pyrénées, l'abbé Ludovic Gaurier effectue des levés des glaciers du Vignemale en appliquant les préconisations de la *Commission*. Il en communique les résultats à Meillon, qui l'intègrera dans sa carte. Au Néouvielle, c'est Émile Belloc qui établit la carte au $10\,000^{\text{ème}}$ des deux glaciers de ce massif, levés dont profite Léon Maury.

Au-delà des Alpes et des Pyrénées.

Assez rapidement, les travaux de la *Commission de topographie,* sont diffusés au-delà des milieux alpins et pyrénéens. L'approche scientifique et technicienne rigoureuse imposée par Henri Vallot assoie sa réputation. L'association d'alpinistes volontaires se transforme en un groupe d'experts en topographie de montagne, guidé par Henri Vallot, qui en prend acte en 1910 en ces termes : « Bien que la *Commission* ait pour objectif principal l'étude de la haute montagne française, elle ne se désintéresse, ni des reconnaissances faites à l'étranger, ni des explorations proprement dites.»

Au Maghreb

Émile Félix Gautier professeur à la Faculté d'Alger est membre de la *Commission* comme le géologue Louis Gentil et l'officier topographe René Flotte de Roquevaire au Maroc. En 1904, Flotte de Roquevaire prend part à une expédition conduite par le marquis de Segonzac, dans le Sud du Maroc. De novembre 1904 à avril 1905, il effectue un travail géodésique et topographique, dans des conditions très difficiles dont il a publié un récit[220]. Il recommande et se réfère aux ouvrages d'Henri Vallot qu'il présente comme des « guides très sûrs ». Les résultats de ses travaux ont été présentés aux membres de la *Commission*, au cours d'une réunion à laquelle assistaient le chef d'expédition, Ségonzac et Louis Gentil.

Même hommage encore plus appuyé d'un autre membre de l'expédition, le géographe et géologue Louis Gentil[221], membre de la *Commission de topographie*, qui va à partir de 1904 se livrer à des explorations géologiques qu'il veut appuyer sur une cartographie sérieuse. Il présente chaque année l'essentiel de ses observations devant les membres de la commission, et n'omet jamais, comme en 1907, de remercier Henri Vallot pour la préparation à son voyage « en ce qui concerne les questions topographiques[222] ».

En Himalaya

Deux élèves de Paul Girardin, à Fribourg, Cesare Calciati et Mathias Koncza, se sont formés aux méthodes de Vallot sur des levés en Tarentaise. En 1908, ils participent à l'expédition Bullock-Workman organisée, dans la chaîne du Karakorum, par le célèbre couple d'alpinistes américains, Fanny et William Workman. Le groupe explore le glacier Hispar.

Mathias Koncza a établi la triangulation, Cesare Calciati a réalisé les levés topographiques, parmi ceux-ci un levé au 20 000ème, à la règle à éclimètre, de la partie extrême de la vallée d'Hispar, entre le glacier du même nom et le glacier Yengutsa. Au cours de cette expédition, les deux glaciologues lèvent « le glacier d'Hispar tout entier avec ses affluents septentrionaux et méridionaux, le front du glacier de Yengutsa, et, le terrain compris entre les extrémités inférieures de ces deux appareils[223] ». Leur carte au 50 000ème est publiée avec le récit de cette exploration. Dans le texte publié en anglais[224], on présente ces travaux topographiques, comme les premiers menés dans cette région avec une méthode « moderne ».

Au Spitsbergen (Svalbard)

En 1906, le Prince Albert 1er de Monaco entreprend la première de ses deux expéditions estivales au Spitsbergen, une des îles de l'archipel désigné sous son nom norvégien, le Svalbard. Il charge le commandant norvégien Gunnar Isachsen d'une mission, détachée de la sienne, d'exploration de l'intérieur, encore inconnu, de la partie nord-ouest du Spitzberg. Isachsen doit reconnaitre le terrain et effectuer des travaux de cartographie. Il s'adresse au *Club Alpin* pour la préparation de son voyage. D'après Robert Perret « Sa carte au 100 000ème relève des méthodes françaises [225] », sous-entendu, de l'expert reconnu Henri Vallot. Rien ne permet de mettre en doute cette affirmation, mais Isachsen ne s'y réfère pas explicitement. On ne retrouve dans les instruments utilisés, qui ne proviennent pas de sociétés françaises, ni règle à éclimètre Goulier, ni phototachéomètre Vallot. Mais les opérations menées sur le terrain se rapprochent du « mode expéditif », c'est-à-dire à utiliser au cours d'une expédition, préconisé dans le *Manuel de topographie alpine* d'Henri Vallot.

Isachsen qui a rencontré Henri Vallot, pour la préparation de son expédition, le remercie : « Je profite aussi de cette occasion pour adresser tous mes remerciements respectueux au professeur, baron De Geer, recteur de la *Haute École de Stockholm*, et à M. H. Vallot, ingénieur à Paris, ces Messieurs ayant eu l'amabilité de me mettre au courant de leurs méthodes et de leurs travaux[226]. » De plus, il attribue son nom à un lieu géographique. Les Monts Vallot, ou *Vallotfjellet* en norvégien sont situés au nord ouest de la principale ile, et la plus connue le Spitsberg. Bien que le document établi par Isachsen[227] soit sans ambigüité, le site officiel du *Norks-Polarinstitut*, a dépossédé Henri Vallot au profit de Joseph, puisqu'on précise que les monts portent ce nom en son l'honneur. Une usurpation bien involontaire de Joseph dont on a aussi utilisé le nom, pour un glacier sur la même ile ! Au retour de sa première campagne, Gunnar Isachsen reste en relation avec le *Club Alpin*, pour la préparation de la seconde campagne qui a lieu l'année suivante. En 1907, il vient présenter ses travaux devant la *Commission*[228].

Plus ou moins proches d'Henri Vallot, plus ou moins formés avant de l'avoir rencontré, tous ces hommes lui rendent hommage. Ils remercient celui qui leur a imposé ou plutôt les a convaincu (Nicolas Guilhot parle de prosélytisme) de la justesse de sa conception de la cartographie de montagne, et leur a fourni les outils pour progresser sur le terrain. Il n'existe, au sein de la *Commission de topographie*, aucun lien de dépendance entre des membres qui l'ont rejointe librement et peuvent s'en écarter tout aussi librement. Au-delà de la déférence conventionnelle envers le respecté secrétaire, toujours disponible pour partager ses connaissances et peu avare de ses conseils, ces témoignages attestent d'une réelle reconnaissance envers celui qui leur a permis, avec leurs moyens propres, en y consacrant le temps qu'ils peuvent, dans un environnement qu'ils aiment, avec parfois un autre objectif scientifique que la cartographie, d'apporter leur pierre à un édifice, réalisé en dehors de toute institution officielle, et dont ils peuvent revendiquer l'utilité. Il y a, à côté de ces « amateurs », des « professionnels », universitaires ou explorateurs, qui ont appliqué ses méthodes, tout à fait adaptées aux conditions difficiles dans lesquelles ils opéraient, et profité des conseils dont il n'était jamais avare.

---

[176] J'ai adopté dans cet ouvrage la formule de topographe alpiniste d'Henri Vallot, bien que préférant celle d'alpiniste topographe.
[177] J et L Lecarme, La téléphonie sans fil au Mont-Blanc, *La Nature*, 1899, deuxième trimestre, p. 343.

[178] P. Helbronner, Triangulation géodésique des massifs d'Allevard, des Sept-Laux, et de la Belle-Étoile, *Annuaire du Club Alpin Français*, 1903, Paris, Hachette, 1904, p. 442.
[179] Voir à ce sujet : D. Léon, *Les Alpes d'Helbronner, mesure et démesure*, Grenoble, Glénat, Musée dauphinois, 2015.
[180] *Ibid.* p. 439 -510.
[181] *Ibid.* p. 505.
[182] P. Helbronner, Chaîne méridienne de précision des Savoie, note sur ma cinquième campagne géodésique, *La Montagne*, vol 4, N°1, 20 janvier 1908, p. 2-37.
[183] *Ibid.* p. 21.
[184] *Ibid.*, p. 38.
[185] N. Guilhot, *Op. cit.*, p. 357.
[186] H. Vallot, Commission de Topographie, séance du 4 novembre 1907, in Maury Léon, *Op. cit.*, p. 192.
[187] *Ibid.*, séance du 28 mars 1911, in Maury Léon, *Op. cit.*, p.239.
[188] R. Perret, Notes, in Maury Léon, *Op. cit.*, p. 150.
[189] R du Verger, E. Gaillard, Les Aiguilles de l'Argentière, *La Montagne*, N°7, 20 juillet 1911, note bas de p., p. 409.
[190] H Vallot, Commission de Topographie, séance du 25 novembre 1910, in Maury Léon, *Op. cit.*, p. 233.
[191] *Ibid.*, séance du 21 novembre 1912, in Maury Léon, *Op. cit.*, p. 280.
[192] R. Perret, Les crêtes du Fer à cheval, *La Montagne*, vol 7, N°4, avril 1911, p. 200
[193] R. Perret, Le Cirque du Fer à Cheval. Historique, *La Montagne*, vol.10, N°3, mars 1914, p. 142-162.
[194] L. Maury, *Op. cit.*, p. 352.
[195] L'abbé Fouilliand est décédé en 1920 à Lyon. Il assumait les fonction de bibliothécaire à la section lyonnaise du *Club Alpin*.
[196] C. Buisson, Une nouvelle carte du massif de la Chartreuse au 20 000ème, *La Montagne,* Vol. 15, N° 134, janvier-février 1919, p. 33.
[197] R. Perret, Notes, in Maury Léon, *Op. cit.*, p. 150.
[198] Carte du Mont-Perdu et de la région calcaire des Pyrénées Centrales, levée par Fr Schrader et L. Lourde-Rocheblave, dessinée et gravée par Fr. Schrader, pour la Société des Sciences Physiques et Naturelles de Bordeaux, *Annuaire du Club Alpin Français 1874*, Paris, Hachette, 1875, description p. xij.
[199] Ch. M. Goulier colonel, Rapport présenté à la Direction Centrale du Club Alpin Français sur la carte au 100 000ème du massif central des

Pyrénées Espagnoles, levée par M. Schrader., *Annuaire du Club Alpin Français 1882*, Paris, Hachette, 1883, p. 609.

[200] Fr. Schrader, Note sur la carte au 20 000 de Gavarnie et du Mont Perdu, *La Montagne*, Vol 15, N° 136, mai-juin 1919, p. 97-115.

[201] M. H., (attribué à Maurice Heid), L'œuvre oro-topographique de M. Franz Schrader, aux Pyrénées, *Bulletin pyrénéen*, N°174, Janvier-Février 1925, p.401.

[202] A. de Saint-Saud, *Excursions nouvelles dans les Pyrénées françaises et espagnoles, Contribution à la carte des Pyrénées espagnoles*, Toulouse, Privat, 1892.

[203] A. de Saint-Saud, P. Labrouche, F. Prudent, *Excursions dans les sierras d'Espagne, les picos de europa (Monts Cantabriques) étude orographique (1890-1893)*, Paris Georges Chamerot, 1894.

[204] A. de Saint-Saud, *Monographie des Picos de Europa (Pyrénées Cantabriques et Astuiriennes). Etudes et voyages*, Paris, Henry Barrère, 1922.

[205] Entre deux courbes de niveau, sur une carte, la dénivellation (c'est à dire la différence d'altitude) est constante : c'est l'équidistance, qui est la même sur toute la carte

[206] L. Maury, Les travaux de M. de Saint-Saud dans les Pyrénées, *Op. cit.*, p. 372.

[207] L. Maury, L'œuvre scientifique du Club Alpin Français (1874-1922), *Op. cit.*

[208] L. Maury, Carte du massif de Nèu Biélhe, *Revue géographique des Pyrénées et du Sud-Ouest*, volume 20, N° 3, p. 275-276.

[209] L. Maury, Alphonse Meillon, texte du 30 juillet 1934, in *Op. cit.* p 445-450.

[210] *Ibid.*, p. 450.

[211] H. Vallot, in Maury Léon, *Op. cit.*, p 388-389.

[212] A. Meillon, en collaboration avec le Commandant Étienne de Larminat, *Carte au 20 000e du massif du Vignemale, complétée par la Notice sur la Carte au 1/20 000 du Vignemale*, Pau, Garet-Haristoy, 1928.

[213] A. Meillon, en collaboration avec le Commandant Étienne de Larminat, *Carte au 20 000e des vallées de Lutour, Jéret, Gaube, Marcadau, 1933, complétée par la Notice sur la carte au 20,000^e de la région de Cauterets*, 1933.

[214] A. Meillon, Excursions topographiques dans la vallée de Cauterets, *Bulletin pyrénéen*, N° 129, Mai-Juin 1915, p. 89.

[215] F. Prudent, H. Vallot, lettre du 15 décembre 1906, in Maury Léon, *Op. cit.*, p. 127.
[216] Cl. Bernard, Cours de Topographie, École Nationale des Eaux et Forêts, Nancy, Ms., 1924.
[217] Lafay, G. Flusin, Ch. Jacob, *Cartes topographiques au 1 : 10 000*, in *Étude sur le glacier Noir et le glacier Blanc* dans le massif du Pelvoux, Grenoble, Typographie et lithographie Allier Frères, 1908.
[218] G. Flusin, C. Jacob, J. Offner, Études glaciaires, géographiques et botaniques dans le massif des Grandes Rousses. Rapport sur les campagnes de 1905 et 1906. In: *Études Glaciologiques, tome 1, 1909. Tirol autrichien. massif des Grandes Rousses.* p. 33-112.
[219] J. Bruhnes, La méthode de l'échantillonnage topographique au service de la morphologie, *Mémoires de la Société Fribourgeoise des Sciences Naturelles. Géologie et géographie,* vol 7, N°1, 1910.
http://dx.doi.org/10.5169/seals-306976
[220] R. Flotte de Roquevaire, *Cinq mois de triangulation au Maroc*, typographie A Jourdan, 1909.
[221] L. Gentil, *Titres et travaux scientifiques de Louis Gentil*, Paris, E. Larose, 1922.
[222] L. Gentil, Mission L. Gentil au Maroc, *La Montagne*, Vol 3, 1907, Corbeil, Ed Crété, p. 331.
[223] C. Calciati, Les fronts des glaciers de Yengutsa et d'Hispar, *La Géographie*, tome 22, 15 octobre 1910, p. 241 à 246.
[224] W. Hunter Workman, F.Bullock Workman, C. Calciati, M. Koncza, A. Roccati, *The Call of the Snowy Hispar: A Narrative of Exploration and Mountaineering* , New York, Charles scrivener 's Sons, London, Constable and company, 1911.
[225] R. Perret, in Maury Léon, *Op. cit.*, p. 139.
[226] G. Isachen , Résultats de campagnes scientifiques. Albert 1er de Monaco, Fascicule XL. Exploration du Nord-Ouest du Spistberg. Partie 1. In *Résultats des campagnes scientifiques Albert 1er de Monaco*, Monaco, Imprimerie nationale de Monaco, Institut Océanographique, 1912, p. 74.
http://archimer.ifremer.fr/doc/00000/7444
[227] *Ibid.* p. 89.
[228] H. Vallot, Commission de topographie, *La Montagne*, vol IVa, Paris, 1908, p. 44.

L'aménagement touristique de la montagne
Refuges, sentiers, tables d'orientation…

Henri Vallot connaissait bien cette montagne, qu'il arpentait chaque été, en quête de vérité topographique. Ami des nombres au point de tout transformer en équations puis en tableaux pour éviter des calculs ultérieurs, il s'était intéressé, dès sa jeunesse, au problème de la marche en montagne, non pour exalter quelques plaisir physique ou esthétique, mais pour « étudier la variation physiologique de longueur du pas en fonction de la vitesse de la marche et de l'inclinaison du sol[229] ». C'était vers 1873, dans les Cévennes. Il n'eut qu'un pas à franchir pour mettre son expérience du terrain au service du tracé des sentiers, ses connaissances de cartographe à la réalisation de panoramas pour les touristes et bien sûr ses compétences d'ingénieur à celui de la construction des refuges. Il a mené ces activités simultanément et successivement au *Club Alpin Français*, de 1891 à 1912, et au *Touring-club de France* de 1909 à sa mort en 1922.

Il a rejoint le *Club Alpin* en 1887. Avant d'être de 1903 à 1913, l'omniscient et omniprésent secrétaire de la *Commission de topographie*, il a, à partir de 1891 et pendant vingt ans, œuvré au sein de la *Commission des Refuges,* devenue en 1902 la *Commission des travaux en montagne et des Guides.* L'aménagement de la montagne, pour les scientifiques, les excursionnistes et les alpinistes, et même pour quelques touristes, ces personnages désœuvrés « ayant des habitudes de voyage dictées par les saisons[230] », figure dans les statuts du club. Faciliter l'accès à ces zones peu connues, auxquelles on donne parfois encore le nom de glacières est un des objectifs de l'institution ; à la fois association de sportifs et société savante, le *Club Alpin* est par essence très décentralisé, car il résulte de l'union de sections qui peuvent se constituer en tout endroit, dès lors que dix membres au moins se seront réunis. La *Direction Centrale,* qui siège à Paris doit donner son autorisation, mais ce n'est bien souvent qu'une formalité. La *Section du Mont-Blanc* a été créée en 1877, son siège est à Bonneville. La *Section de Chamonix,* est créée en août 1902, elle regroupe dès sa fondation plus de soixante membres dont beaucoup de Chamoniards. Son fondateur et premier président est le docteur Michel Payot[231]. En 1903, Joseph Vallot est président d'honneur des deux sections. Grâce au mécénat, le club finance la création de chalets ou refuges. Il participe à l'aménagement de chemins piétonniers ou muletiers permettant d'y accéder. Il concourt aussi à l'installation de sentiers, de belvédères et de tables d'orientation à but touristique, un terrain sur lequel, le *Touring-club de France,* au début partenaire du *Club Alpin,* prendra plus tard une place indépendante, avec la création, en 1909, d'une *Commission de Tourisme en montagne.*

Le *Touring-club de France* a été fondé en 1890, sur le modèle du *Cyclists Touring-club* anglais. Henri Vallot, qui lui-même, pratiquait le tourisme à bicyclette en était membre à vie depuis 1896. Il connaissait très bien son fondateur, Abel Ballif, aussi, accepte-t-il sans tergiverser de rejoindre, en 1909, le tout nouveau *Comité de Tourisme en Montagne.* Certains au *Club Alpin Français* voient dans cette initiative du *Touring-club* une tentative de concurrence. Henri Vallot est persuadé que ces deux associations ne peuvent être que complémentaires. Voici sa réponse du 5 mai 1909, dans laquelle il réitère son attachement au *Club Alpin*: « Vous savez que j'ai consacré vingt années à l'étude scientifique et aux travaux techniques de la montagne ; j'ai par là contracté avec le Club Alpin Français des liens indissolubles. Je suis de ceux qui sont convaincus (j'ai eu l'occasion de vous l'affirmer plus d'une fois) de la possibilité de coopération fructueuse de nos deux sociétés, dans l'intérêt commun du pays, chacune pouvant très bien se maintenir dans sa sphère et employer les moyens d'action qui lui sont propres, tout en se prêtant un mutuel appui et en gardant la part d'honneur qui lui revient dans le succès. C'est dans cet esprit, avec cette pensée, que j'accepte loyalement de faire partie de la Commission à laquelle vous voulez bien me convier à prendre part[232]. »

Il participe aux travaux de ce comité jusqu'à la guerre, et reste disponible pour ses successeurs jusqu'à sa disparition en 1922. Cette disponibilité est d'autant mieux assumée que son fils Charles, entré au *Comité* en 1919 est un membre très actif du *Touring-club*. Parmi les priorités de l'association, figurent l'amélioration des routes et sous le titre de programme montagnard auquel il apportera son concours : les abris, les tables d'orientation, le tracé de sentiers et leur signalisation.

Henri Vallot a instauré au sein du *Club Alpin* des méthodes et des règles qui ont permis d'assurer des aménagements conformes aux besoins et aux contraintes spécifiques de la montagne, puis à partir de 1912, laissant à d'autres le soin de les faire appliquer, il s'est consacré, dans la continuité, pendant quelques années aux projets du *Touring-club*. Cette continuité impose de traiter de la totalité de son action quel que soit le cadre dans lequel il l'a conduite, d'autant que sur le terrain, en montagne, les acteurs sont souvent les mêmes et que leurs réalisations sont généralement complémentaires et parfois conjointes. De 1891 à 1914, puis d'une façon un peu moins intense à partir de 1918, Henri Vallot travaille bénévolement, dans ce double cadre, à l'aménagement touristique de la montagne. La mort le saisit, le 12 octobre 1922, chez lui, calculant l'altitude du Refuge du *Touring-club* de la Croix du Bonhomme.

La construction de refuges et de chalets hôtels.

Au début, la *Direction centrale* du *Club Alpin* considère que les sections sont, « avec l'autorité de leur expérience locale », les mieux placées, pour initier et conduire les projets sur le terrain. Après dix années de fonctionnement, les instances dirigeantes découvrent, par l'expérience, que cette liberté a des limites. On s'interroge sur l'opportunité de financer des constructions dans des sites où elles sont régulièrement en péril, détruites ou endommagées par des inondations, des chutes de pierres ou des avalanches de neige. En 1885, la politique du *Club Alpin* s'infléchit, avec la création d'une *Commission des refuges* dont les objectifs sont définis dans le rapport annuel présenté par le rapporteur de l'année, le délégué de la Tarentaise, Jules Forni : « Aider toutes les fois que nos finances le permettront les sections du club à édifier, soit dans des lieux désignés par la Commission, soit dans ceux qu'une pratique constante et une expérience locale indique comme favorable sera faire œuvre utile…[233]. » Cette question du choix des emplacements n'est cependant pas réglée, elle est de nouveau évoquée en 1889 : « il est demandé aux sections de choisir les emplacements des refuges de la façon la plus sûre et de telle sorte que les cabanes construites au prix de tant d'efforts ne soient pas exposées à n'avoir qu'une existence pour ainsi dire éphémère[234]. » En 1890, la question se pose toujours pour la reconstruction de certains refuges dans le Briançonnais qui ont été de nouveau emportés par des avalanches.

L'année suivante, Henri Vallot entre à la *Commission des Refuges*, où il a toute sa place en qualité de concepteur de l'observatoire et du refuge, construits au Mont-Blanc pour son cousin. En 1897, membre depuis six ans de cette commission, il remplace James Nérot, alpiniste et juriste, aux fonctions de rapporteur. Quand la commission, pour marquer l'élargissement de son domaine de compétences, devient, en 1902, la *Commission des travaux en montagne et des Guides*, Henri Vallot se réservant la partie qui correspond le mieux à ses compétences, reste rapporteur des travaux en montagne. Il le sera jusqu'en 1912, date à laquelle, tout en restant au *Club*, il prend ses distances avec cette instance.

Appuyé par le président de la commission et par tous les membres, il instaure, à partir de 1899, les premières règles contraignantes conditionnant l'attribution des subventions[235] : « Les demandes proposées dans l'année ne feront l'objet d'aucune proposition de crédit avant le 31 décembre. À cette époque elles seront classées, réunies en un tableau d'ensemble, par les soins de la *Commission des refuges* et soumises à l'examen de la *Direction centrale* ». Chaque année, le rapporteur (Henri Vallot) établit en début d'année ce tableau qu'il remet aux membres dirigeants, à l'occasion de la première réunion de la *Direction Centrale*.

« Les demandes doivent être accompagnées de pièces justificatives permettant de déterminer l'emplacement exact des travaux, leur utilité et leur importance probable. »

Ces pièces justificatives sont une carte matérialisant le lieu choisi, des plans et un devis. Après obtention de l'accord, les travaux et la réception sont de la responsabilité de la section locale qui a commandé les travaux. :

« Pour obtenir le versement des subventions votées, les Sections doivent justifier que les travaux correspondants ont été exécutés conformément aux plans et devis approuvés par la Direction Centrale. La vérification doit être effectuée par le président de la section ou par une personne compétente désignée par lui et n'ayant point participé à l'exécution des travaux. »

Ces mesures ont été décidées au cours de la séance du 11 octobre 1899, six mois plus tard, en mars 1900, elles sont complétées pour préciser les délais d'utilisation des subventions accordées. À cette époque, la *Commission des refuges* est présidée par le normalien Pierre Puiseux, mathématicien, alpiniste et astronome. Tous les membres sont parisiens et fréquentent divers massifs des Alpes ou des Pyrénées. Émile Belloc est scientifique, il effectue des les

Pyrénées des travaux sur l'hydrologie et la glaciologie ; Ernest Brunnarius est architecte, Henri Cuënot est docteur en droit, et Édouard Sauvage ingénieur en chef des Mines ; ils sont tous, sauf Henri, alpinistes. En 1903, Édouard Sauvage remplace Pierre Puiseux à la présidence de la Commission. Henri Vallot, dont la constance et le travail au sein de cette commission ne peuvent être contestés n'a pas brigué ce poste, se contentant d'assumer, comme il le dit lui-même, les fonctions de conseiller technique. Il n'est pas dans ses habitudes de se mettre en avant, mais il est aussi très pris par ses fonctions de secrétaire de la toute nouvelle *Commission de topographie*. Cuënot qui est alpiniste et juriste s'intéresse à la question des guides, mais c'est lui qui établit en 1901 avec Charles Lefrançois la liste des refuges [236]. Pour renseigner cette liste, réalisée à l'instigation d'Henri, les deux hommes sont allés personnellement sur le terrain, dans les massifs alpins et pyrénéens, pour vérifier directement ou à partir de témoignages l'état des chalets et refuges.

Henri Vallot consacre du temps à la commission pour l'examen des demandes, il communique avec les auteurs des dossiers. Quelques mois avant son retrait, il évoque la volumineuse correspondance qu'il a fallu échanger avec les sections à l'occasion de ces projets[237]. Il s'agit d'un travail de bureau d'études, car, l'été, sur le terrain, il ne s'éloigne jamais du massif du Mont-Blanc et de ses vallées où ses travaux de topographie l'occupent à plein temps. Henri Brégeault, secrétaire général du *Club Alpin*, ne grossit-il pas l'action d'Henri Vallot quand, en 1922, dans sa notice nécrologique, il lui attribue quasiment la réalisation des tous les refuges construits pendant la période, en ces termes : « Il n'est pas un de nos refuges dont il n'ait amoureusement dessiné les plans, coupe et élévation, dont il n'ait scrupuleusement discuté et vérifié les mémoires : on peut dire, sans exagération, qu'il a été l'architecte de la montagne française[238]. » ?

La rédaction d'une notice nécrologique est fréquemment l'occasion pour son auteur d'encenser le défunt. Dans le cas présent, le rédacteur est un alpiniste, admirateur des cousins Vallot, il a effectué, après 1918, des levés photographiques pour eux au Mont-Blanc. Henri n'a certainement pas, pendant ses vingt années de participation aux deux commissions successivement chargées des refuges, dessiné les plans de la trentaine de refuges édifiés ou reconstruits dans les Alpes et les Pyrénées. Les dossiers sont constitués sur place et il y a, dans les sections, des membres compétents, entrepreneurs, agents voyers, architectes qui peuvent s'en charger. Parmi les architectes ayant collaboré bénévolement aux projets du *Club Alpin,* certains ont laissé à la postérité des bâtiments reconnus, citons Ernest Brunnarius de Paris (établissement thermal d'Evian, classé monument historique), Albert Touzin de Bordeaux (maisons remarquables et chais à Bordeaux), Laurent Faga de Chambéry (hôtels à Aix-les-Bains).

Henri Vallot vérifie les dossiers avec l'exigence d'un ingénieur familier du milieu montagnard. Il exige des compléments, suggère ou, si nécessaire, impose des modifications. En général, tout se passe bien entre lui et les sections locales, d'autant que l'octroi des subventions est conditionné au respect des règles. Cependant Henri Vallot ne peut pas développer avec les membres initiateurs des projets ou qui les pilotent sur place, des relations de maître à élève, comme il a pu en établir avec les membres de la *Commission de topographie,* jeunes alpinistes formés par lui à la cartographie.

Le projet de refuge de Baysselance (ou Vignemale), à la Hourquette d'Ossoue, a provoqué des tensions et de longues discussions entre la *Commission* et la *Section du Sud-ouest.* Le dossier avait été préparé par Léonce Lourde-Rocheblave, fondateur avec Aymar de Saint-Saud, de la *Section du Sud-ouest.* Proche de Schrader, il lui avait fait découvrir les Pyrénées. Il avait introduit un type de construction originale de refuges en pierre, sans toit, en forme de voûte. Deux refuges de ce type avaient déjà été réalisés dans les Hautes Pyrénées, le refuge de Tuquerouye en 1889 et Packe en 1895. Il s'agissait d'abris de taille modeste.

Concepteur du nouveau projet, plus important puisqu'il s'agit d'un refuge gardé à deux étages, Léonce Lourde-Rocheblave, est décédé en 1898 avant l'instruction du dossier. Henri Vallot demande des modifications, qui ne changent pas l'aspect bien caractéristique de la construction principale. Mais en raison même de son originalité, il se montre particulièrement vigilant, demandant par exemple la modification du profil de la voûte ou discutant de la qualité du sable utilisé pour la maçonnerie[239]. Au cours de la réunion d'avril 1899[240], Émile Belloc, délégué de la *Section des Pyrénées Centrales* annonce à la *Direction centrale* qu'il a eu l'occasion de s'entretenir avec les membres de la *Section du Sud-ouest* à propos de ce projet et que « la Section est disposée à se conformer aux nouveaux plans proposés par M. H. Vallot ». Henri, suivi par les membres de la *Direction centrale* ne peut pas se contenter de cet acceptation verbale. Il estime qu'avant de procéder au vote des subventions, il faut que cet « accord soit constaté d'une manière encore plus formelle ». Cette demande, qui trahit le caractère rigoureux d'Henri Vallot, nous renseigne aussi sur les résistances à ses propositions et le climat un peu tendu entre les protagonistes de ce projet.

C'est dans ce climat que Julien Brégeault, délégué de la *Section lyonnaise*, chargé de présenter le rapport annuel pour l'année 1900, attribue le projet à Henri Vallot[241]. Il provoque le ressentiment des *Sections de Bordeaux* et du *Sud-ouest* qui avaient des liens très forts avec Lourde-Rocheblave, et avaient obtenu le concours de l'architecte Touzin. La publication du rapport provoque une mise au point de la part de Georges Arné, Secrétaire général de la

Section de Bordeaux. Il a, dit-il, relevé « une erreur qui s'est glissée dans l'Annuaire du Club au sujet de l'auteur des plans du refuge du Vignemale ».

Solidarité pyrénéenne, l'observation est approuvée par la *Section du Sud-ouest*, qui la relaie, en ces termes, dans son bulletin :

« Comme il s'agit de rendre à un pyrénéen ce qui lui appartient, nous donnons textuellement le passage du rapport relatif à cette erreur : "Il serait bon de relever une erreur qui a paru dans le dernier annuaire. Il y est dit […] : Quand au refuge d'Ossoue, érigé sur les plans de M. Henri Vallot, etc..." Loin de nous la pensée, Messieurs, de diminuer la compétence technique de notre distingué collègue de Paris, mais, une fois pour toutes, rendons à César ce qui est à César, et à M. Touzin ce qui lui revient de droit. Or, il appert que l'abri du Vignemale a été édifié sur les plans établis par notre collègue, M. Albert Touzin, d'après les données de M. Lourde-Rocheblave, notre regretté vice-président. C'est M. Touzin qui a surveillé les travaux en cours d'exécution; hier encore il s'employait à vérifier avec un soin scrupuleux les comptes de nos entrepreneurs. Récompenser par l'oubli un pareil dévouement, serait de notre part un acte de noire ingratitude; aussi, mes chers collègues, tout en reconnaissant que M. Henri Vallot, en qualité d'ingénieur, a fait subir à notre projet certaines modifications au point de vue technique, nous proclamerons, si vous le voulez bien, M. Albert Touzin l'architecte en titre du refuge de Vignemale[242]. »

On sent dans ce texte une triple rivalité : architecte versus ingénieur, pyrénéen versus alpin, provincial versus parisien. L'auteur de ce vigoureux plaidoyer en faveur de l'architecte bordelais Albert Touzin reconnaît l'intervention d'Henri Vallot sur le projet, mais de là à accepter que les plans de ce refuge pyrénéen aient été réalisés à Paris, il y aurait un dénivelé trop grand à franchir !

Henri Vallot n'est certainement pas à l'origine du zèle d'un rapporteur qui a peut-être simplement constaté le travail approfondi qu'il a produit sur ce dossier, et vu les nouveaux plans qu'il a réalisés. Il a peut-être tout simplement relayé les informations du président de la *Commission*, très bien informé du dossier. Il faut noter que le *Club Alpin* a présenté, à *l'Exposition universelle* de 1900, le plan et une photo de ce refuge, qui était ainsi présenté : « conçu d'abord par M. Lourde-Rocheblave, a été exécuté en 1899 à la Hourquette d'Ossoue d'après les nouveaux travaux de M. Henri Vallot[243] ».

L'affaire rebondit en 1922 après la publication dans le *Bulletin pyrénéen* d'une liste de refuges[244]. Charles Vallot prend connaissance de cet article, quelques semaines après le décès de son père. On y indique que le refuge en forme de voute elliptique a été construit suivant les plans de Touzin et Lourde-Rocheblave. Cette fois, c'est l'entourage d'Henri Vallot qui monte au créneau. Charles Vallot écrit à la revue, il joint à sa correspondance une copie d'une lettre de son père, apportant la preuve qu'il est à l'origine de la forme ovoïde de la voute du refuge : « Je vous envoie, ci-inclus, un calque de la nouvelle étude que j'ai faite de la voûte destinée au refuge projeté à la Hourquète d'Ossoue ; j'espère que ce sera la dernière.[…] J'ai fait le calcul exact du cube de maçonnerie résultant de ces dimensions nouvelles et je trouve 41,6 m^3. Le devis de M. Touzin prévoyait 41,3m^3, c'est-à-dire un cube à peu près identique ; cela n'a rien qui doive surprendre, puisque j'ai respecté les dimensions intérieures proposées par la section du S. O. et que les épaisseurs sont analogues, mais, je crois, mieux réparties ; la forme ovoïde, comme je l'ai expliqué à la Commission, est d'ailleurs plus favorable à la stabilité que la forme ogivale[245] ».

Cet épisode traduit bien le rôle de technicien opiniâtre joué par Henri au sein de cette commission. Il a vérifié, avec les scrupules et la conscience que tous lui reconnaissent, les dossiers de construction ou d'amélioration d'une trentaine de refuges, présentés par les sections locales, sans jamais se priver de transmettre, avec fermeté et courtoisie, des observations étayées par son expertise technique. Sans minimiser la charge de ce travail, toujours bénévole, qu'il s'imposait, il faut préciser qu'il n'y a jamais plus de deux ou trois, au plus quatre, en 1898-1899, dossiers par an. On peut aussi noter que, à cette époque, les constructions sont de dimensions modestes, et d'architecture classique. Les problèmes tiennent le plus souvent aux questions d'emplacement, d'orientation, d'accès pour l'acheminement des matériaux et de construction. Henri Vallot, qui sait qu'il doit composer avec des bénévoles, s'emploie à convaincre à défaut de contraindre.

Le refuge du Vignemale est une exception, car le nom d'Henri Vallot est rarement cité dans les comptes rendus d'activité des sections ou lors des inaugurations des nouveaux refuges. En 1900, la *Direction centrale* l'a chargé d'établir avec Ernest Brunnarius un projet de reconstruction, en remplacement du refuge des Lyonnais, du Refuge de Viso, cofinancé par le *Touring-club de France*, et patronné par son président, Abel Ballif. L'architecte parisien Brunnarius est victime d'un accident de montagne mortel dans le Beaufortin en février 1901. On choisit de reprendre les plans du refuge Cézanne[246], reconstruit en 1901, attribué à Joseph Lemercier, fils d'un des membres fondateurs du *Club Alpin*. Le refuge est inauguré le 24 août 1902. À cette occasion, ne sont mis à l'honneur que ceux qui ont localement suivi les travaux : Antoine Challier, délégué aux refuges pour la *Section de Briançon*, Turcan, agent voyer, Hippolyte Escalle, notaire et Niel, instituteur, tous de Briançon[247].

Henri n'est cité, ce qui n'est pas surprenant, que pour des refuges construits dans le massif du Mont-Blanc.

Il intervient en compagnie de l'architecte Jaillet, pour le refuge de l'Aiguille du Goûter en 1907. Il s'agit d'un petit édifice de 4,20 mètres sur 3,20 mètres au sol et une hauteur de 1,80 mètres, qui ne peut accueillir que sept personnes, mais plus confortable que la cabane construite en 1858. Son nom est aussi cité pour le refuge du Jardin d'Argentière construit en 1906, dont les travaux sont suivis par le président de la *Section de Chamonix*, le docteur Michel Payot. Quand en 1906, la *Section du Mont-Blanc* reçoit une subvention de 2 000 francs, pour la construction d'un refuge sur le versant Nord-ouest de la Pointe-Percée, point culminant de la chaîne des Aravis, il est précisé dans le compte rendu[248] : « Il sera tenu compte d'une note de M. Henri Vallot, indiquant les moyens de réduire la dépense à 2 400 francs au plus, sans compromettre la bonne exécution du travail. » Dans tous les cas, le rôle d'Henri Vallot se situe toujours en amont, il n'intervient jamais sur le terrain pendant ou après la construction, ni pour vérifier les travaux ni pour participer aux festivités d'inauguration !

Un dernier exemple peut illustrer l'inflexibilité d'Henri. Fin 1911, Joseph Vallot a récupéré les matériaux de démolition de l'Observatoire Janssen. Pourquoi ne pas en profiter pour reconstruire, avec une subvention du *Club Alpin*, le refuge des Bosses, ancêtre de l'actuel refuge Vallot ? De l'échange de correspondance entre les deux cousins, à propos de ce projet, nous ne disposons que d'une réponse de Joseph, datée du 17 novembre 1911. Il apparaît clairement qu'Henri exige, au nom de la *Commission*, un dossier bien étayé avec plans d'architecte et devis ! Voici le long texte par lequel, Joseph explique pourquoi il ne donnera pas suite à ce projet, proposé au nom de la *Section de Chamonix* :

« Refuge des Bosses. […] J'ai lu tes instructions pour la Commission. Je vois qu'on demande des plans d'architecte et des devis certains. Je le comprends très bien, et je trouve cela tout naturel. Seulement, je ne puis pas fournir tout cela.

Pour faire construire, si c'était pour moi, je dirais à Bossonney de me faire le <u>refuge</u> en deux fois plus long, en deux travées pareilles que l'on ajouterait à celle qui existe. Un plan-croquis suffirait pour les dispositions intérieures. Mais ici, c'est autre chose. Il me faut fournir un plan d'architecte. Comme ce n'est pas mon métier, je risquerais de perdre un mois à cela. Or, j'ai à faire les positifs pour la carte, à m'occuper ici des observations météorologiques, à terminer divers mémoires pour l'Académie et les Annales, à mettre au net le levé topogr.(sic) de l'été dernier, etc. Faut-il laisser tout cela ? Si cela suffisait encore! Mais il faut indiquer assez exactement les prix. Pour le transport, il faudrait connaître le poids, qui n'est pas le même que celui de la première cabane, dont les planches étaient trop minces. Ce poids serait long à calculer pour quelqu'un qui n'est pas du métier, et serait peut-être peu exact. Ensuite, comment indiquer approximativement le prix des travaux sur place ? Pour l'emplacement, les murs de soutènement, Amoudruz m'a indiqué un prix de forfait; ça va bien. Mais il m'avait promis une proposition de forfait pour la construction, et finalement il ne me l'a pas donnée. Je serais obligé de rester dans un vague extrême qui ne serait pas de mise. Qu'arriverait-il à la section si les dépenses dépassaient les prévisions de deux mille francs, par exemple ? Il aurait fallu avoir des forfaits, mais pour cela il aurait fallu des plans détaillés ; tout se tient. [...] J'aime mieux y renoncer et travailler pour nous[249]. »

Manifestement, cette fois, Henri Vallot n'a pris ni le crayon, ni la règle à calcul pour faire aboutir le projet, il est beaucoup plus préoccupé par l'avancement de la carte, et peut-être son éthique lui impose-t-elle d'être d'autant plus exigeant vis-à-vis de cette demande qu'elle émane de son cousin. Nous sommes en novembre 1911, les statuts du *Club* ont été révisés pour améliorer la représentation des sections les plus importantes en nombres d'adhérents. L'année suivante, Henri quitte la *Commission des Travaux,* mais il tient à transmettre son savoir-faire et laisse à ses successeurs un livret imprimé dans lequel il a regroupé tout ce qu'il juge utile de savoir et de prendre en compte pour la construction des refuges, mais aussi pour l'aménagement de sentiers, la construction des passerelles, la signalisation et la réalisation de tables d'orientation[250]. Ce document est la somme du savoir-faire qu'il entend transmettre à ses successeurs.

Le chapitre consacré aux refuges comporte une quinzaine de pages, on n'y trouve ni plans types, ni instructions concernant l'architecture. La maçonnerie est recommandée en dessous de la limite des « neiges perpétuelles », 2 700, 2 800 mètres et le bois en haute montagne. On se rappelle que l'Observatoire Vallot, préfabriqué en vallée, sur ses plans, était constitué de planches et de poutres dont la longueur était limitée pour permettre le transport à dos d'homme. Les considérations pratiques, fruit de l'expérience sont constamment soulignées. Le premier paragraphe est consacré à la reconnaissance des lieux et à la recherche de l'emplacement. Par exemple, toutes ses prescriptions sont suivies, à l'occasion du choix de l'emplacement du refuge Vanoise-Félix-Faure, le 6 juillet 1901. Tous les critères listés par Henri Vallot sont pris en compte, abri du vent et des avalanches, proximité d'une source, au cours d'une véritable cérémonie en présence de délégations des sections *de Maurienne et de Tarentaise*, du maire de Termignon et de l'architecte de Chambéry, Laurent Faga. Le tout se fait avec une certaine solennité, car il s'agit d'un refuge qui portera le nom de Félix Faure, président de la République récemment disparu, et qui après avoir avait fait en 1897, une tournée triomphale dans les alpes et visité les troupes alpines, était membre du *Club Alpin* !

Bien évidemment, on recherche une protection « absolue » contre les avalanches et les inondations, et plus ou moins complète contre d'autres intempéries (vent, tempêtes de neige). Il faut prendre en compte les risques d'orages, et orienter le bâtiment convenablement en particulier s'il s'agit d'une halte à but touristique, avec vue. Suivent des recommandations concernant la propriété du terrain et les contraintes d'accès, comme par exemple obtenir des droits de passage des propriétaires. Ensuite, viennent les aspects plus formels de préparation et de présentation du dossier pour la demande de subvention. Celui-ci doit comporter un mémoire descriptif, un extrait de la carte au 80 000ème, des plans d'ensemble, de situation et des plans de détail, un devis estimatif et un cahier des charges, pièces justificatives (acte de vente, location etc..), les extraits des délibérations des instances de la section. Avec ce formalisme, nous somme très loin des abris de fortune construits, avec l'aide de quelques guides locaux, par les sections du *Club Alpin* à ses débuts.

Toutes ces recommandations, qui peuvent parfois paraître des évidences sont en fait le résultat d'un retour d'expérience dont Henri Vallot juge nécessaire de faire profiter ses successeurs, Il tente de pérenniser une approche rationnelle parfois difficile à maintenir en raison de l'organisation décentralisée du Club, de la nature souvent rustique et simple des constructions, et de la présence sur place des compétences qui étudient et conduisent les projets bénévolement. Ce petit opuscule n'atteindra jamais l'audience de ses manuels de topographie, mais il a été fréquemment cité à l'occasion de travaux subventionnés par le *Club Alpin*.

Chemins, sentiers, passerelles.

Pour construire, puis accéder et éventuellement ravitailler les refuges, il faut des chemins muletiers, des sentiers et des passerelles, ces besoins nouveaux s'amplifient au fur et à mesure que l'alpinisme et le tourisme en montagne se développent. Avant l'arrivée des alpinistes le chemin n'est tracé que s'il correspond à une nécessité : communication entre villages, hameaux, bergeries, chalets d'alpage, ou, pour utiliser une expression de l'administration des *Eaux et Forêts*,

« vidange », c'est-à-dire transport, vers les vallées, de bois, de pierres, de minerais... Il y a aussi quelques sentiers d'intérêt stratégique construits par les militaires. Certaines voies empruntant les cols permettent de passer d'une vallée à l'autre. Les chemins sont entretenus par ceux qui les utilisent, on parle de corvée pour ce travail non rémunéré. Après le rattachement de la Savoie à la France et la création du département de Haute-Savoie, l'administration a donné le statut de chemins d'intérêt commun à quelques chemins vicinaux. Deux passent par Chamonix, le chemin N°29 de Sixt à Chamonix par le col d'Anterne et le N°11 qui rejoint les confins du Valais par Vallorcine. Le premier restera à l'état de chemin, le second deviendra une route ! Les fonctionnaires du *Ministère de l'Agriculture*, rattachés au service des *Eaux et Forêt*, sont aussi très actifs. Professionnels et amateurs se retrouvent sur le terrain et les nouveaux sentiers sont souvent le fruit de leur coopération.

Les sections du *Club Alpin* de Chambéry, d'Aix-les-Bains, de Grenoble et d'Auvergne se lancent dès leur création, autour de 1875, dans l'aménagement de sentiers, et en 1888, on estime à 350 kilomètres la distance couverte par des chemins et sentiers aménagés et entretenus par le *Club Alpin*. En haute montagne, ils conduisent les alpinistes au point de départ de courses et aux refuges. En moyenne montagne, des sentiers sont tracés pour les promeneurs dans des sites remarquables, gorges ou points de vue, souvent aménagés. Le *Club Alpin* les finance et en assure l'entretien, fréquemment avec le concours des collectivités locales, et pour les refuges et sites gardés, des concessionnaires. L'octroi de subventions est conditionné à l'accord de *Direction Centrale*, sur avis de la *Commission des Refuges*, puis, à partir de 1902, *Commission des travaux en montagne*.

Henri Vallot, rapporteur de cette commission va aborder ces aménagements avec sa compétence d'ingénieur et de topographe ; il suit toujours les mêmes étapes : d'abord le travail de terrain, où il acquiert personnellement la maitrise des méthodes, des appareils, et des instruments puis, fort de cette expérience, transmission de ses connaissances sous forme de recommandations publiées. Cette démarche qui conjugue une approche opérationnelle puis conceptuelle, expérimentale puis théorique, a débouché, comme nous l'avons vu précédemment, sur la rédaction de manuels de topographie à partir de 1904, ou à la publication de recommandations pour l'implantation et la construction des refuges en 1911. Elle s'est concrétisée dès 1908 pour les chemins de montagne. Le *Club Alpin* lui donne l'occasion en le publiant de transmettre son savoir-faire, mais comme pour la topographie, il acquiert ses premières expériences en dehors du *Club Alpin*. Ses propres réalisations sur le terrain ne dépassent jamais les limites du massif du Mont-Blanc. Il mettra, à partir de 1909-1912, son savoir-faire au service du *Touring-club de France*.

En 1897, Il a reçu en prêt, du *Service géographique de l'Armée* avec lequel il a su nouer et entretenir, toute sa vie, d'excellentes relations, un des deux prototypes d'un nouveau clisimètre, un appareil qui permet d'évaluer l'inclinaison sur l'horizontale des lignes de visées, donc de déterminer des pentes. Inventé par Goulier, l'appareil avait été présenté à l'*Exposition universelle* de 1878, mais sa mise au point avait été négligée après le décès du constructeur puis de l'inventeur. L'étude de cet appareil délaissé pendant plusieurs années a été reprise. Il a été perfectionné, deux prototypes ont été construits, dont un modèle de poche confié à Henri Vallot. Il connaissait bien et admirait l'œuvre du colonel Goulier, aussi peut-on se demander si ce n'est pas lui qui a soufflé aux autorités, l'idée de sortir le clisimètre de l'oubli. L'appareil lui a servi à déterminer les pentes du circuit choisi par l'*Automobile Club* pour le concours de poids lourds, mais il l'a surtout testé à Chamonix. Voici un extrait de son compte rendu:

« J'ai eu l'occasion, étant en campagne topographique aux environs du Mont-Blanc, de faire le tracé piqueté d'un chemin de montagne, sur une petite longueur. J'ai employé le clisimètre que vous m'aviez confié. Pour cet usage, c'est un instrument merveilleux. Il s'agissait d'étudier un tracé en pente de 15 à 20 p. 100 pour une portion de chemin muletier à rectifier. J'étais accompagné du tenancier du chalet, auteur du projet, qui se chargeait de porter et de placer les piquets suivant mes indications et de mon guide habituel, muni du jalon-mire, le voyant rouge à hauteur de l'œil. Avec le clisimètre, les différents tâtonnements nécessaires pour obtenir le tracé jugé le meilleur, se font avec une rapidité et une aisance remarquables Je considère ce petit instrument comme convenant admirablement à cet ouvrage.[251] »

Henri Vallot avait débuté sa carrière de topographe en publiant un article sur la règle à éclimètre de Goulier dans *l'Annuaire du Club Alpin*. Dix ans après, il publie un court article, sur le clisimètre à collimateur Goulier [252], qui préfigure ses prochains travaux sur le tracé des chemins et sentiers de montagne. Il recommande ce dispositif, très léger et portatif, sans support fixe, qui permet la mesure de pentes jusqu'à 80 p 100, pour les travaux de topographie lors des levés de reconnaissance ou des voyages d'exploration. Il le juge aussi, « admirablement adapté pour l'établissement des routes et chemins de montagne».

L'intérêt d'Henri Vallot pour le confort et l'efficacité de la marche en montagne n'est pas nouveau. Le témoignage de son fils fait remonter ses premières observations au temps de sa jeunesse dans les Cévennes, quand il étudiait la variation de longueur de ses pas en fonction de la pente. Sans remonter aussi loin, il s'appuie bien, sur sa propre expérience, pour établir des règles sur le tracé ; car posséder un appareil comme le clisimètre ne suffit pas, encore faut-il choisir les valeurs à mesurer, par exemple, quel doit-être le pourcentage de la pente. Voici ce qu'il dit de son expérience personnelle, dans l'article de 1908 qu'il consacre au tracé des chemins : « Dans cet article, dont l'objet est plus utilitaire que technique, nous n'entrerons pas dans le détail des expériences qui nous ont servi à établir les résultats que nous allons présenter; disons seulement que pendant dix-sept campagnes de deux mois chacune, le massif du Mont-Blanc nous a offert un champ d'expériences merveilleux sur lequel nous avons pu étudier, dans des conditions très diverses, non seulement notre propre marche, mais encore celle de nos porteurs et celle de touristes présentant les dispositions physiques les plus variées; aussi est-ce avec une certaine confiance que nous pouvons présenter au lecteur nos chiffres moyens[253] ».

Avec Claudius Bernard Inspecteur adjoint des Eaux et Forêts (Annecy).

L'administration des *Eaux et Forêts* est un partenaire, souvent indispensable, parfois incontournable, pour la rectification ou la réalisation de chemins. Cette situation vaut pour toutes les zones de montagne où cette administration est très active. Henri Vallot va développer avec les fonctionnaires de ce service et plus particulièrement avec Claudius Bernard, un partenariat informel et efficace. On a vu que leur rencontre fait suite à la catastrophe de Saint-Gervais, en 1892. Après l'expertise conjointe de Joseph Vallot et des Services du *Ministère de l'Agriculture*, l'administration prend conscience de la nécessité de mettre sous surveillance certains glaciers pour comprendre leur évolution et détecter les risques, car « *pour combattre un ennemi, il faut le connaître* ».

Paul Mougin, chef du *Service de reboisement de la Savoi*e, en poste à Chambéry, a été chargé de la restauration de la zone sinistrée et de la surveillance du glacier de Tête-Rousse. Claudius Bernard, rattaché à la circonscription d'Annecy, est son adjoint. Comme l'avait anticipé Joseph Vallot[254], la poche d'eau sous glaciaire se reconstitue rapidement et l'administration décide de construire un tunnel de 150 mètres qui permettra, par une purge latérale, d'évacuer l'eau. Le chemin d'accès par Pierre Ronde et la rive droite du Glacier de Bionnassay, jusqu'au pied de l'Aiguille du Goûter est trop raide pour être emprunté par des mulets chargés de matériel. Le Service des *Eaux et Forêts*, maître d'œuvre de cet aménagement trace et construit un nouveau chemin muletier jusqu'à l'altitude de 2 900 mètres, prolongé par un sentier pour piéton qui conduit au bord du glacier, à 3 140 mètres. Voici la description de l'itinéraire publié dans la *Revue des Eaux et Forêts* : « Le chemin, partant du pavillon de Bellevue, contourne le Mont-Lachat et arrive avec une pente régulière de quinze pour cent jusqu'au sommet de la montagne des Rogues, pour s'élever ensuite en lacets sur l'arête rocheuse qui sépare le vallon de Tête-Rousse du glacier de la Griaz[255]. »

Henri Vallot a étudié en détails, la topographie et la géologie de ce versant du Mont-Blanc, au pied de l'Aiguille du Goûter, pour le projet de chemin de fer auquel les cousins consacrent, à cette époque, chacun dans son registre, beaucoup de temps et d'énergie. Il fait découvrir le clisimètre à collimateur au jeune Claudius Bernard, chargé de la réalisation de ce chemin[256]. Le technicien des *Eaux et Forêts* peut aussi disposer des résultats des levés, car Henri et Joseph partagent sans réticences les informations déjà recueillies sur le terrain pour leur carte du Mont-Blanc, et le tracé du chemin de fer.

Le 31 août 1899, le sentier construit pour les travailleurs et l'acheminement du matériel, est emprunté pour la première fois par des personnes étrangères au projet. Il s'agit d'une « caravane d'étude » composée de deux représentants de l'administration, le préfet, et l'ingénieur des Mines chargé du contrôle des voies ferrées, et d'un élu, le sénateur de Haute-Savoie. Il y a aussi avec les cousins Vallot, Saturnin Fabre promoteur du projet de voie ferrée Les

Houches-Mont-Blanc ; la femme et la fille de Joseph, Gabrielle et Madeleine, excellentes alpinistes, se sont jointes au groupe qui a prévu d'effectuer le lendemain, l'ascension du Mont-Blanc. L'inspecteur adjoint des *Eaux et Forêts*, Claudius Bernard les accompagne. L'inspecteur Paul Mougin est monté dès le matin, pour accueillir le groupe. Le premier jour est consacré à la visite des travaux en cours (tunnel de vidange, chantier de reboisement et rectification des cours des torrents des Arandellys et de la Griaz). La galerie du tunnel de dérivation est en grande partie creusée, mais les travaux, commencés tardivement en raison du long hiver ne sont pas terminés en cette fin d'été 1899. Le chantier va se prolonger jusqu'en 1904, car l'implantation du premier tunnel n'assurant pas une vidange efficace de la poche d'eau sous-glaciaire, il a été nécessaire d'en construire un autre plus long. Les participants poursuivent jusqu'au glacier de Tête-Rousse, où ils passent la nuit dans le tout nouveau refuge construit par les guides de Saint-Gervais. Il fait très froid, le temps se gâte. L'ascension du Mont-Blanc, avec la visualisation du tracé de la future voie de chemin de fer, était prévue pour le lendemain, mais, suivant les conseils des guides, le groupe y renonce en raison du temps incertain.

Les participants auraient, s'ils avaient fait cette ascension, emprunté une nouvelle voie « d'une grande facilité » selon l'Inspecteur des *Eaux et Forêts*, Charles Kuss, initiateur et concepteur du tunnel d'évacuation. Pour lui, le nouveau chemin « permettra d'atteindre sans fatigue l'altitude de 3 250 mètres, et il suffirait que les intéressés pratiquassent un petit sentier dans les escarpements du Dôme-du-Goûter pour permettre d'en atteindre le sommet (3 800 m.) sans danger. De là, on gagne sans difficulté le sommet du Mont-Blanc. Il est hors de doute que ce chemin pourrait devenir en peu de temps et à peu de frais la grande voie des ascensions au Mont-Blanc [257] ». Il est intéressant de constater, sous la plume de ce technicien un argumentaire en faveur du nouveau sentier de service grâce auquel le Mont-Blanc serait accessible sans fatigue, sans danger et sans difficulté !

La *Section du Mont-Blanc*, va, effectivement, en 1904, compléter les aménagements réalisés par l'administration en construisant un sentier du refuge de Tête-Rousse à l'Aiguille du Goûter. Il s'agit d'éviter aux alpinistes les dangers du Grand-Couloir. Cette voie d'accès au Mont-Blanc fut effectivement utilisée jusqu'à la construction du TMB (Tramway du Mont-Blanc), concurrent heureux du projet Fabre-Vallot. Après l'agrandissement en 1912 de l'ancien chemin vers Pierre-Ronde, puis, après la guerre, la mise en service du train conduisant les alpinistes jusqu'au Nid d'Aigle, au bord du glacier de Bionnassay, ce chemin dont seule la partie terminale continuait à être empruntée, a été délaissé. Il a été restauré en 2011. En 1908, l'année où débute la surveillance du glacier de Tré-La-Tête, confiée à Claudius Bernard, la même section du *Club Alpin* lance un projet de chemin pour améliorer l'accès à ce glacier.

L'entente sur le terrain, entre Henri Vallot et Claudius Bernard se concrétise avec la publication par le *Club Alpin*, en 1908 de deux articles complémentaires qui constituent un petit manuel pour la réalisation des chemins et l'estimation de leur coût. Dans une première partie[258], Henri Vallot traite de l'étude des tracés et du calcul des horaires « en vue de leur insertion dans les guides ou de leur inscription sur les plaques indicatrices ». La seconde partie, rédigée par Claudius Bernard [259] s'attache aussi à la conception mais essentiellement au coût des travaux. Il a fait toute sa carrière en Haute Savoie, avec une interruption pendant la guerre de 1914. Il fréquente régulièrement le massif du Mont-Blanc pour ses travaux de glaciologie. Après son décès, en 1927, l'administration de l'*École Nationale des Eaux et Forêts*, dont il était le sous-directeur a voulu lui rendre hommage, par une plaque inaugurée le 11 juin 1932, à proximité du refuge de Tré-la-Tête [260]. Elle se trouve au bord d'un chemin panoramique, très prisé des randonneurs, qui porte son nom. On y rappelle ses études glaciologiques et météorologiques de 1908 à 1927, et sa contribution aux travaux du tunnel du glacier de Tête-Rousse. Cet hommage auquel a contribué le *Conseil Général* du département souligne les liens très forts tissés entre le fonctionnaire et les autres acteurs de l'aménagement de la montagne. Cette alliance existe ailleurs, et par exemple la *Section du Mont-Blanc* décerne en 1911 la médaille du *Club Alpin,* à M. Gauthron, inspecteur adjoint des *Eaux et Forêts* à Bonneville en raison du « concours remarquable » apporté à la Section « dans les travaux qu'elle avait entrepris ».

Les articles de Vallot et Bernard, qui associent considérations techniques et contraintes économiques, représentent un outil précieux pour les *Sections du Club Alpin* qui doivent, à l'appui de leurs demandes de subventions, présenter un dossier technique, accompagné d'une évaluation des frais à engager. Voici comment Henri présente ce travail complémentaire :

« Il n'est pas besoin d'insister, en effet, pour faire ressortir, au point de vue du transport des charges, comme à celui du parcours par le touriste, les avantages d'un chemin bien tracé, qui ne présente pas de détours inutiles, de rampes trop raides, de contre-pentes non motivées, tout en répondant au minimum de dépenses en argent compatible avec la nature du terrain traversé. La présente étude est divisée en deux parties : la première, qui nous est personnelle, traite la question de la pente la plus favorable à adopter, les opérations du tracé des chemins et le calcul des horaires, en vue de leur insertion dans les guides ou de leur inscription sur les plaques indicatrices. La seconde partie, due à notre collègue et ami, M. C. J. M. Bernard, inspecteur adjoint des *Eaux et Forêts* à Annecy, qui nous fait ainsi profiter de sa grande expérience pratique dans ces questions, traite également du tracé et de tout ce qui concerne l'établissement des devis et la construction[261]. »

Henri a constaté qu'il n'existe pas de règles spécifiques pour le choix des pentes des chemins et sentiers uniquement destinés aux bêtes de somme et aux piétons, et que les normes habituellement reconnues pour les routes et chemins recevant des véhicules sont souvent dépassées en pays de montagne. Pour dépasser ces normes et choisir des valeurs d'inclinaison qui soient adaptées à l'homme, et d'après lui, *a fortiori*, à l'animal, dans des régions où les dénivelés sont importants, il développe son analyse de la marche en montée et en descente ; il propose de fixer l'inclinaison des chemins de montagne dans une fourchette de 0,15 à 0,20, la dernière étant préférable pour obtenir le meilleur rendement aussi bien à la montée qu'à la descente. Il expose comment procéder à la reconnaissance d'un tracé qui tient compte des points obligés : départ et fin du chemin, points de vue, sources, présence de torrents, de grands dénivelés, de passages rocheux. Le travail sur le terrain (tracé, piquetage) nécessite la présence de deux personnes, un opérateur utilisant le clisimètre Goulier et un aide. Henri, fort de son expérience, explique en détail comment procéder : « Depuis une dizaine d'année, nous avons exécuté dans le massif du Mont-Blanc de nombreux tracés de chemins […] et nous avons recommandé l'emploi de ce précieux instrument à bien des opérateurs en leur indiquant notre manière de procéder ».

Le manuel de 1911 consacré aux travaux en montagne[262] reprend les principaux éléments de ces articles, sous une forme plus synthétique. Il y a ajouté des instructions pour la constitution de dossiers à l'appui des demandes de subventions. C'est aussi dans ce document que l'on trouve les règles pour l'établissement de passerelles, comment choisir le tracé pour éviter la construction de passerelles, comment les implanter en cas de nécessité. L'ingénieur consacre un chapitre aux passerelles métalliques, dans lequel il rappelle qu'une passerelle construite en métal, qui inspire d'emblée confiance, peut présenter des dangers en raison de la fatigue du matériau. Il insiste sur la nécessité de soumettre au calcul les pièces principales de la construction. Les dossiers déposés par les sections du *Club Alpin*, entre 1898 et 1911, pour l'obtention de subventions ont été systématiquement étudiés par Henri Vallot ; l'utilisation du clisimètre pour le tracé, recommandée dès 1900, a été largement acceptée, y compris par l'administration. La méthode pour l'établissement des chemins, codifiée à partir de 1908, a été appliquée, comme l'attestent quelques comptes rendus de travaux : rectification du chemin des Contamines à « l'hôtel » de Tré-la-Tête en 1909[263], chemin du Buet par Grenaison en 1910[264]... Mais, quelle a été son implication directe dans la réalisation de chemins ?

Henri Vallot, inventeur des « balcons » ?

Les informations trouvées dans les publications du *Club Alpin*, du *Touring-club* et les Archives municipales de Chamonix, même incomplètes, permettent de lui attribuer plusieurs des sentiers ou portions de sentiers de la vallée de Chamonix, désignés aujourd'hui sous le nom de « balcons » sur les cartes de l'*Institut Géographique National*. Ces chemins, en corniche, parallèles au cours de l'Arve, relient entre eux, à des altitudes autour de 2 000-2 500 mètres, des sentiers conduisant de la vallée vers les alpages. Ils constituent pour le randonneur de remarquables promenades, aujourd'hui accessibles sans fatigue, depuis le fond de la vallée, en train ou en téléphérique et permettant de profiter d'une vue panoramique sur les massifs.

Massif du Mont-Blanc, versant Nord de la Vallée de Chamonix.

En 1903, la *Section de Chamonix du Club Alpin*, fondée en 1901, par le docteur Michel Payot « fournit le tracé et participe à la construction de la nouvelle route muletière qui part du Montenvers, passe au pied des Aiguilles et va aboutir au Plan de l'Aiguille ». Ce « balcon nord », parfois appelé « sentier du CAF », ou « traversée », relie l'hôtel du Montenvers, qui domine la Mer de Glace depuis 1879, aux alpages situés au plan de l'Aiguille du Midi. L'hôtel, qui a vu passer de nombreuses célébrités, dont le couple impérial, sous le Second Empire, n'est pas encore accessible par le train, et des muletiers proposent encore leurs montures aux touristes qui veulent s'épargner la marche pour atteindre ce belvédère sur la Mer de Glace. Le train à crémaillère ne remplacera les trains de mulets qu'en 1909.

Le nouveau chemin muletier, au départ d'un lieu hautement fréquenté ne s'explique que par des raisons touristiques, il élargit les possibilités de promenade et donne l'occasion au visiteur de découvrir sous des angles divers les Aiguilles de Chamonix, tout en se rapprochant du glacier des Bossons. On imagine difficilement, que le tracé de ce chemin, à Chamonix, à cette époque, ne soit pas l'œuvre d'Henri Vallot, et cependant je n'ai trouvé aucun document l'attestant. Pourtant, qui mieux que lui aurait pu, clisimètre à la main, réaliser ce tracé dans ce terrain qu'il connaît si bien, d'autant qu'il semble que, quelques années après sa réalisation, certains aient pris l'habitude de donner son nom à ce sentier. Quand Paul Ollendorff, éditeur parisien associé de la grande maison d'édition de Leipzig Baedeker, prépare la deuxième édition d'un guide touristique, à paraître en 1910, incluant Chamonix[265], il rencontre Henri et Joseph Vallot, qui lui donnent de nouvelles cotes d'altitude, en partie inédites. Il recommande en ces termes une nouvelle excursion qui ne figurait pas dans la première édition : « Du Plan de l'Aiguille, un bon chemin muletier, 'chemin Henri Vallot' mène en 2h.1/4 au Montanvert (sic) ». La désignation de ce nouveau chemin ne peut être justifiée que par les informations qu'il a recueillies sur place et témoigne peut-être d'un usage qui s'est perdu localement avec le temps. Cette dénomination persiste dans certains guides, en particulier d'origine allemande. C'est ainsi que l'on peut lire, sous la plume d'Hartmut Eberlein, auteur d'un guide de randonnée récent, publié par l'éditeur bavarois Rother : « La carte IGN parle de Grand Balcon Nord, mais je préfère garder l'ancien nom, celui de 'chemin Henri Vallot' qui rappelle le fameux géographe français[266]. »

On sait qu'Henri Vallot se mettait rarement en avant, et qu'il ne sortait de sa réserve que lorsqu'il avait des convictions à défendre, et à la condition qu'elles s'appuient sur ses certitudes scientifiques et techniques. Tout porte à croire qu'il aie réalisé ce tracé pour le compte de la *Section du Mont-Blanc*, dont il n'était pas membre, sans souhaiter faire apparaître son nom, car finalement au sein de la *Commission des travaux en montagne*, il aurait été juge et partie.

D'autres chemins ont été réalisés sur ce versant de la vallée, sans que l'on puisse établir, sans doute pour les mêmes raisons, quelle part Henri Vallot y a prise. Mais lui-même n'affirme-t-il pas dans son article qu'il a l'expérience de ces réalisations. Il s'agit en 1906, de l'amélioration du chemin du Plan de l'Aiguille à Pierre Pointue, et en 1909 du sentier de la Montagne de la Côte. Dans ce dernier cas, le sentier a été créé à l'initiative du président de la *Section de Chamonix*, Lucien Tignol, qui a succédé au docteur Payot. Il a été financé par le *Club Alpin*, avec une subvention de la municipalité. Long de 3 600 mètres, il va des « Bossons supérieurs » à la Montagne de la Côte. Il a été piqueté par les soins « du très compétent brigadier forestier de Chamonix [267]. ». L'idée de ses promoteurs est restaurer l'ancienne voie historique d'ascension au Mont-Blanc, suivie par Balmat, ce qui justifie les festivités prévues pour son inauguration le 18 août 1910. Le programme était le suivant : Départ de la gare des Bossons (6 h. 40) pour le premier chalet des Bossons (7 h. 40). À cette époque, le glacier descendait beaucoup plus vers la vallée et ce premier chalet était aussi plus bas que l'actuel chalet desservi par un télésiège. Les participants, après avoir visité la grotte de glace creusée dans le glacier des Bossons étaient attendus, à 10 h. 45 au chalet des Pyramides pour un plantureux déjeuner proposé par M. Devouassoud, le tenancier de ce nouveau chalet. Le champagne, frappé dans le glacier, était offert par le *Club Alpin*, au sommet de la Montagne de la Côte. Plusieurs possibilités étaient offertes pour le retour, selon que l'on était alpiniste ou touriste : « Les Alpinistes accompagnés de guides et munis de cordes, pourront traverser le glacier jusqu'à la jonction, et revenir par Pierre-Pointue. Les Touristes reviendront par le chalet des Pyramides, la traversée du glacier supérieur, la cascade du Dard.[268] ». Faute d'avoir retrouvé des témoignages dans la presse ou dans les publications du *Club*, nous ne savons pas si ce programme a été rempli ; ni Henri, ni Joseph n'étaient présents à Chamonix à cette époque.

Massif des Aiguilles rouges, Brévent et « Balcon Sud »

La cartographie du massif du Mont-Blanc inclut les versants opposés de toutes les vallées qui l'encadrent. Dans le cas de la vallée de l'Arve, entre Chamonix et Passy, Henri Vallot a œuvré dans les massifs des Aiguilles rouges et du Brévent, c'est-à-dire le versant sud de la vallée. Il en a étudié l'hydrographie, la géologie et établi la cartographie. Ce versant est aussi un belvédère d'où l'on peut observer, et pour Henri mesurer les sommets qui encadrent le Mont-Blanc. Il l'a parcouru chaque année, et il y a implanté des stations géodésiques. En 1921, après plus de trente saisons estivales, il rédige un article sur ces montagnes[269]. Sur vingt-cinq pages, il aborde la géographie, l'hydrographie, et la cartographie, puis après avoir détaillé chaque sommet et chaque torrent, il consacre plusieurs pages aux sentiers. Anticipant la collection des Guides Vallot qui sera lancée par son fils et Jacques de Lépiney (*Groupe de Haute Montagne du Club Alpin*) donne, dans une deuxième partie, des itinéraires pour les alpinistes.

Nous reproduisons ci-dessous les premières lignes du chapitre sur les sentiers. On y trouve un inventaire des sentiers existants, quel que soit leur usage, élevage ou tourisme. Il signale ceux qui pourraient, après aménagement, être utiles aux promeneurs : « Nous rappelons simplement comme un fait connu de tous que des chemins muletiers desservent les lieux habités l'été, les centres de pâturages, ou certains sites remarquables de la région dont nous nous occupons, notamment :

<u>Dans la Vallée de l'Arve</u> (versant droit), Bel-Achat et le sommet du Brévent, Planpraz, le Col du Brévent, les Vioz, Charlanoz, la Flégère à partir de Chamonix. [Un bon chemin en pente douce, construit comme muletier, réunit Argentière à la Flégère; toutefois, à l'heure actuelle, les mulets n'y ont pas accès, à cause du manque d'un débouché dans le village d'Argentière; ce chemin ne fonctionne donc, jusqu'ici du moins, que comme sentier de piétons.]

<u>Dans la Vallée de la Diosaz</u>, versant gauche, le seul chemin muletier existant est celui du Col du Brévent à Arlevé et au pont de la Diosaz (au delà, Moëde et le Col d' Anterne).

<u>Dans la Vallée de Bérard</u>, le chemin conduisant à la Pierre à Bérard et à la nouvelle hôtellerie de Bérard.

En outre des chemins muletiers précités, il existe un certain nombre de sentiers aménagés pour le passage du bétail et que, malgré leur entretien souvent défectueux, les touristes peuvent utiliser avec avantage; car il faut bien reconnaître que de nos jours les seuls sentiers convenablement entretenus sont ceux desservant les centres de pâturages et affectés au service des troupeaux de vaches allant « en montagne ». Par contre, d'anciens pâturages (tels que la Remuaz, Praz Torrent), d'accès moins facile, où l'on mettait autrefois les génissons, sont aujourd'hui à peu près abandonnés, et les sentiers qui y conduisent ne sont guère utilisés que pour mener en pâture les troupeaux de chèvres ou quelquefois pour la descente du foin. Aussi sont-ils souvent discontinus et pas toujours faciles à suivre pour le touriste. Nous citerons ici les plus importants, en suivant le même ordre que celui que nous avons adopté ci-dessus pour notre description topographique. »

Il n'est pas possible de reproduire ici l'intégralité de cet inventaire des sentiers et chemins, utilisables pour les touristes, qu'ils aient été ou non aménagés à cette fin. L'idée de sentiers type « balcon » est sous-jacente dans cette remarque de l'auteur : « Enfin, il convient de remarquer que l'espace compris entre la crête des grands versants (1 800 à 2 000 m.) et le pied des aiguilles (2 400 m. environ) peut être en général parcouru à peu près en tout sens sans difficultés par les touristes ayant une habitude suffisante de la montagne, à la condition toutefois d'éviter, en les contournant comme il convient, les bancs de rocher ou parois rocheuses, quelquefois de grande hauteur, dont cette région est entrecoupée. »

Voici quelques réalisations auxquelles, Henri Vallot a été officiellement impliqué :

En 1908, il étudie le tracé du chemin de Planpraz au Lac Cornu. ouvert en 1909, grâce à une subvention du *Club Alpin* et une participation du propriétaire de l'hôtel de Planpraz. Les travaux ont été réalisés par le guide habituel d'Henri, François Bozon, des Houches. Henri lui en attribue l'initiative[270].

En 1909, le Comité de Tourisme en montagne du *Touring-club* vote une subvention pour la construction d'un chemin muletier de Planpraz à la Flégère[271], correspondant à un tronçon de l'actuel Grand balcon sud.

En 1912, François Bozon réalise sous la direction d'Henri Vallot, un tronçon important de ce Grand balcon, reliant le Chalet de Merlet à Bellachat. Henri Vallot en a constitué lui-même le dossier pour le *Club Alpin* et effectué les démarches auprès de la mairie de Chamonix, mais il en attribue l'idée à un résident estival de Merlet, M. Grillet[272].

Dans une lettre adressée au maire de Chamonix, accompagnée du descriptif et de la carte dessinée par lui, Henri Vallot fait valoir l'intérêt de cette liaison, pour la commune, car la ville est propriétaire du « pavillon » de Bel-Achat, un refuge construit à l'emplacement des ruines d'un ancien alpage, et de la cabane du Brévent. Ce sentier piéton permettrait aux résidents des Houches de monter directement au Brévent sans passer par la vallée. Il est mis en service en 1913[273].

En 1913, Henri Vallot, a quitté la *Commission des Travaux* du *Club Alpin*, mais il est toujours membre et actif au sein de la *Commission de topographie*. Il reprend une idée, déjà ancienne, de sentier entre Tré-Le-Champ et La Flégère : « L'idée de mise en état de viabilité, à l'usage des touristes du sentier en question est déjà ancienne ; elle fut émise par nous en 1902, époque où nous avions fait une première étude, encouragés par la colonie de Trélechamp et le propriétaire de l'hôtel. Sollicité à nouveau lors de notre campagne de révision topographique de l'an dernier, nous avons alors communiqué notre projet en montrant tout l'intérêt au président du *Club Alpin* et au président de la *Commission des travaux en montagne* qui l'ont accueilli très favorablement (lettres des 16 et 19 août 1913). Malheureusement nous n'avons pu obtenir de notre entrepreneur habituel qui a déjà construit sous notre direction les sentiers du Lac Cornu et de Merlet à Bel-Achat qu'il se chargeât de cette nouvelle entreprise. Nous espérons que cette réalisation si désirable est seulement ajournée[274]. »

Ce contretemps est fatal pour le projet, définitivement ajourné en raison de la déclaration de guerre. Mais Charles fera aboutir un projet voisin, un sentier de corniche d'une dizaine de kilomètres, entre le col des Montets et La Flégère, avec une ramification vers Tré-le-Champ. Les travaux de ce « promenoir unique, qui se déroule sur une dizaine de kilomètres en face de la chaîne du Mont-Blanc, où les différences de niveau ont été soigneusement ménagées... » sont terminés en 1926. Ce tronçon a été réalisé par John Mottet, président du Club des Sports de Chamonix[275].

Peu de temps avant sa mort, Henri Vallot étudie la réalisation de divers aménagements pour assurer un cheminement continu de Chamonix à l'Aiguillette du Brévent. Il a transmis un rapport au *Conseil municipal* de Chamonix. Sa mort survient le 12 octobre 1922, quelques jours avant une réunion du *Conseil*, au cours de laquelle la proposition d'Henri Vallot a été mise à l'ordre du jour. Ce jour-là, 22 octobre 1922, les *Conseillers* apprennent le décès d'Henri, acceptent son projet et décident d'attribuer son nom au nouveau sentier.

Signalisation, horaires.

Après l'amélioration des chemins existants ou après la création de nouveaux sentiers, il convient d'installer une signalisation pour indiquer aux touristes, non seulement les lieux desservis, mais aussi les temps de parcours pour les atteindre. Henri Vallot consacre plusieurs pages à ce sujet dans l'article sur les sentiers de 1908 et dans ses instructions pour l'établissement des poteaux indicateurs et des plaques indicatrices de 1911[276]. Il traite, avec sa minutie habituelle, des questions purement matérielles, dimension, implantation, matériau, et impose des standards pour les poteaux et plaques installées par le *Club Alpin*. Comme toujours, qu'il s'agisse de la taille, du matériau employé, de l'installation, tout est très précis, basé sur des considérations pratiques mais aussi économiques. En 1903, année où le *Club* a décidé d'installer des plaques normalisées, le choix s'est porté sur le type de plaque en tôle d'acier galvanisée, recouverte d'une peinture cuite au four, déjà utilisé par le *Touring*, une synergie toute naturelle pour Henri Vallot et ses collègues, membres des deux associations. Avec le souci de cette « vérité » topographique qu'il a traquée sur le terrain, pendant une trentaine d'années, il recommande « de ne mentionner l'altitude des lieux indiqués sur les plaques que lorsque cette altitude présente toutes les garanties désirables d'exactitude. En aucun cas, on n'empruntera ces éléments au $80\,000^{ème}$, sauf s'il s'agit de points géodésiques reconnus exacts ». Il rappelle dans ce document, un important avis émis par la *Commission* en 1906[277] : « Les plaques indicatrices posées par les soins du *Club Alpin Français* et qui sont surtout destinées à renseigner les touristes non accompagnés de guides, ne devront, en principe, mentionner comme lieux de destination que ceux que l'on peut atteindre par des chemins ou sentiers ou ceux dont l'accès est suffisamment aisé pour ne pas exposer le public alpin à des dangers reconnus ».

Henri Vallot a proposé une méthode de détermination des horaires, qui vise à définir les temps de parcours moyens d'une façon assez homogène à partir du profil en long du chemin, en excluant tout ce qui se rapprocherait de l'escalade. Il défend son approche mathématique en ces termes : « ... il serait pratiquement impossible d'obtenir, pour l'innombrable quantité des itinéraires alpins, l'homogénéité nécessaire, eu égard à la diversité des observateurs, aux coefficients personnels, aux influences physiologiques, à la variabilité des circonstances extérieures, etc.... On a d'ailleurs pour s'en convaincre, qu'à comparer pour une même course les différents horaires relevés dans les publications alpines ou dans les guides (Joanne, Baedecker, etc....) ; on sera suffisamment édifié par les divergences qu'on y rencontrera et aussi par le défaut d'harmonie des éléments consignés dans un même ouvrage, voire même dans une seule course[278] ! » Nous ne rentrons pas dans le détail de la méthode, assez élaborée, mais très facile à utiliser dès lors que le profil en long du chemin est connu.

La méthode Vallot d'évaluation des temps de parcours a été utilisée dans le massif du Mont-Blanc. En septembre 1908, Henri Vallot et Eugène Barre, membre de la *Section du Mont-Blanc*, posent des poteaux indicateurs et des plaques indicatrices aux Contamines. Chaque poteau ou plaque est « accompagné d'une plaque d'altitude Vallot ». On a apposé sur la façade de la mairie, une plaque offerte par Eugène Barre, signée Henri Vallot, qui précise les conditions dans lesquelles ont été évalués les horaires :

« Horaires inscrits sur les plaques indicatrices. Ces horaires sont calculés en tenant compte des profils, et de l'état des chemins, en prenant pour base une allure normale, facile à atteindre et à soutenir continuellement par les touristes de force moyenne (4 km 33 de parcours horizontal et 325 m. d'ascension par heure). Ces horaires comprennent 1/6 du temps total pour les repos supposés nécessaires à l'organisme, à l'exclusion des longs arrêts. On obtiendra le temps de marche effective, repos déduits, en retranchant 1 minute sur 6 minutes, ou 5 minutes par demi-heure. Les touristes bien entraînés pourront retrancher en outre 3 minutes par demi-heure[279]. »

En août 1910, on peut lire dans la Chronique alpine[280] que « les plaques indicatrices établies par le *Club Alpin Français*, dans le massif du Mont-Blanc, ainsi que toutes celles que vient de faire placer l'*Association pour le développement et l'embellissement de Chamonix* portent toutes les horaires calculés par Henri Vallot, d'après les formules qu'il a développées ici même ». Cet article fait référence à l'article de 1908 sur les sentiers de montagne.

Tables d'orientation.

L'installation de tables d'orientation, sur tous les lieux élevés d'où l'on pouvait découvrir un panorama, a débuté en France à la fin du dix-neuvième siècle. Reprenant une idée née en Allemagne et en Suisse, les premières tables sont installées dans les massifs frontaliers de ces deux pays, les Vosges et le Jura. En 1898, la *Section du Club Alpin des Vosges,* très active dans ce domaine, en installe une au Ballon d'Alsace. Il y a également un panorama au Honeck. Les premières tables sont en fonte, mais il en existe en Suisse, en métal, en zinc, en cuivre, et même en marbre, sur lesquelles sont gravés les noms des points remarquables de l'horizon. Le plus souvent, elles ne sont que directionnelles, sans représentation physique du paysage. Par exemple, au Donon, dans les Vosges, une table installée par les Allemands, indique des directions aussi lointaines que Londres, Saint-Pétersbourg ou Constantinople !

L'idée a été lancée à la fin du dix-neuvième siècle d'abord au *Club Alpin*, puis au *Touring-club*. En 1901, André Berthelot, historien et homme politique, administrateur du *Touring-club* invite ses collègues à s'investir dans ce domaine :

« …il [le Club] rendrait un réel service en prenant à sa charge l'établissement aux principaux points de vue de tables d'orientation. Chacun de nous a éprouvé, parvenu en haut d'une montagne ou d'un belvédère quelconque, la curiosité de retrouver les sites connus, de savoir les noms des villes, villages, forêts, montagnes, rivières qu'il apercevait. Même, lorsqu'on est muni de cartes, il est souvent assez difficile de s'orienter. […] Les ingénieurs et les agents voyers qui nous ont si largement apporté leur concours, les officiers qui connaissent à fond la topographie, fourniraient volontiers, j'en suis convaincu, toutes les indications utiles pour dresser ces tables d'orientation, sur les points de vue les plus réputés de nos Alpes, de nos Pyrénées, du Jura, de l'Auvergne… »

Le président approuve et lance un appel aux sociétaires « pour nous fournir tous renseignements et indications utiles : établissement et installation des tables, en quels matériaux, en quelles formes (joindre des croquis); le coût, la durée, les endroits où il conviendrait de les placer, leur rédaction, etc., etc.[281]»

Le *Syndicat d'initiative d'Auvergne* accompagne une demande d'installation d'un panorama au Puy de Dôme, d'une proposition technique concernant le choix du matériau. Cette proposition est acceptée. Elle va devenir la règle : les tables installées par le *Touring-club de France*, seront en lave émaillée ; elles seront fournies pendant plusieurs années par la *Compagnie des Laves de Volvic* à Saint-Martin près de Riom. Ce choix qui autorise des décorations polychromes, est aussi justifié par les qualités d'inaltérabilité et de résistance du matériau. On peut y représenter, pour un coût moindre, le paysage avec la désignation, selon les lieux, des sommets et des altitudes, des autres curiosités géographiques ou des monuments. L'année 1902 marque les débuts d'une campagne d'implantation de ces équipements touristiques sur tout le territoire national avec la présentation au *Salon de l'Automobile et du Cycle* de deux tables qui seront installées à la pointe de l'Esquillon (sur la corniche de l'Esterel, « la route du *Touring-club* ») et au château de Nice. Leur inauguration en 1903 donne lieu à des festivités. En 1913, dix ans après cette première, soixante-quatre tables avaient été installées et trente étaient en préparation. En 1970, on en comptait cent-soixante-huit, pour les seuls équipements installés par le *Touring-club*.

Pour Henri Vallot, passer de la cartographie aux tables d'orientation est une évidence. Il dispose de tous les outils et de tous les éléments pour réaliser lui-même ces équipements pour la vallée de Chamonix. Moins de deux mois après l'appel de Berthelot, Lucien Tignol, membre délégué de la *Section de Chamonix* auprès de la *Direction centrale du Club Alpin* et membre délégué du *Touring-club* envoie au président du *Touring-club* un document qualifié d'extrêmement clair et précis qui donne une « liste des principaux sites de Chamonix où il serait utile d'installer des bancs rustiques, des plaques de sentiers et des tables d'orientation[282] ». Sans nier l'implication de Lucien Tignol, futur fondateur du club de hockey, parisien comme Henri Vallot, on peut penser qu'il a largement bénéficié des conseils de son aîné, également membre des deux clubs pour établir ce projet qui porte par sa précision même la marque d'Henri Vallot. En 1903, la Section du Club Alpin de Chamonix installe deux tables dessinées par Henri[283], une au Montenvers (Mer de Glace), l'autre au sommet du Brévent.

La réalisation d'une table d'orientation commence par l'étude du point de vue, l'établissement d'un tour d'horizon photographique à partir du point exact où sera implantée la table. Suivent les études de financement, la réalisation de la maquette, le report sur la lave, la construction du socle et sa mise en place. En montagne, on trouve plusieurs exemples de partenariat entre le *Club Alpin* et le *Touring-club*, pour la réalisation, le financement et l'installation. L'étude des conditions dans lesquelles ont été réalisés ces premiers équipements met en évidence le partenariat existant sur place entre les ingénieurs des *Ponts et Chaussées* et les délégations du *Touring-club*. Les délégués du *Touring*, en région, sont fréquemment des fonctionnaires des *Ponts et Chaussées*, qui en raison de leur formation sont aptes à réaliser et traduire en dessin le tour d'horizon nécessaire à la réalisation de la table.

L'appel d'André Berthelot est relayé quasi officiellement en 1905, par Denis Eydoux, ingénieur des *Ponts et Chaussées* en poste à Tarbes, également membre correspondant de la *Commission de topographie* du *Club Alpin*. Il publie une note sur l'utilisation de photographies panoramiques. Cette note qui est annoncée dans la revue du *Touring-club* [284] a été largement diffusée au sein de l'administration. Elle a été adressée aux membres du *Conseil général des Ponts et Chaussées*, aux inspecteurs généraux des *Ponts et Chaussées*, aux inspecteurs et membres du *Comité consultatif de la vicinalité*, aux ingénieurs en chef et agents voyers en chef des départements, aux ingénieurs et agents voyers d'arrondissement. Il s'agit d'une adaptation de la méthode de tour d'horizon, exposée par Henri Vallot dans son manuel de topographie.

Denis Eydoux lui-même, excellent dessinateur a réalisé la table installée par le *Touring-club* au col de Riou, à Cauterets. Elle a été inaugurée en présence de plusieurs délégations du *Club Alpin*, le 10 septembre 1905. D'autres membres de la *Commission de topographie du Club Alpin* apportent leur savoir-faire cartographique dans les Pyrénées : le lieutenant-colonel Prudent à Luchon en 1908. Franz Schrader, en réalise une en 1908, pour le *Club Alpin* au Pic du Midi de Bigorre et supervise celle qui sera installée au Canigou en 1910 par le *Touring-club*. Dans les Alpes, un autre membre de la Commission de topographie du *Club Alpin*, Paul Helbronner, dessine en 1922 la table installée dans le Queyras, au sommet du Buchet.

Quand en 1911 Henri Vallot rédige ses instructions pour la réalisation de tables d'orientation [285], il n'a, officiellement, à son actif que les deux tables installées à Chamonix en 1903, et une en préparation pour La Flégère. Elle ne sera finalement posée qu'en 1923. En 1921, Henri Vallot réinstalle la table d'orientation au Mont-Joly (Saint Nicolas de Véroce) [286]. Montée en 1913, elle avait été détériorée pendant la guerre, mais rien n'indique qu'il ait été à l'origine de la première table. Les méthodes qu'il a préconisées pour la réalisation du tour d'horizon sont largement répandues et utilisées. Dans cet article, il insiste sur la nécessité de vérifier les altitudes et donne des consignes de rigueur même si on peut, dans ce cas, admettre une marge d'erreur. Cependant, il ne se contente pas de vulgariser à l'usage des concepteurs de panoramas, des méthodes qu'il a déjà décrites pour les tours d'horizon photographique et topographique, il apporte sa touche personnelle en proposant des corrections lorsque le panorama s'écarte de la ligne d'horizon, ce qui est les cas par exemple pour de très fortes inclinaisons (exemple : L'aiguille du Dru, vue du Montenvers ou le village de Chamonix vu du Brévent). Dans ce cas, « les objets au dessus de l'horizon apparaissent surbaissés, aplatis, et ceux au dessous au contraire, étirés en hauteur ». Henri Vallot établit une formule mathématique et donne dans un tableau des coefficients de correction à appliquer. Ce travail vient après la réalisation des tables du Brévent et du Montenvers. La correction sera appliquée par Étienne de Larminat pour la table d'orientation installée en 1928, dans le parc du Grand Hôtel (PLM) de Combloux.

Un sentier en hommage.

Pendant l'été 1922, Henri réside chez Joseph à Chamonix, Henri a fêté son soixante neuvième anniversaire au mois de mai, Joseph est âgé de soixante-sept ans. Il y a plus de trente ans, commençait leur aventure alpine, à Chamonix ; c'est l'occasion pour les deux hommes, les jours de mauvais temps, d'évoquer leurs souvenirs communs. Dès que le temps devient plus clément, Henri part pour de belles randonnées topographiques, ultimes vérifications avant la publication de la carte définitive… annoncée depuis des années. Son fils témoigne :

« Les circonstances ont voulu qu'en cette ultime campagne, Henri Vallot eut la vision complète de tout le massif, car il eut à répartir ses dernières stations entre Le Buet, l'Aiguille Pourrie et le col d'Anterne, entre la Montagne de la Côte, le Mont Vovassay et la Tête-des-Fours. Ainsi, il put passer en revue son peuple d'hommes de pierres, sortis des mains expertes et puissantes de Michel Savioz, d'Alphonse Payot, de François et d'Alphonse Bozon, d'Albert Ravanel, signaux qui dessinent sur le sol le réseau de sa triangulation, chères pyramides inanimées qu'il savait si bien individualiser pour leur prêter une vie et leur donner une histoire[287]. »

Henri devait avoir encore une bonne condition physique pour entreprendre toutes ses « promenades topographiques » de l'été 1922, cependant, ce seront les dernières, il s'éteint chez lui, à Versailles, le 16 octobre 1922. La carte du massif du Mont-Blanc au 20 000ème n'est toujours pas terminée, le flambeau passera dans les mains de Charles. En 1921, au retour de Chamonix, Henri avait publié son article avec Jacques de Lépiney sur le massif des Aiguilles rouges et le Brévent. Le 12 octobre 1922, quand la mort le surprend, à sa table de travail, il calculait « l'altitude définitive[288] » du refuge du col de la Croix-du-Bonhomme, construit par le *Touring-club*. Il avait adressé à la mairie de Chamonix, un courrier dans lequel il proposait la création d'un nouveau sentier par la construction de plusieurs tronçons reliant des sentiers existants. Le projet n'a pas encore été présenté au *Conseil Municipal*, il sera discuté en séance extraordinaire, le 22 octobre 1922, séance au cours de laquelle, le maire annonce son décès.

Voici des extraits du procès-verbal de cette séance :
« Chemin de Merlet. Projet Henri Vallot

Monsieur le président soumet au Conseil un rapport de Monsieur Henri Vallot sur un projet d'établissement de divers tronçons de chemins et sentiers à partir de Chamonix pour accéder à l'Aiguillette du Brévent. Le projet prévoit l'aménagement de 4 tronçons de sentiers d'une dépense totale de 4 000 frs, pour le 1er tronçon (chemin muletier de raccordement entre le chemin de Chamonix à Bel Achat et le chemin du pont de Piralotaz à Merlet le Haut) et de 1 850 frs pour les 3 tronçons à exécuter sur la commune des Houches. Cette dépense doit être couverte partie par des subventions des communes de Chamonix et des Houches, et partie par des contributions du TCF et de l'administration forestière.

Le Conseil,

Appelé à donner son avis sur la subvention à allouer par la commune de Chamonix invite Monsieur le Maire à transmettre le projet à la Chambre d'Industrie climatique pour vote d'une subvention sur les fonds de la taxe de séjour[289].»

Au cours de la même séance, les conseillers, après avoir validé le projet, décident à l'unanimité d'attribuer le nom d'Henri Vallot à ce nouveau sentier. : « M. le président annonce au Conseil municipal le décès de M. Henri Vallot, topographe, et propose, pour rendre hommage à sa mémoire de donner son nom à sa dernière œuvre, le chemin de l'Aiguillette du Brévent[290].»

Le lendemain, le maire, M. Lavaivre, écrit à Charles Vallot :

« Monsieur,

C'est avec une douloureuse surprise que le Conseil Municipal, réuni hier en séance extraordinaire, a appris le décès de M. Henri Vallot. Depuis plus de trente ans, M. Henri Vallot était des nôtres, et son nom restera associé à tous les travaux que pour le plus grand bien de notre région il a exécuté. Il n'est pas de sommet de nos montagnes qu'il aimait tant qui ne rappelle son souvenir. Avec votre assentiment, le Conseil Municipal serait désireux de voir donner le nom de 'Chemin Henri-Vallot' à sa dernière œuvre, le chemin de l'Aiguillette du Brévent. L'achèvement de cette œuvre à laquelle il tenait, est pour nous un devoir, et la Municipalité de Chamonix se met entièrement à vos ordres pour aider à sa réalisation.

Veuillez-agréer, Monsieur, pour vous et les vôtres, les respectueuses condoléances de la Municipalité de Chamonix, et l'assurance de mon entier dévouement.

Le Maire

J. Lavaivre »

Il a fallu deux années pour réaliser le sentier. Une plaque fixée dans le rocher à 1 183 mètres d'altitude, au bord de ce chemin qu'il a contribué à créer, est inaugurée le 25 août 1924. La veille, la table d'orientation de La Flégère, avait été inaugurée. La presse se fait l'écho des festivités organisées à l'occasion de ce premier évènement et de la discrète cérémonie du lendemain.

Le correspondant du journal *Le Gaulois* écrit dans sa livraison du 30 août : « Dimanche dernier, à 1 877 mètres d'altitude, au chalet La Flégère, a été inaugurée la table d'orientation due au Touring-club de France. […] Lundi, une cérémonie plus intime a eu lieu à l'occasion de l'ouverture du chemin dit « Henri Vallot », superbe route muletière partant de Chamonix par le chemin du Brévent, et qui permet l'accès facile du Belvédère au magnifique point de vue de Merlet, face au Mont-Blanc. Une plaque scellée dans le roc y perpétue le souvenir du savant géographe Henri Vallot[291]. »

La *Revue du Touring-club de France* relate l'inauguration du sentier Henri Vallot, en ces termes : « Le nom de Vallot, si connu des alpinistes, désignera pour la postérité toute une famille de savants, aussi modestes qu'éminents, qui se sont consacrés à l'étude et à la mise en valeur de la montagne et principalement du massif du Mont-Blanc. À ce titre, la ville de Chamonix leur doit beaucoup, et c'est un hommage bien mérité qu'elle vient de rendre à la mémoire de l'un d'entre eux, Henri Vallot, cousin du directeur de l'Observatoire du Mont-Blanc, Joseph Vallot, et père de notre camarade Charles Vallot, qui membre de notre Conseil d'administration et secrétaire général de notre *Comité de Tourisme en Montagne*, est un de nos collaborateurs les plus précieux. Dans un sentier créé par Henri Vallot et qui portera désormais son nom, au pied du Brévent, une plaque, scellée dans le roc et rappelant ses trente-deux campagnes géodésiques et ses innombrables travaux en montagne, fut inaugurée le 25 août par M. Lavaivre, maire de Chamonix, au cours d'une cérémonie à laquelle l'intimité donnait le caractère d'un pèlerinage. »

La famille était représentée par son fils Charles, son cousin Joseph accompagné de sa fille et de son gendre M. et

Mme Franz Namur. Le président du *Touring-club de France*, M. Auscher, le président de la *Section du Mont-Blanc du Club Alpin*, M. Tignol et le glaciologue et ancien élève Girardin ont pris la parole après le maire de Chamonix, M. Lavaivre. Étaient aussi présents les docteurs Agnel et Gorodiche, M. Brégeault, des membres du *Club Alpin* et quelques personnalités connues, habituées de la Vallée de Chamonix, par exemple, Mme Dussane, de la *Comédie-Française* qui avait animé la veille le banquet organisé après l'inauguration de la table d'orientation de la Flégère !

---

[229] Ch. Vallot, *Ibid*, p. 10.
[230] Le mot touriste est apparu dans le Littré en 1872, et en 1874 dans le Larousse.
[231] Médecin, directeur du Club des sports Chamonix 1869-1908.
[232] H. Vallot, lettre du 5 mai 1909 à Abel Ballif, in Ch. Vallot, *Op.cit.*, p. 12.
[233] J. Forni, Rapport annuel de la Direction centrale, *Annuaire du Club Alpin 1885,* Paris, Hachette, 1886, p. 522.
[234] E. Caron, Rapport annuel de la Direction centrale, *Annuaire du Club Alpin 1889*, Paris, Hachette 1890, p. 468.
[235] Bulletin Mensuel du Club Alpin, Août-Septembre-Octobre 1899.
[236] H. Cüenot, Ch. Lefrançois, *Les refuges de montagnes de France en 1901*, Clermont, Daix, 1901.
[237] H. Vallot, *Instructions techniques pour l'établissement des projets et l'exécution des Travaux en Montagne*, Paris, Au siège Social du C.A.F. 1911.
[238] H. Brégeault, in Ch. Vallot, *Op. cit.*, p. 23.
[239] E. Durègne, L'Alpinisme dans le Sud-ouest, *Revue philomathique de Bordeaux et du Sud-ouest*, 1899, p. 350,351.
[240] *Bulletin mensuel du Club Alpin Français*, Avril 1899, p. 132.
[241] *Bulletin du Club Alpin Français*, Août-Septembre-Octobre 1900 p. 223-224, et J. Brégeault, Annuaire du Club 1900, p. 435.
[242] *Bulletin pyrénéen*, N°3, 1901, p. 232, rubrique Bulletin de la section du sud ouest du CAF N°48, 1900.
[243] G. Regelsperger, *Bulletin du Club Alpin*, Mai 1900, p.138.
[244] G. Ledormeur, Refuges des Pyrénées, *Bulletin pyrénéen*, Octobre 1922, p.403-407.

[245] H. Vallot cité par Ch. Vallot, *Bulletin pyrénéen*, Janvier-Février 1923, p. 20.
[246] Président du Club Alpin, Ernest Cézanne, ingénieur des Ponts et Chaussées, homme politique, député des Hautes-Alpes.
[247] Inauguration du refuge Ballif-Viso, *Revue Mensuelle du Touring-club de France*, Septembre 1902, p. 392-396.
[248] La Montagne 1906.
[249] Archives privées, lettre incomplète de Joseph Vallot à Henri Vallot, datée du 11 septembre 1910.
[250] H Vallot, *Instructions techniques pour l'établissement des projets et l'exécution des Travaux en Montagne,* Au siège Social du Club Alpin Français, Paris 1911.
[251] E. Crouzet, Clisimètre à collimateur du Colonel Goulier, *Revue du Génie militaire,* tome XVII, premier semestre 1899, p.205.
[252] H Vallot, Le clisimètre à collimateur du Colonel Goulier, *Annuaire du Club Alpin Français*, 1900, p. 479 à 481.
[253] H. Vallot, Les Chemins de Montagne, première partie, Étude des tracés, calcul des horaires, *La Montagne*, 1908, N° 6, p. 246.
[254] J Vallot, La catastrophe de Saint-Gervais, *La Nature*, N° 1002, 13 Août 1892, p. 182-189.
[255] *Revue des Eaux et Forêts*, Tome 38, 1899, p. 308-311.
[256] H. Vallot, Les Chemins de Montagne, première partie, Etude des tracés, calcul des horaires, *La Montagne*, 1908, N° 6, p. 241.
[257] *Revue des Eaux et Forêts*, Tome 38, 1899, p. 308-311.
[258] *Ibid*, p. 231 à 255
[259] Cl. Bernard, Les Chemins de Montagne, deuxième partie, construction des chemins de montagne, *La Montagne*, 1908 N° 6, p. 275-288.
[260] Construit en 1907, ce refuge est situé sur le territoire des Contamines-Montjoie.
[261] H. Vallot, Les Chemins de Montagne, première partie, Etude des tracés, calcul des horaires, *La Montagne*, 1908, N°6, p. 231.
[262] H. Vallot, *Instructions techniques pour l'établissement des projets et l'exécution des Travaux en Montagne*, *Op. cit.*
[263] La Montagne 1909 p. 441.
[264] La Montagne 1910 p. p. 275.
[265] Ollendorff, *Le Sud-est de la France du Jura à la Méditerranée, y compris la Corse*, Baedeker, Ollendorff, 1910.
[266] H. Eberlein, Guide Rother, *Autour du Mont-Blanc: 50 randonnées sélectionnées tout autour du Mont-Blanc,* 2014, p. 40.
[267] La Montagne juillet 1909, p. 436 et p. 616.

[268] Prospectus du Club Alpin Français, section de Chamonix, Arch. mun. Chamonix.
[269] H. Vallot, Les Aiguilles Rouges et la chaîne du Brévent, 1ere partie description topographique, *La Montagne*, N°145, Mars-Avril 1921 p. 57 à 83.
[270] H. Vallot, *La Montagne*, 1910, p. 106-107.
[271] Comité de Tourisme en montagne, séance du 5 juin 1909, *Revue mensuelle du Touring-club de France*, vol. 19, juillet 1909, p. 303.
[272] H. Vallot, lettre et plan, Arch. mun. Chamonix.
[273] Chronique alpine, *La Montagne* 1913, p. 519 à 521.
[274] H. Vallot, Entre Trélechamp et La Flégère, *La Montagne*, N°3, mars 1914, p. 139-141.
[275] Comité de tourisme en Montagne, séance du 26 octobre 1926, *La Revue du Touring-club de France*, Vol. 36, N° 385, Décembre 1926, p.324.
[276] H. Vallot, *Instructions techniques pour l'établissement des projets et l'exécution des Travaux en Montagne, Op. cit.,* p.26-32.
[277] Club Alpin Français, Commission des travaux en Montagne, séance du 12 janvier 1906.
[278] H. Vallot, Les Chemins de Montagne, première partie, Etude des tracés, calcul des horaires, *La Montagne*, 1908, N° 6, p. 244.
[279] Chronique alpine, *La Montagne,* N°5, Avril 1909, p. 298.
[280] Chronique alpine, *La Montagne,* N°8, Août 1910, p. 500.
[281] A. Berthelot, *Revue Mensuelle du Touring-club*, 15/09/1901, p. 439.
[282] *Ibid.*, p. 519.
[283] H. Vallot, Troisième note sur la carte du Mont-Blanc, *Annuaire du Club Alpin Français 1903*, vol 30, Hachette, 1904, p. 383.
[284] *Revue Mensuelle du Touring-club de France*, mai 1905, p. 209.
[285] H. Vallot, *Instructions techniques pour l'établissement des projets et l'exécution des Travaux en Montagne*, Paris, *Op. cit.*, p. 33.
[286] *Revue mensuelle du Touring-club de France*, octobre 1921, p. 325.
[287] Ch. Vallot, H. Vallot, (1853-1922), *Op. cit.*, p. 11.
[288] *Ibid.*, p.5.
[289] Délibérations du Conseil municipal 22 octobre 1922, Arch. mun. Chamonix.
[290] *Idem.*
[291] Le Gaulois, 30 août 1924.

Cliché Ch. VALLOT.

Épilogue

Ai-je gagné mon pari biographique ? Le lecteur en jugera, mais j'ai conscience de n'avoir abordé, dans cette biographie intellectuelle, que ce que l'ingénieur Henri Vallot souhaitait transmettre à ceux qui partageaient ses centres d'intérêt, qui s'intéressaient aux mêmes sciences, qui utilisaient les mêmes technologies, faisaient des calculs analogues, ou qui, comme lui, établissaient des cartes et traçaient des chemins... Son parcours n'est intéressant que par son objet, la cartographie, par son sujet, la montagne, et par la quête de sa vérité topographique dans ce massif du Mont-Blanc, un massif unique dont il voulut, comme l'écrit Paul Girardin, faire une carte unique. C'est le cartographe qui est honoré deux fois par la *Société de Géographie* (prix Charles Grad en 1897 puis le prix Malte-Brun en 1900), et qui reçoit la Légion d'Honneur en 1900. Quant au prix Gay de l'*Institut*, il lui est attribué en 1916, peut-être en reconnaissance pour ses travaux de nivellement du Bassin de l'Arve, mais officiellement pour son apport à la topographie.

Reconnu pour ces travaux, Henri Vallot est resté en toutes circonstances un ingénieur qui maitrise les technologies et assoit ses connaissances sur l'expérimentation, sur le travail de terrain, ou de laboratoire et d'atelier pour les instruments, avant de le transmettre... N'est-ce pas le rôle, souvent masqué du technicien de perfectionner ce qu'il a reçu en héritage avant de le communiquer à son tour, dans une longue chaîne dont il n'est qu'un maillon ? Parfois, la chaîne se dédouble ou se rompt, de nouvelles technologies plus innovantes naissent et remplacent les anciennes, on parle alors de révolution technologique. Henri Vallot n'est pas l'homme de ces ruptures, il est l'artisan consciencieux et exigeant qui perfectionne pour son usage, partage avec ses pairs. Il forme les novices, avec une telle conviction qu'on a pu parler de prosélytisme. Prodigue de conseils dans ses publications et sa correspondance, scientifique et professionnelle, mais silencieux sur sa vie privée, il aurait certainement souhaité, comme Bergson le demandait pour lui-même, qu'on ne s'occupe pas de sa vie, mais seulement de ses travaux.

Libérée du carcan des citations et des notes de bas de pages, je ne résiste pas à l'envie de dévoiler quelques traits de sa personnalité, soulignés par son entourage ou sous-jacents dans son œuvre, dans une forme de récréation partagée avec le lecteur.

Je ne connais qu'un portrait d'Henri Vallot. C'est celui d'un homme d'âge mûr, photographié chez lui, devant sa bibliothèque. La photo a été prise par son fils Charles. Cette photo unique illustre toutes les publications depuis 1922... La famille de Jacques Vallot, son fils cadet, le seul de ses trois enfants qui ait eu une descendance, ignore quand elle a été prise. Peut-être quelques semaines, quelques mois, au plus, un ou deux ans avant son décès ? Certainement après 1919.

Ce jour-là, Charles et son père rentrent à pied du Chesnay où ils ont rendu visite à Émile-Charles, le frère d'Henri. Il habite Paris mais possède une villa dans cette petite ville résidentielle proche de Versailles où vivent le père et le fils. Ils ont fait un détour et prolongé leur promenade dans le parc du château. Ils ont échangé quelques rares paroles. Charles qui n'est guère plus disert que son père, a évoqué ses projets éditoriaux. Henri a acquiescé, il l'a même encouragé tout en lui rappelant son devoir car, s'il espère bien vivre encore assez longtemps pour terminer LA CARTE, il compte sur son fils pour l'achever, s'il venait à disparaître avant d'y avoir mis sa touche finale.

Charles a compris que le moment est venu de proposer à son père de poser pour cette photographie à laquelle il s'est déjà soustrait à plusieurs reprises. Il ne faut pas perdre de temps, profiter de cet instant où Henri, bien conscient qu'il s'agit de conserver son image après ce départ dont ils ont parlé, accepte de prendre la pose. Tout est mis en place rapidement, la photo est prise dès leur retour au 62 bis rue Duplessis où ils habitent...

Henri est debout, devant sa bibliothèque, la main droite appuyée sur un livre ouvert. Les rayonnages supportent des feuillets volants, certainement des travaux en cours et de la correspondance ; il y a des ouvrages reliés, des collections de revues techniques. On peut distinguer le grand format de la revue Le *Génie Civil* ; il y a aussi le Littré qui était, après la table de logarithmes, son instrument de travail usuel, pour rechercher le mot précis et choisir la formulation juste. Derrière lui, ou se reflétant dans une glace, le baromètre Richard, cadeau de ses amis de la *Commission de topographie* du *Club Alpin*... Le sourire, à peine esquissé, se cache derrière la moustache fournie, le regard est à la fois bienveillant et malicieux ; oui, Henri Vallot, au retour de cette promenade dont témoignent ses souliers poussiéreux était de bonne humeur. L'homme modeste qui ne briguait pas les reconnaissances, mais les appréciait hautement, acceptait de poser pour la postérité.

Quelques jour après, Charles a développé la précieuse épreuve, il en a fait un tirage qu'il a soumis à sa femme ; elle remarque que les deux hommes sont bien négligents ; son beau-père aurait pu changer de vêtements et faire nettoyer ses souliers avant de prendre la pose, mais elle ne veut pas semer le doute dans l'esprit de son mari qui tient enfin la photo convoitée.

En voyant le tirage, Henri lance, mi-sérieux, mi-amusé « Voilà l'illustration appropriée pour une notice nécrologique ! ». Charles sait depuis l'enfance qu'il ne faut pas tricher, inutile d'entrer dans de vaines dénégations, il acquiesce, en précisant, « C'est la photo souvenir que je souhaitais réaliser depuis longtemps ».

Henri sait que son fils respectera sa volonté de ne pas infliger à ceux qui l'accompagneront ce jour-là, les discours interminables, parfois inaudibles, prononcés au cimetière, dans le vent, le froid, la pluie ou sous un soleil de plomb. Il sait aussi qu'il n'échappera pas aux hommages, des hommages qu'il juge tout-à-fait mérités, car s'il est réellement modeste, il n'en est pas moins conscient de sa valeur. Autant prendre le temps de rappeler ou de dévoiler à son fils quelques souvenirs à transmettre... Les paroles prononcées sur la tombe s'envolent, les notices nécrologiques restent !

Il espère bien que, lorsque le moment sera venu d'évoquer sa mémoire, son fils fasse profit de tout ce qu'il lui a confié en ce jour particulier. Il a la certitude que jamais Charles ne trahira ses propos ni ne franchira les limites du domaine privé...

Quelques semaines, quelques mois, un ou deux ans après...

Le jeudi 12 octobre 1922, Henri s'est levé, comme chaque jour à six heures du matin. Il a observé la courbe de pression enregistrée sur le rouleau du baromètre. La faible évolution n'annonçant pas de changement radical du temps, la journée serait bien ensoleillée et la température encore fraîche le matin devrait, comme la veille, atteindre les 14 degrés dans l'après-midi. Henri n'a pas de temps à perdre. Il n'a jamais succombé à l'oisiveté et plus il avance en âge, plus il a le sentiment qu'il ne doit pas gaspiller son temps. Aujourd'hui, il doit calculer l'altitude du refuge du Col du Bonhomme construit par le *Touring-club*. Les touristes et les alpinistes de passage dans ce refuge doivent en connaître l'altitude exacte, du moins, comme toujours, dans les limites de la précision des mesures et des calculs ; précisions, et ordres de grandeurs auxquels l'ingénieur reste, en toutes circonstances, attentif...

Henri n'a jamais terminé ce calcul !

Charles a réfléchi depuis cette conversation au cours de laquelle son père lui a dit qu'il ne voulait aucun hommage, aucun discours le jour de ses obsèques, sa décision est prise, il rassemblera dans une même brochure toutes les contributions de ceux qui auraient souhaité lui rendre ce dernier hommage. Lui-même écrira une note introductive dans laquelle il évoquera les souvenirs personnels... Ceux qui, accompagnés de la photo, donneront de son père l'image qu'il aurait souhaité transmettre.

Helbronner qui doit tant à Henri Vallot, et ne manquait jamais au début d'y faire référence, s'est de lui-même écarté de son entourage, depuis que ses travaux lui ont apporté une notoriété dont il est trop jaloux pour la partager avec tous ceux, et ils sont nombreux, qui l'ont aidé. Henri n'en n'a jamais parlé, mais sa déception est grande. Joseph ne manque pas une occasion de souligner l'ingratitude de celui qui fut leur ami autant que leur élève.

Charles ne sollicite pas Étienne de Larminat, pour des raisons opposées. Il sait que pour ce professionnel, très compétent et modeste, qui travaille étroitement avec son père depuis près de vingt ans, honorer la mémoire d'Henri Vallot, c'est tout simplement continuer le travail sur le terrain, perfectionner les méthodes et transmettre. Charles et les alpinistes topographes pourront compter sur l'aide du directeur de la *Société générale d'Étude et de Travaux topographiques*...

Franz Schrader, le vieil ami a répondu. En quelques lignes il évoque encore une fois cette fameuse nuit d'épouvante passée avec sa femme à l'*Observatoire* au cours de laquelle la seule pensée qu'Henri Vallot avait calculé la structure l'avait rassuré. Depuis des années, il raconte sa frayeur pour mieux mettre en valeur la conscience de cet ami dont l'abord n'était pas toujours facile. Inflexible et exigeant pour lui-même, il l'était aussi pour les autres et chacun était libre de le fréquenter avec ses qualités et ses défauts ou de s'éloigner. Pour Schrader, la question ne se posait même pas, il avait choisi de rester son ami.

Fernand Bourdil, son camarade de promotion à l'*École centrale*, membre, comme lui, de la *Société des ingénieurs civils* et membre du Conseil d'administration de la *Société d'Études et de Travaux Topographiques,* rappelle sa carrière et souligne la puissance de travail de son vieux camarade et ami de cinquante ans, serviable, fidèle, loyal et sûr, mais dont la franchise était parfois un peu rude.

Cette rudesse, son cousin Joseph l'a subie à maintes reprises au cours de leur collaboration, car Henri ne le ménageait pas, mais comme Schrader, il avait choisi. L'apport d'Henri à ses entreprises, ses conseils, ses exhortations pesaient plus fort dans la balance que les reproches qu'il pouvait lui faire. Joseph n'a pas témoigné dans cette brochure, mais aurait-il dévoilé que son cousin le rudoyait aussi ?

Charles retrouve dans les témoignages des plus jeunes, Henri Brégeault, Maurice Heid, Louis Lecarme, tous alpinistes et topographes, membres du *Club Alpin*, l'image qu'il connaît bien de son père, un personnage austère dont le premier abord en impose, mais qui, une fois la confiance établie et l'amitié acquise, était d'une très grande disponibilité. Il y a aussi l'homme toujours prêt à transmettre ce qu'il avait lui-même appris et dont il était sûr. Prêt aussi à aider les plus jeunes de ses conseils et de son soutien, mais tellement exigeant.

Derrière son attitude, empreinte de simplicité et de retenue, se cachait une énergie bouillonnante tempérée par la volonté d'éviter tout débordement, une volonté de fer dit Maurice Heid ; sa timidité et sa modestie naturelle, sans mésestime de soi, disparaissaient dès qu'il avait levé tous ses doutes et acquis la certitude d'avoir pris la bonne voie et choisi les bonnes solutions ; il était pugnace, voire entêté, dans la défense d'idées qu'il n'émettait qu'après les avoir confrontées à l'expérience et à la réalité... Il avait un certain sens de l'humour qu'il utilisait parfois pour décocher quelques vérités. Dans toutes les instances dont il a été membre, il n'a jamais brigué la présidence, se contentant volontairement de rôles moins honorifiques, d'où il pouvait agir et faire valoir son influence avec une efficacité basée sur le travail et l'action. Sa tendance naturelle à jouer les seconds rôles actifs le pousse même à lancer des idées qu'il prête à d'autres, puis défend avec d'autant plus de convictions qu'il en est à l'origine.

Tous soulignent sa pudeur, sa retenue. Charles se rappelle en lisant ces textes, l'embarras de son père, recevant en cadeau le baromètre enregistreur présent sur la photo. Après les compliments d'usage. Henri submergé par l'émotion n'avait même pas pu improviser quelques phrases de remerciements, et pour ne pas trahir son émotion, il s'était contenté de dire « Merci ».

Charles a reçu rapidement ces communications publiées ou présentées dans le cadre de sociétés dont son père était membre. Paul Girardin n'a transmis son texte qu'au mois de février 1923, car il en réservait la primeur à la *Société de Géographie*. Henri Vallot avait été honoré à deux reprises par cette Société. Girardin est à l'époque doyen de la Faculté des sciences de Fribourg. Géographe et glaciologue, il a pendant toute sa carrière universitaire, effectuée en Suisse, considéré Henri Vallot comme un de ses maîtres. Il souligne, peut-être avec plus de force que les autres sa passion d'enseigner et signale, à côté des livres et des articles, l'importante quantité de documents inédits, des milliers de pages manuscrites qui constituent la « correspondance topographique » échangée avec les topographes de terrain. Il formule le souhait qu'elle soit un jour étudiée.

Paul Girardin pensait sans doute à l'intérêt scientifique de ces documents. Aujourd'hui, retrouvée et rassemblée, cette correspondance nous livrerait de nouvelles informations sur son rôle et sur sa personnalité et serait plus utile à l'historien qu'au topographe. Une petite partie, retrouvée dans le fonds Helbronner, au Musée Dauphinois, a été exploitée par Michel Coûteaux, elle lui a permis de découvrir ce qu'il appelle la « face cachée d'Helbronner » et de mettre en évidence le rôle important et primordial d'Henri Vallot dans ses projets. Cette correspondance scientifique nous réserverait sans doute des surprises comme cet étonnant compliment géométrique d'Henri, en l'honneur de Madame Helbronner, trouvé dans un courrier de 1904 : « La femme aimante et dévouée trace une circonférence dont son mari occupe le centre : pour elle, il n'y a pas d'autre ligne droite que les rayons ; or tous les rayons convergent au centre ! »

Paul Girardin ne manquait jamais une occasion de le rencontrer lorsqu'il passait à Paris. Il évoque à mi-mot la seule fois où Henri Vallot avait légèrement soulevé le voile de sa vie privée devant lui. Paul Girardin était venu lui présenter, avant publication dans les *Annales de Géographie*, la revue fondée par Paul Vidal de la Blache, une recension de son *Manuel de topographie*. La rencontre se déroulait dans le bureau d'Henri, l'attention du jeune professeur fut attirée par un portrait d'ecclésiastique, Henri Vallot s'en aperçut et sortant de sa réserve naturelle, il lui expliqua qu'il s'agissait de son grand-oncle, monseigneur Sibour... Il avait ajouté quelques mots sur sa fin tragique. La porte entrouverte sur la sphère privée s'était vite refermée. Et même si dans le secret de ce tête-à-tête, Henri s'était livré à quelques confidences privées sur son veuvage, il est probable que son interlocuteur qui le connaissait bien maintenant ne les aurait pas divulguées...

Charles doit maintenant évoquer l'homme tout en préservant l'intimité familiale... Pour lui, respecter ces consignes implicites est simple, sa nature, son éducation et les récits de son père l'y ont préparé. Tout ce qu'il écrit converge vers la description du personnage qui doit passer à la postérité : sportif avant l'heure pour mettre son corps « en harmonie avec son esprit », aimant pratiquer la bicyclette au point de laisser à ceux que l'effort physique rebute l'usage de la voiture… jeune ingénieur bricolant sa bicyclette pour l'alléger, effectuant des levés avec Joseph, comptant ses pas dans les chemins, déterminant l'influence des frottements sur le rendement de son vélo, etc… L'image cohérente de l'homme qui va arpenter le massif du Mont-Blanc, en quête de sa vérité topographique, se forge au fil du récit de son fils.

Joseph a reçu le texte au mois d'avril 1923; il approuve totalement l'initiative de Charles, et souscrit au fond et à la forme du passage consacré à leur collaboration. Celui-ci est relativement court eu égard à sa durée. Charles a bien sûr passé sous silence les turbulences dont il a pu être le témoin et parfois l'objet. Joseph envisage d'exprimer ailleurs, sa reconnaissance à son cousin qui n'a jamais marchandé son aide dans tous ses travaux. Même en ces circonstances, il ne peut se retenir d'égratigner Helbronner : « Il y a bien des choses que je n'aurais pas si bien faites sans ses conseils, et je tiens à le dire pour qu'on le sache. Je suis le contraire d'Helbronner. »

Charles a porté le manuscrit à son voisin l'imprimeur Cerf, 59 rue Duplessis, à Versailles. La brochure « En souvenir » a été imprimée, la photographie, et le texte, œuvres de son fils et de quelques amis, fixent pour toujours l'image d'Henri Vallot, telle qu'il voulait la transmettre … Aux biographes d'essayer de découvrir l'homme intime qui se cachait derrière le cartographe, l'ingénieur, l'aménageur mais est-ce bien nécessaire ?

Annexe
vingt années (1892-1912) de perfectionnements des instruments pour la topographie de montagne

Cette annexe a été établie à partir du document que Charles Vallot avait joint au livret publié en souvenir de son père. Le plan adopté par l'auteur a été conservé, ainsi qu'une grande partie de la rédaction, elle-même empruntée aux œuvres d'Henri Vallot. Il a été complété, par des informations parues dans diverses publications du *Club Alpin Français*. Au-delà de son aspect technique, un peu rébarbatif, cette annexe veut témoigner de vingt années (1892-1912) d'intense inventivité technologique au service de la topographie de montagne.

1. — Instruments pour la mesure des bases

1. Appareil de tension pour ruban d'acier de 50 mètres **(1892)**.

Cet appareil, de constitution rustique, a été imaginé à l'occasion de la mesure de la base de Chamonix (1892), qui a servi de côté de départ à la triangulation du massif du Mont-Blanc. Sa description complète a été donnée dans les *Annales de l'Observatoire du Mont-Blanc*, tome II, page 201. Le ruban de 50 mètres a été exécuté par Portier, à Paris. Il est destiné sur un sol à peu près régulier, les extrémités étant repérées sur des têtes de piquets, la tension indiquée par un dynamomètre qui prend appui sur le sol, la température donnée par un thermomètre posé à terre. À l'époque où ce procédé a été employé, l'acier invar, qui donne une solution très élégante et très complète du problème, n'avait pas encore fait son apparition dans les opérations géodésiques.

2. Fil invar de 50 mètres, à poignées (1901).

Les remarquables propriétés de l'acier invar mises en relief par MM. Benoît et Guillaume, et appliquées par eux à la mesure des bases de hautes précisions au moyen de fils en invar ont engagé Henri Vallot à mettre à profit ces propriétés sous la forme suivante: un fil invar de 1 millimètre de diamètre et de 50 mètres de longueur, spécialement tréfilé à cet effet par les aciéries de Châtillon-Commentry, est enroulé et ligaturé à ses deux extrémités sur le pourtour, creusé en gorge, de deux anneaux en bronze, d'environ 20 millimètres de diamètre; ces anneaux peuvent recevoir les crochets de deux poignées amovibles, pareilles à celles des rubans d'acier ordinaire, et le mode d'emploi est tout à fait analogue à celui de ces rubans. Ce fil (les poignées étant enlevées) s'enroule sur une poulie de bois évidée, à gorge, d'environ 0 m 20 de diamètre. L'ensemble est très léger; toutefois, le maniement en est un peu délicat. L'application en a été faite pour la mesure rapide de bases par les explorateurs ou des professionnels, en divers pays (Congo, Nouvelle-Zélande, Maroc (Mogador), Pérou (Huascaran), Macédoine (Vardar, Maritza), Maroc (Safi)). L'objectif est d'obtenir une approximation de 1/10 000 à 1/20 000, de la longueur mesurée. Le procédé a été décrit en détail, d'après une note de Henri Vallot, dans l'ouvrage: *topographie de reconnaissance et d'exploration*, par Étienne de Larminat (3ème édition, pages 221 à 224).

3. Poignées dynamométriques (1901)

Le premier type a été construit, sur les dessins d'Henri Vallot, par Démichel en 1901, pour les besoins de la Carte au $20\,000^{ème}$ du massif du Mont-Blanc. Ces poignées amovibles, en bronze et aluminium, contiennent, logé à l'intérieur, un ressort à boudin formant dynamomètre; leur particularité consiste en ce que le mouvement de compression du ressort peut s'exercer librement sans affecter directement la distance entre les extrémités de la règle flexible (fil ou ruban), qui reste ainsi une « mesure à bout ». Il va sans dire que les mêmes poignées peuvent être adaptées à une « mesure à traits ». Le point faible de ce dispositif réside dans les frottements auxquels il est difficile de soustraire les ressorts à boudins gainés. M. René Danger, ingénieur-géomètre à Paris, avec l'autorisation à titre gracieux d'Henri Vallot, a fait reproduire commercialement ces poignées, avec quelques modifications, par la Société des Lunetiers.

II. — Instruments de levés réguliers.
Modifications ou perfectionnements à la règle à éclimètre du colonel Goulier.

Henri Vallot a cherché, principalement en vue des levés réguliers à moyenne échelle en terrains de montagne, à augmenter « la valeur d'emploi » de la règle à éclimètre Goulier, tout en respectant les dispositions fondamentales de l'instrument, si merveilleusement adapté à tous les genres d'opérations topographiques à la planchette. On trouvera la description de ces diverses modifications dans l'ouvrage: *Levés à la planchette en haute montagne*, pages 27 et 170. Le modèle définitif de la règle à éclimètre perfectionnée, avec nivelle sphérique sur l'embase de l'éclimètre et excentriques de calage transversal est présenté aux membres de la *Commission de topographie* lors de la réunion du 15 mai 1908.

***1. Transposition de la nivelle sphérique* (1906).**

La disposition adoptée par Goulier, consistant à fixer la nivelle sphérique à l'extrémité de la règle de bois opposée à celle qui supporte l'éclimètre, a l'inconvénient, qui devient grave en terrain accidenté, de rendre impossible un calage précis de l'axe de rotation de la lunette, la nivelle étant constamment déréglée par suite de la déformation du bois. Le perfectionnement a consisté à transposer la nivelle sphérique sur l'éclimètre lui-même, en la fixant sur un prolongement de son patin; on a profité de la stabilité qui lui est ainsi assurée pour lui donner 0 m 50 de rayon de courbure au lieu de 0 m

25. La première transformation a été exécutée sur les dessins de Henri Vallot par la maison Brosset en 1906, et ensuite exécutée commercialement par la maison Tavernier-Gravet, constructeur de la règle à éclimètre.

2. Excentriques de calage transversal (1906).

Afin d'assurer et de pouvoir rétablir en toute circonstance l'horizontalité de l'axe de rotation de la lunette, le talon de la règle alidade qui supporte l'éclimètre a été armé d'une platine métallique pourvue de deux excentriques de calage en développante de cercle, analogues à ceux de l'alidade nivelatrice Goulier. L'effet produit est le même que celui du *vérin* dans l'alidade holométrique Goulier. Cette addition n'occasionne aucune saillie supplémentaire, et son prix de revient est insignifiant ; elle est adoptée, comme la précédente, par tous les topographes civils qui font des levés en haute montagne. La première application a été faite sur les dessins d'Henri Vallot, par Brosset, en 1906, et ensuite exécutée commercialement par Tavernier-Gravet. Henri Vallot présente ces deux perfectionnements aux membres de la *Commission de topographie* lors de la séance du 20 mars 1908. Ils sont à l'époque déjà appliqués depuis deux ans pour les levés du massif du Mont-Blanc et trois règles à éclimètre de ce type ont été mises en service dans les Pyrénées et les Alpes Provençales.

3. Règle-alidade métallique (1908).

En vue d'étendre le rayon d'action de l'instrument et de le rendre apte à l'exécution des canevas graphiques, pour laquelle une règle en bois est insuffisante, l'éclimètre séparé de la règle en bois a été monté sur une pièce de raccord métallique pouvant recevoir le talon d'une règle flexible en maillechort identique à celle employée par Goulier dans son alidade holométrique. Cette adaptation nouvelle a été faite sur les dessins d'Henri Vallot en 1908 et reproduite depuis à un certain nombre d'exemplaires par la maison Brosset.

III. — Accessoires topographiques.
1. *Étui simplifié pour règle à éclimètre* (1903).

La réduction du poids désirable en haute montagne a conduit à alléger l'étui à éclimètre; le colonel Goulier avait déjà eu l'idée d'un fourreau en cuir, qui n'a pas été réalisé commercialement. Henri Vallot a fait établir en 1903, par la maison Tavernier, un étui dit "simplifié", dont le poids est réduit de 800 à 500 grammes, par l'emploi de bois léger, et par la suppression de certains accessoires dont quelques uns sont inutiles en topographie de montagne, et dont d'autres font double emploi avec ceux qui restent à demeure dans sa sacoche. L'étui simplifié est adopté aujourd'hui par tous les topographes civils qui font des levés en haute montagne. Il est décrit dans le *Manuel de topographie alpine*, page 21.

Henri Vallot précise aux membres de la commission, à l'occasion de la réunion du 16 mars 1904 que cet un étui est caractérisé par la substitution du bois d'aulne, plus léger et aussi résistant, au bois de noyer généralement employé; ensuite par la suppression de l'échelle de réduction métallique et du compas, dont l'usage ne s'est pas répandu, ainsi que des autres accessoires faisant double emploi avec ceux que les opérateurs portent toujours avec eux. Grâce à ces simplifications, le poids de la règle dans son étui est descendu de 1 200 à 900 grammes.

2. *Vis de fixation pour déclinatoire* (1897).

Le déclinatoire de 75 millimètres qui accompagne la petite planchette dite « du Génie » est censé fixé sur cette planchette avec une seule vis à tête moletée; mais ce mode d'attache ne saurait constituer une garantie absolue contre un dérangement accidentel provenant d'un choc pendant le transport, ou contre le desserrage provenant de la dessiccation du bois pendant une longue campagne. Aussi convient-il de fixer le déclinatoire avec deux vis ; de plus, Henri Vallot a fait établir en 1897, par la maison Baraban, un modèle de vis dont la tête est cylindrique et présente une fente taillée à la fraise, assez large pour qu'on puisse y introduire une pièce de 10 à 25 centimes, utilisée comme tournevis et permettant d'exercer une pression énergique, cf. *Levés à la planchette en haute montagne*, page 20.

Lors de la séance du 20 janvier 1905, il présente le petit déclinatoire à aiguille de 0,03, qu'il a fait établir par Thomas pour les levés rapides à l'alidade nivelatrice.

3. Bascule d'arrêt à came excentrique pour déclinatoire (1909).

Le colonel Goulier a admis que les aiguilles légères des petits déclinatoires peuvent se passer de bascule d'arrêt; mais, en l'état actuel de la construction de ces instruments, l'expérience a montré qu'il y a intérêt, pour les déclinatoires de 75 millimètres, à immobiliser l'aiguille pendant les transports. La manœuvre de la bascule par vis de pression, généralement adoptée par les constructeurs, présente divers inconvénients : lenteur de manœuvre, pression excessive. Henri Vallot a substitué à la vis de pression, un modèle de cale-excentrique à développante de cercle qui a été exécuté par la maison Baraban en 1909. Il est décrit dans *Levés à la planchette en haute montagne*, page 16.

4. Nivelle sphérique associée au déclinatoire pour calage de la planchette (1912).

Le "calage" de la planchette, tel qu'il est effectué d'habitude au moyen de la nivelle sphérique de la règle à éclimètre, expose celle-ci à des chocs, voire même à une chute, si la planchette est trop inclinée. Henri Vallot a remédié à cet inconvénient en faisant établir par la maison Brosset (1912) un modèle de petite nivelle sphérique indépendante, montée sur une plaque mince percée d'un trou, au travers duquel on fait passer l'une des vis de fixation du déclinatoire. La planchette peut ainsi être calée *avant* que la règle à éclimètre soit posée dessus. Ce dispositif, utilisé depuis 1912, n'a pas fait l'objet de publication.

5. *Perfectionnement à la règle à calculs du topographe* (1908).

Henri Vallot a établi, en 1908, un nouveau modèle de la *Règle à calculs du topographe* du colonel Goulier. Ce modèle, exécuté d'après les dessins et calculs de Henri Vallot, par la maison Tavernier-Gravet, a été décrit en détail dans l'ouvrage: *Levés à la planchette en haute montagne*, pages 119-123. On rappellera seulement ici que la règle Goulier n'a que 0 m 27 de longueur pour un module logarithmique de 0 m 25; mais cet avantage n'est pas sans entraîner quelques inconvénients : tâtonnements pour certaines lectures, et diminution de rapidité et de précision pour les lectures faites sur le revers de la réglette. Le modèle établi par Henri Vallot se distingue par les caractéristiques suivantes : le module est de 0 m 25, comme dans la règle à calculs du colonel Goulier ; la longueur est de 0 m 325 pour le modèle employé sur le terrain, 0 m 355 pour celui destiné au bureau; les échelles du revers de la réglette sont supprimées; les échelles sont continues au lieu d'être coupées et repliées. Le prix est réduit à moitié. Le revers de la règle est occupé par une « instruction » inspirée de celle du colonel Goulier, mais dont la rédaction est adaptée à l'usage de ce nouveau modèle.

Ce modèle a été présenté à la Commission de topographie le 20 novembre 1908, séance au cours de laquelle, Henri Vallot explique par quel artifice il obtient, pour les fonctions trigonométriques des petits angles, une approximation équivalente. Le nouveau type a été établi par le constructeur P. Michon ; La maison Tavernier-Gravet réalisera cet instrument commercialement sous la désignation: *Règle à calculs du topographe* (graduation centésimale). *Modification de celle du colonel Goulier*, par Henri Vallot. Elle sera utilisée par la *Section des Levés de précision* du *Service géographique de l'Armée*.

6. Modèles spéciaux de jalons-mires (1895-1910).
En raison des sujétions imposées aux transports dans les régions montagneuses, cf. *Levés à la planchette en haute montagne*, page 20, Henri Vallot a étudié et fait construire par la maison Portier, à Paris, trois types de jalons-mires :

1° Jalon-mire normal, à voyants extrêmes distants de 2 mètres; qui n'est autre que le jalon-mire Goulier muni vers son milieu d'une solide charnière permettant de le replier en deux parties rabattues l'une sur l'autre (1895), cf. *Levés à la planchette en haute montagne*, pages 60-61.

2° Jalon-mire extra-léger, à voyants extrêmes distants de 2 mètres, destiné aux alpinistes-topographes opérant en régions difficiles; il pèse seulement 1 kilogramme compris les trois voyants qui sont en tôle mince ourlée; il se replie en trois parties et n'a que 0 m 80 de longueur lorsqu'il est replié (1904), cf. *Levés à la planchette en haute montagne*, page 61. Il a été présenté à la Commission le 10 juin 1904.

3° Jalon-mire à voyants extrêmes distants de 4 mètres. Il est pliant en trois parties; il est muni de quatre voyants qui sont en tôle mince ourlée; la règle est à section variable, se rapprochant d'un solide d'égale résistance. De cette manière, on a pu limiter le poids à 3 kg 5 (1910), cf. *Levés à la planchette en haute montagne*, pages 62-63. Henri Vallot a commencé à étudier cette question, à la demande du lieutenant Maury, en 1908. L'appareil qui est présenté à la séance du 9 juin 1910 est un perfectionnement au précédent.

IV. — Supports d'instruments.

1. Pieds à calotte sphérique et à branches pliantes pour théodolite et planchette **(1894-1911).**

Ce type de pied a été étudié par Henri Vallot et construit par Brosset en 1894, pour les opérations de la carte du Mont-Blanc; il est à branches pliantes à une articulation; il est pourvu de la calotte sphérique modèle du Génie militaire; le plateau, en acajou, porte trois crapaudines pour recevoir les vis calant les instruments et aussi trois vis prisonnières correspondant aux trois écrous noyés sous chaque planchette; il est muni d'une nivelle sphérique encastrée. Au centre, il est traversé par la tige de pompe. Le poids du pied est de 4 kg 850, cf. pour la description de ce premier modèle, *Applications de la photographie aux levés topographiques en haute montagne*, pages 21 à 23.

En 1904, Henri Vallot a étudié, pour l'usage des alpinistes topographes, un modèle dérivé du précédent, mais dans lequel on a cherché surtout la légèreté; ce modèle a été construit également par la maison Brosset, à un assez grand nombre d'exemplaires; il pesait à l'origine 3 kg; le poids est descendu à 2 kg 3 après transformation des branches sur le principe du tripode du capitaine L. Durand, du *Service géographique de l'Armée*, qui a contribué à son étude. Cf. *Manuel de topographie alpine*, page 28, *Levés à la planchette en haute montagne*, pages 31 à 34, *Procès-verbaux de la Commission de topographie du Club Alpin Français*, séance du 28 mars 1911.

En 1911, il a étudié une nouvelle disposition de ce modèle, réalisée par Brosset; elle est établie d'après les mêmes données générales que la première, mais la tête du pied est en aluminium, et les branches sont construites suivant le type " tripode" du capitaine. Durand. Grâce à l'application de ce principe, on accroît notablement la rigidité à la torsion, et le poids est descendu à 4 kg 350. Cf. pour la description de ce second modèle le procès-verbal de la *Commission de topographie* du *Club Alpin Français*, séance du 8 décembre 1911.

2. Crochets de porteur pour le transport des instruments.

Les transports en montagne, dans les Alpes de Savoie, s'effectuent au moyen de "crochets" en bois de frêne dont la forme est plus ou moins bien comprise. Henri Vallot s'est inspiré des modèles existants pour établir lui-même (1893) un type léger présentant divers perfectionnements; notamment une traverse cintrée qui dégage les reins du porteur sur lesquels la pression est reportée au moyen de sangles tendues entre les deux montants. Un dispositif particulier d'attache des bretelles répartit uniformément la charge sur les deux épaules. ce crochet avec ses agrès pèse 1 kg 5.

Un diminutif du précédent a été également établi par Henri Vallot en 1908, sur la demande de topographes-alpinistes isolés qui portent eux-mêmes leur charge ; ce crochet, extra-léger, pèse seulement 1 kg agrès compris, Cf. *Levés à la planchette en haute montagne*, page 36. Ces deux modèles ont été reproduits en plusieurs exemplaires, d'après les dessins de Henri Vallot.

V. — Instrument de levés photographiques.

Un photothéodolite, désigné sous le nom de "phototachéomètre", a été étudié en 1893-94 par Joseph et Henri Vallot pour les levés photographiques de leur carte au $20\,000^{\text{ème}}$ du massif du Mont-Blanc; cet appareil a été construit en 1894 par la maison Brosset, il a produit deux mille huit cents clichés de 1894 à 1913. Deux autres exemplaires ont été commandés en 1901, par le *Service géographique de l'Armée* et ont été utilisés, pour des levés topographiques sommaires dans la région inter andine, par la Mission géodésique française pour la mesure d'un arc de méridien équatorial.

Une description très détaillée en a été donnée dans la deuxième note sur la carte du massif du Mont-Blanc, Publiée en 1894, dans l'*Annuaire du Club Alpin Français*. L'appareil est basé sur le principe, préconisé par le colonel Laussedat, d'une perspective figurée sur un tableau plan vertical, [...] cet appareil est essentiellement composé de trois parties.

La première est la base de tout instrument géodésique, comprenant triangle, niveau, déclinatoire et cercle horizontal divisé permettant d'apprécier le centigrade et de répéter les angles [un cercle azimutal répétiteur].

La seconde, qui peut se fixer à volonté sur la première, n'est autre que l'éclimètre holométrique du colonel Goulier, avec lunette grossissant douze fois, et réticule divisé, permettant de mesurer les angles zénithaux à un centigrade près et de se servir de l'instrument avec une stadia [une alidade holométrique] ; il remplit donc à la fois le rôle de théodolite (pour la triangulation de la région intra glaciaire) et de tachéomètre.

La troisième partie, qui, pour les opérations photographiques, peut se substituer à l'éclimètre, est une chambre noire entièrement métallique, construite en aluminium, et donnant des clichés de 0,13 m sur 0,18 m. Elle est à foyer fixe, et porte un objectif de 0,15 m de longueur focale [une chambre photographique 13 x 18 cm de focale 150 mm] ; celui-ci, monté à baïonnette, peut prendre, sur une même verticale, trois positions différentes, qui permettent de déplacer la ligne d'horizon de telle sorte que les pics les plus élevés puissent être mis en plaque, aussi bien que les fonds les plus bas. Un dispositif spécial divise automatiquement le panorama en sept plaques.

Cet appareil est d'une grande stabilité, et peut même être employé par un vent assez fort ; il se place sur un pied articulé très robuste, pourvu de la calotte sphérique du Génie, qui rend très rapide la mise en station. La dimension restreinte des clichés permet, sans emporter une charge excessive, d'employer des plaques de verre, qui donnent plus de garantie de précision que les pellicules. La grande finesse des épreuves autorise à prendre des mesures sur le verre par transparence, sous un grossissement d'au moins deux fois, ce qui correspond à 0,30 m au moins de foyer, et autorise à faire usage du levé photographique jusqu'à une distance de 6 000 à 8 000 mètres.

VI. — Instruments de reconnaissances.
1. Planchette à main déclinée (1895).

Cette petite planchette, de 0 m 20 × 0 m 25, est formée d'un panneau de bois léger de 5 à 6 millimètres d'épaisseur, en trois feuillets collés. Henri Vallot s'est inspiré du principe du carton-portefeuille à bretelles de l'École de Fontainebleau; mais cette planchette, qui ne pèse que 200 grammes avec ses accessoires, se tient à la main, entre le pouce et l'index. À égalité d'épaisseur, le bois est beaucoup plus léger que le carton; et à égalité de poids, il est plus rigide. La planchette est déclinée au moyen de la boussole-écrou du colonel Prudent, fixée dans un angle. La feuille de papier, de même format que la planchette, est maintenue aux quatre angles par la boussole-écrou et par trois boulons de bronze d'un modèle spécial, à large tête très plate, en « goutte de suif », serrés par des écrous identiques à celui de la boussole-écrou. Sous cette planchette, se trouve un étui à quatre logements pouvant contenir des crayons, noirs ou de couleurs, cf. *Manuel de topographie alpine*, page 91.

Ce modèle, établi en 1895, était vendu, ainsi que les petits boulons, à la maison Baraban.

2. Échelle de pas multiples (1895).

Les échelles de pas multiples sont d'ordinaires établies sur papier ou sur carton. En vue d'obtenir un instrument durable et de tenir compte de la variabilité du pas, Henri Vallot a eu l'idée de faire construire des réglettes en buis à double biseau, de 0 m. 12 de longueur; l'un des biseaux de la réglette comporte cinq groupes d'échelles divisées, dont chacun correspond à une longueur de double pas déterminée, variant de 1 m 10 à 1 m 50, par échelons de 0 m 10. L'autre biseau porte l'échelle correspondante à celle du levé, de sorte que la réglette peut être utilisée, soit pour figurer métriquement à l'échelle une longueur mesurée en double pas, soit pour évaluer en mètres une distance graphique, cf. *Manuel de topographie alpine*, pages 95-97. Le premier type a été établi par la maison Tavernier-Gravet en 1895. Les échelles de pas multiples était en vente à la maison Baraban.

VII. — Instruments de dessin graphique.

1. *Rapporteur à alidades* (1905).

Il existe des rapporteurs à alidades bien construits; ils sont malheureusement lourds, peu maniables et encombrants, ce qui est un vice rédhibitoire pour les opérateurs qui ne disposent que d'une table à dessin de dimensions restreintes. Henri Vallot a fait construire d'après ses dessins en 1905, par la maison Baraban, un rapporteur à alidades d'un modèle notablement différent de ceux existant; il est beaucoup moins volumineux et plus léger (poids 225 grammes), bien que la longueur des alidades, depuis le centre, soit de 0 m 45. Ce centre est occupé par une plaque percée d'un petit trou évasé, permettant, soit un centrage très exact sur un point donné, soit le figuré de ce point par un petit cercle tracé au crayon. Le limbe, qui est complet, n'a que 64 millimètres de diamètre; il est finement divisé sur argent ainsi que le vernier. Cette disposition dégage presque entièrement les alidades. Les lectures se font, à quelques centigrades près, au moyen d'une loupe montée sur l'alidade mobile. Les règles sont flexibles (identiques à celles employées par le colonel Goulier dans ses alidades holométriques), ce qui leur permet de s'appliquer convenablement sur le papier ; cf. *Note sur les Stations topographiques de relèvement*, extrait du tome VI des *Annales de l'Observatoire du Mont-Blanc* et *Procès-verbaux de la Commission de topographie du Club Alpin Français*, séance du 26 mai 1905.

Le 1er avril 1905 il présente un rapporteur à alidades, également construit par Thomas, combiné par lui, principalement en vue du placement graphique des stations obtenues par relèvement goniométrique. Ce rapporteur, beaucoup plus léger et moins encombrant que celui d'Hurlimann, donne une précision de même ordre.

2. Compas à verge léger (1907)
Le tracé de deux axes perpendiculaires sur une feuille de dessin exige le tracé d'arcs de cercle de grand rayon que les compas ordinaires ne permettent pas d'effectuer, du moins dans des conditions de précision suffisante. Il est nécessaire alors de recourir au compas dit « à verge » ; mais le modèle commercial est d'un poids qui est peu compatible avec une grande finesse de tracé. Henri Vallot a fait construire en 1907, par la maison Baraban, un compas à verge extrêmement léger (80 grammes) qui permet de tracer des arcs de cercle jusqu'à 0 m 40 de rayon. La verge est une tige d'acier carrée, sur laquelle se meut le curseur mobile pouvant recevoir porte-mine ou tire-ligne, et à l'extrémité de laquelle le curseur fixe est monté, avec rappel à vis, cf. *Levés à la planchette en haute montagne*, page 9 et *Procès-verbaux de la Commission de topographie du Club Alpin Français*, séance du 5 novembre 1907.

Livres et articles publiés
par Henri Vallot de 1882 à 1922

1882
Avec Rey louis, *Note sur l'établissement des ressorts à lames employés dans le matériel des chemins de fer*, Paris impr de E. Capiomont et V. Renault, 1882.

1888
Du mouvement de l'eau dans les conduites circulaires, Paris, Steinheil éditeur, 1888.

1889
Emploi de la règle à éclimètre du colonel Goulier dans les excursions topographiques Annuaire du Club Alpin vo15 1888, Paris, Hachette 1889 p. 472-519.

1891
Emploi de la règle à éclimètre du colonel Goulier dans les levés géographiques, *Annuaire du Club Alpin*, vol 17, 1890, Paris, Hachette, 1891, p.485-497.

1893
Avec Vallot Joseph, Note sur la carte du massif du Mont-Blanc à l'échelle du 20 000ème *Annuaire du Club Alpin Français,* 1892, Paris, Hachette 1893, p. 4 à 28.

Premières études pour la carte du massif du Mont-Blanc de MM. Joseph et Henri Vallot, en cours d'exécution à l'échelle du 20 000ème *Annales de l'Observatoire météorologique du Mont-Blanc*, tome 1, 1893. p. 73-87.
www.persee.fr/doc/aommb_2023-1792_1893_num_1_1_858

Note sur la compensation graphique applicable aux points trigonométrique secondaires, *Annales de l'Observatoire météorologique du Mont-Blanc*, tome 1, 1893. p. 145-169.
http://www.persee.fr/doc/aommb_2023-1792_1893_num_1_1_862

1895

Avec Vallot Joseph, Deuxième note sur la carte du massif du Mont-Blanc à l'échelle du 20 000ème, et étude des Aiguilles de Chamonix, *Annuaire du Club Alpin Français 1894*, Paris, Hachette, 1895, p. 3-49.

1896

Avec Vallot Joseph, Application de la photographie aux levés de détail de la carte du massif du Mont-Blanc à l'échelle du 20 000ème, *Annales de l'Observatoire météorologique du Mont-Blanc*, tome 2, 1896. p. 213-249.
www.persee.fr/doc/aommb_2023-1792_1896_num_2_1_937

État d'avancement des opérations de la carte du Mont-Blanc à l'échelle du 20 000ème, *Annales de l'Observatoire météorologique du Mont-Blanc*, tome 2, 1896. p. 251-255.
http://www.persee.fr/doc/aommb_2023-1792_1896_num_2_1_938

Mesure de la base de Chamonix, servant de départ à la nouvelle triangulation du massif du Mont-Blanc, *Annales de l'Observatoire météorologique du Mont-Blanc*, tome 2, 1896. p. 189-211.
http://www.persee.fr/doc/aommb_2023-1792_1896_num_2_1_936

Avec Vallot Joseph, Comparaison de l'actinomètre absolu de M. Violle et de l'actinomètre à mercure de M. Crova, *Annales de l'Observatoire météorologique du Mont-Blanc*, tome 2, 1896. p. 111-114.
http://www.persee.fr/doc/aommb_2023-1792_1896_num_2_1_932

1898
État d'avancement des opérations de la carte du massif du Mont-Blanc à l'échelle du 20 000ème, *Annales de l'Observatoire météorologique du Mont-Blanc*, tome 3, 1898. pp. 135-139.
www.persee.fr/doc/aommb_2015-7509_1898_num_3_1_964

Note sur une formule du colonel Goulier pour le calcul des moyennes dans les nivellements trigonométriques, *Annales de l'Observatoire météorologique du Mont-Blanc*, tome 3, 1898. pp. 119-133.
http://www.persee.fr/doc/aommb_2015-7509_1898_num_3_1_963

Rattachement de la nouvelle triangulation du massif du Mont-Blanc aux réseaux géodésiques français et italien, *Annales de l'Observatoire météorologique du Mont-Blanc*, tome 3, 1898. pp. 97-117.
http://www.persee.fr/doc/aommb_2015-7509_1898_num_3_1_962

1899
Avec Joseph Vallot, *Chemin de fer des Houches au sommet du Mont-Blanc. Projet Fabre,* études préliminaires et avant projet, Paris, G Steinheil 1899

1900
Le clisimètre à collimateur du colonel Goulier, *Annuaire du Club Alpin Français*, 1900, pages 479 à 481.

1901
Instructions élémentaires pour l'exécution des calculs élémentaires relatifs aux opérations trigonométriques, Paris, impr. de Buttner-Thierry, 32 p.

1904

Troisième note sur la carte au 20 000ème du massif du Mont-Blanc , *Annuaire du Club Alpin Français*, vol 30, 1903, Hachette, 1904, p. 378-387.

Manuel de topographie alpine, Paris, H.Barrère, 1904, 172 p.

Instructions pratiques pour l'exécution des triangulations complémentaires en haute montagne. Paris : G. Steinheil, 1904, 132 p.

1905

Etat d'avancement des opérations de la carte du massif du Mont-Blanc à l'échelle du 20.000e., Annales de l'Observatoire météorologique du Mont-Blanc, tome 6, 1905. p. 203-216.
http://www.persee.fr/doc/aommb_2015-7509_1905_num_6_1_976

Notes sur quelques particularités de la détermination des stations topographiques par relèvement, *Annales de l'Observatoire météorologique du Mont-Blanc*, tome 6, 1905. p. 175-201.
http://www.persee.fr/doc/aommb_2015-7509_1905_num_6_1_975

La mesure des hauteurs par la chute des corps, *La Montagne*, Vol. 1, 1904-1905, Paris, Plon-Nourrit, 1905, p. 26-31.

Le capitaine Mieulet et la carte du Mont-Blanc**,** *La Montagne*, Vol. 1, 1904-1905, Paris, Plon-Nourrit, 1905, p. 217-232

1906

La nouvelle carte de France au 50 000e. Ses rapports avec la haute montagne, *La Montagne*, vol II, Paris, Plon-Nourrit, 1906, p. 225-229.

1907

Avec Vallot Joseph. *Environs de Chamonix, extraits de la Carte du massif du Mont-Blanc, Feuille provisoire,* Paris, Henry Barrère, 1907. 3 couleurs. Echelle 1 : 20 000.

Avec Vallot Joseph, *Applications de la photographie aux levés topographiques en haute montagne* Paris, Gauthier-Villars, 1907, 238 p.

1908

Les Chemins de Montagne, première partie, Étude des tracés, calcul des horaires, *La Montagne*, 1908, N° 6.

1909

Esquisse orographique des aiguilles de Chamonix du Col du Plan à l'aiguille de l'M, *La Montagne* vol 5 N°11 novembre, 1909.page 648 à 656.

L'attribution des noms nouveaux en haute montagne, *La Montagne*, vol 5, N° 11, 20 novembre 1909, page 637 à 647.

Levés à la planchette en haute montagne, Paris, H Barrère ; 1909, 194 p.

1911

Instructions techniques pour l'établissement des projets et l'exécution des Travaux en Montagne, Au siège Social du Club Alpin Français, Paris 1911, 40 p.

Calcul de la distance parcourue dans les épreuves de l'Aéronautique, *L'Aérophile*, 1er février 1911, p.65-70.

1917

Appréciation documentaire sur quelques cartes modernes du massif du Mont-Blanc. *Annales de l'Observatoire météorologique du Mont-Blanc*, tome 7, 1917. p. 1-35.
http://www.persee.fr/doc/aommb_2015-7509_1917_num_7_1_978

État d'avancement des opérations de la carte du massif du Mont-Blanc, *Annales de l'Observatoire météorologique du Mont-Blanc*, tome 7, 1917, p. 165-178.
http://www.persee.fr/doc/aommb_2015-7509_1917_num_7_1_980

1921

Les Aiguilles Rouges et la chaîne du Brévent, 1ere partie description topographique avec carte esquisse, *La Montagne*, N°145, Mars-Avril 1921 p. 57 à 83.

Avec Vallot Charles, *Parcours et vallées des hauts alpages*, Versailles, Dufay, 1921.

1922

La Crête du Mont Joly au Col du Bonhomme, quelques notes toponymiques, *La Montagne*, vol 18, N° 151, mars-avril 1922, p. 45-48.

Sources bibliographiques

Amis du Vieux Chamonix, fonds documentaire, bibliothèque.

Archives Nationales.
    Minutier central des notaires de Paris, série MC/ET.
    Archives d'associations ; 77 AS, Touring-club de France.

Archives privées S. Vallot, Paris.

Club Alpin Français, Centre National de Documentation.

Institut National de la propriété industrielle.
    Base de données patrimoniale de brevets du $19^{\text{ème}}$ siècle.

Musée Alpin, Chamonix, archives.

Mairie de Chamonix, archives.

Ouvrages cités au moins deux fois

Daumard Adeline, *La bourgeoisie parisienne de 1815 à 1848*, Paris, Albin-Michel, 1996.

Feuardent Adolphe et P. de *Histoire d'Auteuil depuis son origine jusqu'à nos jours,* Paris Auteuil, Imprimerie des Apprentis catholiques-Roussel, 1877, 252 pages

Guilhot Nicolas, *Histoire d'une parenthèse cartographique, Les Alpes du nord dans la cartographie topographique française aux 19e et 20e siècles,* thèse, doctorat d'Histoire, Université Lyon II- Lumière, 29 novembre 2005,756 pages.
http://theses.univ-lyon2.fr/documents/lyon2/2005/guilhot_n#p=0&a=top

Maury Léon, *L'œuvre scientifique du Club Alpin Français (1874-1922),* Paris, club Alpin Français, 1936.

Vallot Charles (sous la direction de) *Henri Vallot (1853-1922)*, Versailles, imprimerie Cerf, 1923

Vivian Robert, *L'Épopée Vallot au Mont-Blanc, 100 ans déjà...* La Fontaine de Siloé, 1999.

Index des noms de personnes

A

Agnel, docteur, 247
Albert 1er de Monaco, prince, 204
Amoudruz, 217
Amoudruz Fernand, 74, 75
Arnaud François, 158
Arné Georges, 212
Auscher, 247

B

Baedeker Karl, 108, 230
Baldoui Guillaume, 18
Baldoui Philippe-Joël, 35
Baldoui Sophie
   Vallot Sophie, 17, 53
Ballif Abel, 206, 215
Balmat Jacques, 59, 231
Baraban, société, 265, 266, 272, 273, 274
Barbey Albert, 108
Barre Eugène, 238
Barrère Henry, 126, 162, 164, 181, 191
Barth, 178
Bayeux, docteur, 74, 123
Belloc Émile, 198, 209, 212
Bernard Claudius J-M., 78, 195, 196, 223, 224, 225, 226, 227, 224

Bernard Francis, 191
Berthelot André, 239, 240, 241
Besnier Alfred, 107
Bonaparte, prince Roland, 194
Bonnefoy-Sibour Adrien, 34
Bonnefoy-Sibour Adrienne,
   Vallot Adrienne, 23, 31, 34, 35, 39, 61, 91
Bonnefoy-Sibour Georges-Auguste, 34
Bonnier Gaston, 138
Bossonney, 74, 75, 216
Bossonney Jules, 65
Bourdil Fernand, 45, 46, 68, 256
Bourgeois Robert, commandant puis colonel, 148, 149, 150, 161, 175, 176, 179, 189
Bozon Alphonse, 243
Bozon François, 234, 243
Brégeault Henri, 106, 139, 174, 210, 247, 256
Brégeault Julien, 212
Brossé Charles Léonce, dit Lee Brossé, 164
Brosset Frères, société, 101, 264, 266, 268, 269, 270
Brottier, abbé, 29
Brunhes Jean, 197
Brunnarius Ernest, 52, 210, 211, 215
Buisson Charles, 168, 182
Bullock-Workman Fanny, 47, 199

C

Cachat Jean, 59
Cacheux Émile, 32
Calciati Cesare, 199
Carpentier Jules, 45, 46

Cellérier Gabriel, 172
Challier Antoine, 215
Charcot Jean-Baptiste, 173
Chevalier Paul, 24, 139
Chevalier Philiberte, 23
Chevalier Pierre-Émile, 40, 44
Collet Léon W., 138
Comte Auguste, 32
Corbin Paul, 133
Cuënot Henri, 210

D

Danger René, 263
Darboy, monseigneur, 31
Darcy Henry, 43
de Billy Édouard, 143
de Cessolle Victor, 160
de Chanbanolle, docteur, 138
De Geer Gérard, baron, 200
de Jordan Marie
    Vallot Jeanne Caroline Marie, 127
de La Baume Pluvinel Aymar, 173
de La Brosse René, 112
de La Noë, colonel, 89
de Lanneau Victor, 12, 15
de Lapparent Albert Auguste, 57
de Larminat Étienne, 46, 47, 132, 133, 149, 157, 164, 168, 191, 193, 243, 255, 262
de Lépiney Jacques, 24, 139, 233, 244
de Margerie Emmanuel Jacquin, 149, 162
de Martonne Emmanuel, 162

de Roquevaire René Flotte, 198
de Saint-Saud Aymard, comte, 149, 158, 168, 182, 183, 184, 186, 187, 188, 190, 192, 211
de Saussure Horace Bénedict, 58, 59
de Segonzac René, 198
Deghilage Alexandre Louis, 51
Delebecque André, 77
Devouassoud, 232
du Verger Régis, 167, 178, 179,180
Duhamel Henry, 147, 149, 150, 156, 157, 160
Duportal Henri, 83
Durand L. capitaine, 269
Durier Charles, 194
Dussane Béatrix, 247

E

Eiffel Gustave, 50, 63, 70, 107
Escalle Hippolyte, 215
Eydoux Denis, 187, 188, 189, 190, 192, 241, 242

F

Fabre Alphonse, 55, 56, 57
Fabre Saturnin, 59, 80, 82, 83, 103, 224, 226
Faga Laurent, 211, 218
Faure Félix, 218
Ferrand Henri, 149
Flammarion Camille, 33
Flusin Georges, 196
Forbes James David, 88
Forni Jules, 208
Fouilliand Rémy, abbé, 182, 183

Fould Helène
Helbronner Helène, 146, 164
Francoz Félix, 82

G

Gaumont L. et Cie, société, 102, 107, 127
Gaumont Charles, 6, 107
Gaumont Léon, 6, 46, 74, 107
Gaurier Ludovic, abbé, 164, 191, 198
Gautier Émile Félix, 198
Gayet-Tancrède Paul
   Samivel, 138
Gentil Louis, 164, 198, 199
Girardin Paul, 91, 153, 197, 199, 247, 251, 257, 258
Godefroy René, capitaine, 149, 160
Gonella Franscesco, 59
Gorodiche, docteur, 247
Goulier Charles Moÿse, colonel, 49, 89, 90, 96, 97, 100, 126, 145, 184, 200, 221, 222, 228, 263, 264, 265, 267, 268, 271, 273
Grillet, 235
Guyard Albert, 59

H

Hasse, 178
Heid Maurice, 35, 90, 156, 184, 185, 190, 191, 256
Helbronner Edith, 178
Helbronner Hélène, voir Fould Hélène
Helbronner Paul, 73, 94, 126, 146, 147, 148, 150, 151, 156, 163, 164, 165, 166, 168, 169, 174, 175, 177, 178, 179, 182, 183, 196, 242, 255, 258, 259

Hess Adolfo, 109

I

Imfeld Xavier, 108, 180
Isachsen Gunnar, 7, 200, 201

J

Jacob Charles, 196
Jaillet Émile, 215
Jailloux Augustin, 14
Janssen Jules, 61, 63, 66, 69, 70, 71, 72, 73, 74, 75, 108, 216
Joanne Adolphe, 143, 237

K

Koncza Mathias, 199
Kurz Louis, 108
Kuss Charles, 225

L

Labrouche Paul, 186
Lafay, 196
Lambert Alfred, 40
Laussedat Aimé, colonel, 97, 99, 100, 134, 136, 270
Lavaivre Jean, 245, 246, 247
Lavallée Alphonse, 32
Lecarme Jean, 106, 172, 173
Lecarme Louis, 92, 106, 172, 173, 256
Lechevallier Jules, 32
Lefrançois Charles, 210

Lemercier Abel, 143
Lemercier Joseph, 215
Lévy Maurice, 43
Loppé Gabriel, 59
Lourde-Rocheblave Léonce, 211, 212, 213, 214

M

Malhéné, docteur, 31
Martel Aline, 109
Mathews William, 59
Maunoir Charles, 143
Maury Léon, lieutenant puis colonel, 145, 156, 157, 162, 168, 181, 177, 184, 185, 186, 187, 188, 189, 190, 191, 192, 198, 268
Meillon Alphonse, 127, 158, 164, 168, 189, 191, 192, 193, 198
Mettrier Henri, 160
Michaux Pierre, 22
Mieulet Jean Joseph, capitaine, 84, 89, 90, 94, 95
Milleret René, colonel, 128
Mottet John, 236
Mougin Paul, 78, 79, 195, 223, 225
Moussard Simon, 82

N

Namur Franz, 247
Namur Madeleine, voir Vallot Madeleine
Nansen Fridjof, 68
Nérot James, 208
Niel, 215
Noetinger Fernand, 164

O

Offner Jules, 196
Olivier Aimé, 22
Olivier René, 22
Ollendorff Paul, 230
Oudry Léopold, 17
Oulianoff Nicolas, 133

P

Paccard Michel Gabriel, docteur, 6, 59
Paillon Maurice, 149, 150, 158
Payot Alphonse, 57, 63, 65, 77, 146, 243
Payot Fréderic, 65
Payot Michel, docteur, 206, 216, 229, 231
Payot Paul, 59
Payot Venance, 58, 194
Perdonnet Auguste, 32
Pérou Gabrielle
    Vallot Gabrielle, 5, 22, 23, 57, 59, 61, 63, 78, 109, 144, 172, 225
Perret Robert, 134, 164, 168, 180, 181, 183, 200
Philippe Eugène, 38
Philippon Ernest, 45
Phillips Édouard, 41
Polonceau Gustave Ernest, 51
Prudent Léon, capitaine puis colonel, 88, 89, 97, 145, 148, 149, 153, 155, 156, 158, 163, 165, 184, 186, 187, 188, 190, 242, 272
Puech Marie Léontine
    Vallot Marie Léontine, 16

Puiseux Pierre, 209, 210
Puiseux Victor, 139

R

Rabot Charles, 78, 79, 194
Ravanel Albert, 243
Renaux Eugène, 173
Rendu Louis, chanoine, 88
Rey Louis, 40, 41, 44
Reymond, 178
Richard Jules puis *Richard Frères*, société, 62, 165, 253
Richard Félix-Maxime, 62, 63, 107
Richter, 42
Ritter Étienne Alphonse, 77
Ronjat Jules, 158
Roussel, abbé, 28, 29

S

Samivel, 138
Sauvage Édouard, 139, 210
Savioz Michel, 57, 59, 63, 67, 243
Schoendoerffer Paul, 82
Schrader Franz, 45, 66, 67, 88, 90, 91, 97, 99, 132, 134, 144, 145, 147, 148, 149, 153, 155, 156, 158, 163, 164, 166, 168, 169, 171, 182, 183, 184, 185, 186, 189, 190, 211, 242, 255, 256
Sénouque Albert, 106, 110, 173
Sibour monseigneur, 34, 258
Siegfried André, 46
Siegfried Hermann, 174
Simon Gaspard, 77

Smith Peck Annie, 47, 48
Sorbier Jean-Baptiste, docteur, 16, 27
Sorbier Suzanne Amélie, voir Toulouse Suzanne Amélie
Stefanik Milan Rastilav, 74

T

Tairraz Joseph, 56, 59
Tavernier-Gravet, société, 264, 265, 267, 273
Tellier Charles, 42
Thomas; société, 266, 273
Thomas Anne-Nicolle
   Vallot Anne Nicolle, 12
Thomas Antoine-Jean-Baptiste, 13
Thomas Jean-Baptiste, 23
Tignol Lucien, 231, 240, 241, 247
Touchard Messageries, société, 14, 15
Toulouse Adélaïde-Marie,
   Vallot Adélaïde Marie, 12
Toulouse Alexis-Robert, 13, 14
Toulouse Henri-Judes, 15, 23, 27, 30, 35, 38, 39
Toulouse Suzanne Amélie,
   Sorbier Suzanne Amélie, 16, 27
Toutain Maurice, 172
Touzin Albert, 211, 212, 213, 214
Turcan, 215

V

Vallot Adrienne, voir Bonnefoy-Sibour Adrienne
Vallot André, 118
Vallot Antonin, 15, 16, 17, 19, 21, 27, 28, 29, 30, 37, 38, 51

Vallot Charles, 8, 22, 35, 36, 73, 106, 117, 122, 123, 125, 126, 127, 128, 129, 130, 131, 132, 133, 134, 135, 136, 137, 138, 139, 160, 164, 168, 172, 182, 192, 194, 196, 207, 214, 235, 244, 245, 246, 252, 253, 254, 255, 256, 257, 258, 259, 261
Vallot Charles-Marie, 19
Vallot Émile, 15, 16, 18, 19, 27, 28, 58, 68
Vallot Émile-Charles, 19, 21, 22, 23, 25, 27, 29
Vallot Gabrielle, voir Pérou Gabrielle
Vallot Jacques, 35, 36, 126, 252
Vallot Jean, 12
Vallot Jean-Charles, 11, 12, 13, 14, 15
Vallot Jean-François, 12
Vallot Jean-Quentin, 11, 12
Vallot Joseph, 5, 6, 7, 8, 9, 11, 13, 15, 16, 19, 20, 21, 22, 23, 24, 28, 35, 36, 43, 46, 49, 52, 55, 57, 58, 59, 61, 62, 63, 64, 65, 66, 68, 69, 71, 72, 73, 74, 75, 76, 77, 78, 79, 80, 82, 83, 87, 88, 89, 92, 93, 95, 96, 98, 99, 100, 102, 103, 104, 105, 106, 107, 108, 109, 110, 111, 113, 114, 115, 117, 118, 119, 120, 121, 122, 124, 125, 127, 128, 129, 131, 132, 134, 135, 136, 137, 138, 139, 140, 144, 145, 146, 148, 154, 155, 164, 166, 168, 172, 173, 178, 184, 194, 195, 196, 197, 200, 206, 215, 216, 223, 224, 225, 230, 232, 243, 246, 255, 256, 259, 270
Vallot Madeleine,
   Namur Madeleine, 5, 138, 172, 225, 247
Vallot Marie, 35
Vallot Marie-Léontine, voir Puech Marie-Léontine
Vallot Paul, 74
Vallot Sophie, voir Baldoui Sophie
Vergne Charles, 192

Vignolle Alfred, lieutenant, 193
Viollet-le-Duc Eugène, 56, 57, 88, 89, 143

W

Wallon Paul Édouard, 184
Wissocq Alfred, 51
Workman Fanny, voir Bullock-Workman Fanny
Workman W. William 199

Table des matières

Avant-propos
Un Vallot peut en masquer un autre... 5

Le creuset familial 11
Une lignée d'ingénieurs, issue de la bourgeoisie
artisanale parisienne. 11
Le grand-père : Jean-Charles Vallot (1791-1863) ; son père,
Jean-Quentin Vallot, et son beau-père, Alexis-Robert
Toulouse, artisans et entrepreneurs parisiens. 12
Le père et l'oncle d'Henri : Antonin et Émile, les fils
de Jean-Charles, ingénieurs centraliens et héritiers............... 15
Henri, Joseph, Émile-Charles, des cousins très proches........ 19

Paris-Auteuil 27
La famille Vallot à Auteuil. 27
Avec l'abbé Roussel, fondateur
de l'œuvre des orphelins d'Auteuil. 28
La famille Vallot, pendant le siège de Paris. 30
1880-1900, Enseignant bénévole à L'Association
polytechnique... 31
1880, Henri Vallot fonde une famille...................................... 34
1876-1822, Ingénieur et entrepreneur. 36
1876-1881, « seul maître de son temps…» 37
1881-1889, les premières expériences professionnelles........ 40
1890-1922 Ingénieur, entrepreneur et cartographe................ 43
1878, 1889, 1900, les Expositions universelles...................... 50

Chamonix, dans la trace de Joseph 55
1874, le premier séjour de Joseph à Chamonix. 55
1887, le premier séjour d'Henri à Chamonix. 59
Les observatoires du Mont-Blanc.. 64

En soutien aux études glaciologiques de Joseph. 76
1899, projet de chemin de fer du Mont-Blanc. 79

Chamonix, la carte, 1888-1919 .... **87**
1888-1891, les travaux préparatoires. 87
1891-1893, les dernières mises au point. 93
1894-1900, tout est en place, ou presque. 100
1900-1907, des turbulences avant la publication
d'une première feuille, provisoire ! 103
1907-1913, sept nouvelles campagnes estivales. 107
1913-1916, campagnes de nivellement géométrique pour le
Service des Forces hydrauliques des Eaux et Forêts. 111

Chamonix, la carte, 1919-1925 .... **117**
Charles Vallot prend la relève. 117
1920, le projet redémarre. 117
Charles Vallot, acteur indiscutable du projet. 125
Les années de formation. 125
Le tournant de 1920. 128
1925-1935 Publication de la carte du massif
du Mont-Blanc au 20 000ème. 132
Un projet aux nombreuses retombées positives. 134

Paris-Chamonix, au Club Alpin
« Cheville ouvrière » de la Commission
de topographie du Club Alpin. **143**
1903, naissance de la Commission de topographie
du Club Alpin Français. 145
Former les hommes, et adapter l'équipement. 153
Représenter et dénommer ou désigner les lieux. 157
1912, La Commission de topographie et la feuille
de Tignes (carte de France au 50 000ème). 161
1913, le dixième anniversaire de la Commission
de topographie. 163
Cartographie : Le bilan de dix années sur le terrain. 167

Émules, disciples et élèves… 171
au Mont-Blanc et ailleurs. 171
Photo topographes du Mont-Blanc. 172
Cartographes sur le terrain, dans les Alpes. 174
Cartographes sur le terrain, dans les Pyrénées. 183
Glaciologues, nivologues. 194
Au-delà des Alpes et des Pyrénées. 198

L'aménagement touristique de la montagne 205
Refuges, sentiers, tables d'orientation…............................ 205
La construction de refuges et de chalets hôtels. 207
Chemins, sentiers, passerelles. 219
Henri Vallot, inventeur des « balcons » ?........................... 229
Signalisation, horaires. 236
Tables d'orientation. 238
Un sentier en hommage. 243

Épilogue 251

Annexe 261

Livres et articles publiés
par Henri Vallot de 1882 à 1922 275

L'HARMATTAN ITALIA
Via Degli Artisti 15; 10124 Torino
harmattan.italia@gmail.com

L'HARMATTAN HONGRIE
Könyvesbolt ; Kossuth L. u. 14-16
1053 Budapest

L'HARMATTAN KINSHASA
185, avenue Nyangwe
Commune de Lingwala
Kinshasa, R.D. Congo
(00243) 998697603 ou (00243) 999229662

L'HARMATTAN CONGO
67, av. E. P. Lumumba
Bât. – Congo Pharmacie (Bib. Nat.)
BP2874 Brazzaville
harmattan.congo@yahoo.fr

L'HARMATTAN GUINÉE
Almamya Rue KA 028, en face
du restaurant Le Cèdre
OKB agency BP 3470 Conakry
(00224) 657 20 85 08 / 664 28 91 96
harmattanguinee@yahoo.fr

L'HARMATTAN MALI
Rue 73, Porte 536, Niamakoro,
Cité Unicef, Bamako
Tél. 00 (223) 20205724 / +(223) 76378082
poudiougopaul@yahoo.fr
pp.harmattan@gmail.com

L'HARMATTAN CAMEROUN
BP 11486
Face à la SNI, immeuble Don Bosco
Yaoundé
(00237) 99 76 61 66
harmattancam@yahoo.fr

L'HARMATTAN CÔTE D'IVOIRE
Résidence Karl / cité des arts
Abidjan-Cocody 03 BP 1588 Abidjan 03
(00225) 05 77 87 31
etien_nda@yahoo.fr

L'HARMATTAN BURKINA
Penou Achille Some
Ouagadougou
(+226) 70 26 88 27

L'HARMATTAN SÉNÉGAL
10 VDN en face Mermoz, après le pont de Fann
BP 45034 Dakar Fann
33 825 98 58 / 33 860 9858
senharmattan@gmail.com / senlibraire@gmail.com
www.harmattansenegal.com

L'HARMATTAN BÉNIN
ISOR-BENIN
01 BP 359 COTONOU-RP
Quartier Gbèdjromèdé,
Rue Agbélenco, Lot 1247 I
Tél : 00 229 21 32 53 79
christian_dablaka123@yahoo.fr

Achevé d'imprimer par Corlet Numérique - 14110 Condé-sur-Noireau
N° d'Imprimeur : 132404 - Dépôt légal : octobre 2016 - *Imprimé en France*